基礎土木工学シリーズ　23

赤井浩一　監修

土木計画システム分析

■　現象分析編

飯田恭敬／岡田憲夫　編著

森北出版株式会社

「基礎土木工学シリーズ」発刊にあたって

　土木工学は，すべての工学の源泉であり，自然的，社会的環境を克服，開発，管理し，人類のより明るい未来に向かって，豊かな市民生活の向上に寄与することを目的としている．そこに含まれる内容を大別すると，

1)　コンクリート，鋼など土木材料の物理的・力学的性質並びに橋梁・ダムなど土木構造物の機能と設計法を取り扱う分野

2)　流れと波の水理学的性質並びに河川・海岸の保全と開発，治水・利水に関連した水工事業の計画と設計を取り扱う分野

3)　土と岩の力学的性質並びに地盤及び基礎の設計・施工を取り扱う分野

4)　住みよい地域社会を造り上げるための都市・地域計画並びに交通計画を取り扱う分野

となり，これに環境・衛生保全に関する分野を合わせて広義の土木工学が形成される．

　大学や高専の教育カリキュラムでは，各分野に共通な土木工学の基礎科目の習得は将来の専門分野に関わらず是非とも必要なものであり，そのため専門課程の当初において重点的に土木工学基礎科目が配当，教授される．その後，材料，構造，水工，土質，交通，都市計画などの各論を選択し，それぞれの専門分野に関する講義を受け，かつ応用能力を養成するための実験・演習を履修することになっている．

　近時，土木工学・技術の飛躍的発展にともない，教育の現場においてもそれに呼応した的確な対応が迫られている．旧来よりも格段に左右に翼を拡げた土木関連分野に進もうとする人々は，土木工学の基礎知識を十分理解し，さらにこれを自在に活用する応用能力を養っておくことが必要である．

　本シリーズは上記のような認識のもとに，土木工学の基礎科目を中心に各専門分野の第一線で活躍され，かつすぐれた教育経験を有していられる新進気鋭

の先生方に執筆をお願いして，平易な記述の中に精深な学理が全巻を充たしている好著を集めたものである．読者はその中に，従来の諸企画とは異なった斬新な知的高揚を感得し，各自の研鑽の糧とされることを信じて疑わない．

　1989 年 8 月

監修者　赤井浩一

ま　え　が　き

　土木事業は，生活の安全を確保し，生産の拡大を支援し，生活水準と社会福祉の向上をめざすことが目標であり，土木計画はこれらのことを実現するために，事業実施の内容とプロセスを誘導調整することであるといわれている．しかしながら，近年における社会経済活動の高度化と広域化，土木事業の大規模化，さらには価値観の多様化もあって，事業計画の目標を達成することは容易ではなくなってきている．これからの土木事業の計画は，複雑に関連しあう多数の要因を考慮し，利害関係を明らかにして，バランスのとれたより望ましい生活環境を創り出すことを追求しなければならない．土木計画は対象とする問題の性質から，さまざまな目的をもつ多くの部分計画から構成され，部分計画はまた相互に連鎖的な関係を有する構造となっている．したがって，系統的かつ総合的なアプローチを行い，調和のとれた合理的な計画を実現するには，システム工学的な思考プロセスと分析方法を用いるのが適しており，最近では関連技術の急速な進歩もあって，一層その重要性が増している．

　本書のタイトルは「土木計画システム分析」となっているのは，上のような理由からであり，土木計画における方法論をシステム工学的な観点からまとめることをねらいとしている．しかし，システム工学の取り扱う範囲はきわめて広く，方法論にしてもそのすべてを取り上げることはできないため，「現象の究明」と「最適化の探索」の二つの方法論に分けて，その主要なものについて論じている．したがって，「土木計画システム分析」は2分冊で構成されており，本書はこのうちで現象の解明と予測の方法論に的を絞った「現象分析編」となっている．「現象分析編」の構成にふれておくと，初めに土木計画のプロセスとシステム分析の考え方が述べられ，例題を通して理解が深められるように配慮している．次に，現象分析にかかわる各種データの収集方法や調査方法が，やはり具体例をあげて説明されている．そしてこの後，現象分析に用いられる主要なモデルについて基本概念と適用方法が論じられている．

　本書の特徴は，手法の考え方と手順の理解を容易にするように，わかりやす

い例題をできる限りつけるように努めたことである．しかし紙数の制約から，この意図が十分に達成されていないところがあるかも知れないので，そのときはどうかご容赦をいただきたい．先にも述べたように，土木計画の範囲は拡大化し，またその内容も複雑化してきていることから，本分冊と別冊「最適化編」の2冊で，土木計画における主要な基礎的方法論を一応カバーしたつもりである．両編はそれぞれ単独でも完結するように執筆されているが，土木計画手法の全般について知識を習得される場合は，あわせて通読されることをお勧めしたい．

　執筆を担当された各先生方は，土木計画分野において現在第一線で活躍されている気鋭の研究者ばかりである．教育研究の業務で多忙な中にもかかわらず，集中力と忍耐のいる原稿執筆にご協力いただいたことを心から感謝申し上げたい．また，本編の内容については，岡田憲夫教授と小生とで原案を企画し，執筆された他の先生方と相談をはかって最終的に作成したものである．出版にこぎつけるまで，岡田教授には特に取りまとめ役として，大変なご苦労をおかけしたことをお詫びするとともに，厚くお礼を申し上げたい．さらに，森北出版（株）の菅原義一氏，石田昇司氏には大変お世話になったことを記しておきたい．なお，本書を執筆するにいたったのは，京都大学工学部における「土木計画学」と「計画理論および演習」を筆者らが吉川和広教授から引き継いだことがきっかけとなっており，土木計画の内容や考え方について参考にさせていただいたところはきわめて多い．吉川先生には日頃からのご指導に対し深甚なる感謝を申し上げたい．

　最後に，執筆にあたっては細心の注意をはらったつもりでいるが，表現の足らない点や，誤った記述があるかも知れない．これらの点については率直なご批判やご意見をいただくことをお願いしたい．

　1992年9月

飯田　恭敬

目　　　次

1章

概　　　説

1.1　土木計画のめざすもの

（1）　土木事業の変遷

　イギリスの土木学会が創立されたとき，土木技術は「自然の力の偉大な源泉を人類の有用と便利さのために振り向ける技術」と定義されている[1] すなわち，土木技術は生活の安全を守り，生産の向上をはかるためのものであり，われわれ人類は有史以前からさまざまな形で利用してきた．自然はわれわれに恵みを与えてくれるが，時には損害や災害を引き起こすことがある．それゆえ，人類は絶えず困難や危険を軽減防止するために，地域の自然環境を保全整備することに大きな力を注いできた．またその一方で，生産活動の拡大発展をめざしてさまざまな開発行為を行い，文明の進歩に多大の貢献をなしてきた．こうした人間にとっての生活や生産のかかわりのなかで，最近の土木技術は，安全と利便の向上，自然の力や恵みの活用を図るだけでなく，地域における快適な生活環境の創造が重要視されるようになってきた．したがって，土木技術は端的にいえば，できるだけ多くの人々が日常において，より一層の安全性と利便性と快適性が得られるように，その向上達成を図ることを目的とした技術であるといえる．

　土木事業は，これらの目的を実現化するための基盤施設を実際に作り出す一連の行為をいうが，一般には公共資金を投入して行われる．そしてそこでは，

種々の土木技術が用いられる．社会の基盤施設が絶対的に不足していた時代で，土木事業の規模が小さい間は，土木構造物そのものの建設は善であり，直ちに便益をもたらすものであると評価される向きがあった．しかし，時代が進んで事業規模が大きくなると，その影響が広範囲に及ぶため，さまざまな利害が生じるようになってきた．また最近のように社会経済活動の広域化，生活水準の高度化，価値観の多様化が進んでくると，事業の必要性やその効果に対する考え方は一段と複雑となっている．したがって，所期の目的を達成する土木事業を実施するには，関連事項の綿密な調査を行うとともに，対象となる現象をよく観察して問題の所在を明らかにし，できる限り科学的な裏付けを行うことによって，計画を進めることを考えなければならない．土木事業は税金を使用して行われるものであるから，大多数の国民あるいは地域住民が，当該の事業実施が妥当であると納得できるだけの根拠を明示することが必要となっているのである．

　ところで，土木構造物に求められる条件は，「用」と「強」と「美」であるといわれている．[2]「用」とは役立つことであり，利便性を表すものである．「強」とは丈夫で壊れないことを意味しており，安全性を表している．また「美」は文字どおり美しさのことであり，快適性を示している．土木構造物がこれまでどの条件を重視して作られてきたかを振り返ってみると，技術的理由や社会的経済的背景から以下のように変遷してきたと考えられる．

　最初の頃は，土木構造物は十分な強度を有して，壊れるおそれがないことが最も重要であった．技術水準が低かったときは，こうした考え方はやむをえないところであろう．構造物に作用する荷重にはさまざまなものがあるが，特に考慮しなければならないのは不確実現象にともなう荷重の取扱いである．風，水，波浪，地震などの自然現象による力の作用は不規則的であり，きわめて変動が大きい．そのため，予測がきわめて困難であり，安全率を大きく見積って構造物を作らざるをえなかった．とにかく壊れないようにしておけば，土木施設としての便益がまちがいなくもたらされるという見方であった．しかし，その後確率統計理論が発達し，不規則現象の特性が解明されるようになってきたし，またこれと並行して，構造の解析技術や材料の生産技術の著しい進歩が見られている．その結果，最近では安全で経済的な土木構造物を建設することは

それほど困難なことではなくなってきた.

　土木構造物は公共施設であるがゆえに，丈夫で壊れにくく，同時に建設費ができるだけ安いことが大切であるが，これだけでは十分とはいえなくなってきた．それよりも，土木施設の規模が次第に拡大してきたことも関係しているが，地域住民に対してより多くの便益をもたらすことが強く求められるようになってきた．社会の基盤施設である土木構造物が新しく建設されると，地域住民にさまざまな形で影響を及ぼす．それゆえ，その波及効果についてはできるだけ詳細に分析しておく必要がある．たとえば，道路や橋梁の建設の場合，距離や時間の短縮による交通利便性の向上，地域活動の活性化，沿道土地利用の開発促進，既存代替道路の交通混雑の緩和などはプラス面での効果であるが，騒音，振動，排気ガスなどによる環境の悪化，別地点での交通渋滞の出現，近隣地域の分断などはマイナス面の効果である．こうしたプラス面とマイナス面の効果の大きさは，事業実施の方法によってずいぶん異なったものとなってくる．したがって，土木事業の計画策定の際は，便益をできるだけ大きくし，損失をできるだけ小さくするように各種代替案を比較検討しなければならないことになる．

　土木事業はこれまでは施設量が絶対的に不足していたために，ネック解消をめざすいわゆる需要追従型の整備事業が多かった．しかし，最近になると事業の内容や種類が多様化し，従来の需要追従型の方式では対応困難となり，需要を積極的に喚起する需要創造型の新しい事業タイプが増えてきている．人口の少ない地方や過疎地での土木事業は，こうした戦略的観点からの事業計画が特に求められており，他地域にはない特異性を生かしたプロジェクト開発による地域振興の実現化方策が探求されねばならない．都市においても，これまでのような人口の大幅な伸びは期待できない状況なので，都市間の競争に遅れをとらないように，活性化につながるいろいろな事業を実施することが必要となっている．つまり，今日のように社会経済活動が高度化し広域化すると，ある地域の大規模な開発事業は，たちまち他地域に影響が及ぶので，一つの地域だけを対象にした閉鎖的な効果分析ではすまなくなっている．

　土木構造物はこの他にも大きな役割をもっている．それは都市や地域において新しい景観を作り出すことである．ビルの間をぬって走る高速道路，海峡を

またぐ長大橋，渓谷にたたずむダム，ウォーターフロントに広がる港湾などは，われわれに大きな感動と安らぎを与えてくれる．これらはいずれも土木構造物が長い歴史を刻んだ周囲の自然や人工の環境に溶け込んで一体化し，新しい魅力的な構図を創出したものといえる．地域の活力が増すには，多くの人が集まることが必要で，そのふれ合いの中で感動的な体験をしたり，最新の知識を吸収したり，ユニークな価値の発見につながるものでなければならない．そして，このことが地域の産業活動に結びついて経済ポテンシャルを押し上げ，生活水準を向上させることになる．美しさや快適さは人を誘引する大きな要因の一つであり，この点で土木事業の役割は重大である．人々を魅了し，ゆとりとうるおいを感じさせる土木構造物を作るには，気候，地形，生態，歴史，文化などを詳細に調査し，地域になじむようなデザインを工夫することが必要となる．

　要するに，土木構造物に要求される重要な視点は，上で述べてきたように「強」，「用」，「美」の順序で進んできたといってよい．社会基盤を支える土木施設は，いうまでもなく「強」，「用」，「美」の三位一体が兼ね備えられていることが望ましいが，技術的水準や経済性の面からこれまでは，そのすべてを達成することは困難であった．しかし，今日にいたってようやく三位一体の土木構造物が作られる状況となってきた（図1.1）．このことは便益を受ける国民あるいは住民からすると大いに歓迎すべきことであり，また土木技術者にとってはそれだけ社会的な役割と責任が大きくなってきたといえる．

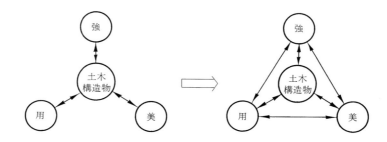

図1.1　土木構造物の機能の移り変り

（2）　土木計画の必要性

　土木事業は，生活の安全を確保し，生産の拡大を支援し，生活水準と社会福祉の向上をめざすことが目標であり，土木計画は，これらのことを実現するために，事業実施の内容とプロセスを誘導調整することである．すなわち，土木計画は別のいい方をすれば，地域が抱えている課題解決を図るために，社会基盤の面から「なにを」，「どこに」，「どれだけ」，「いつまでに」，「だれが」，「どのように」整備すべきかを明らかにすることが使命である．この考え方はシステム分析（システムズ・アナリシス）における最適化の概念と通じるところがある．システム分析は，「総合計画における目的を系統的に整理考察し，それらの諸目的を達成するために代替案や代替手段に関する費用，効果，危険を定量的に比較し，また必要なら代替案を追加することによって，意思決定者が最適な一連の行動を決定するのに有用な情報を提供する体系的方法」と定義されている[3]　総合計画あるいは複合計画といわれる大きな計画になると，並列的・階層的に小さな計画が部分を構成して，全体の計画を作り上げる．このような計画構造においては，ある計画が別の計画を達成するための手段となり，連鎖的関係でつながること多い[4]　たとえば，地域開発のために新規に道路整備をする場合，道路整備は地域開発の手段であるが，道路整備を行うには計画が必要となる．この場合，計画を目的といいかえることもできる．すなわち，手段は目的となり，目的はまた手段となる．しかしこのとき，ある計画の実現が他の計画の支障になることがある．このような関係は，トレードオフといわれている．たとえば，駐車場不足の解消をねらいとして駐車場建設を促進すれば，その結果として，自動車交通量が増大して道路交通管理に問題が生じる．ダム管理計画の場合，治水と利水では水位確保の考え方がまったく反対となる．現実の計画では，このように計画（目的）と手段が連鎖的につながることが多く，また場合によっては，その中で計画（目的）間のトレードオフ関係があるため，きわめて複雑な構造になっている．

　システム分析では，① 計画実現のための情報提供，② 計画（目的）間の有機的結合と定式化，③ 計画（目的）の誘導調整と資源の有効利用，④ 計画（目的）の将来変化への対応，⑤ 既存手法，技術の効果的利用，⑥ システムの操作と制御，が取り扱われるとなっている[3]　システム分析のこれらの特徴は，われ

われをとりまく不確定で複雑な問題に対して，体系的アプローチの方法論的枠組みを与えてくれることから，土木計画における有用な道具としての利用価値は今後一層増すものと思われる．

　土木事業の計画は，個別施設計画から機能計画へ，機能計画から域圏計画へと発展してきたといわれている．[1] この背景には時代の推移にともなう技術進歩と経済成長が大きく関与している．個別施設計画は，ダム，橋梁，道路，港湾などの施設をいかに効率的，経済的に建設するかを追求するものである．機能計画は，機能サービスを最大化するように施設を建設し，運用するものである．道路の容量最大化を図る計画や，港湾の荷役機能を最大化する計画はこれに相当する．域圏計画は，都市計画あるいは地域計画との関連で当該の施設計画を考えるもので，総合計画ともいわれている．

　土木構造物に対しては先に述べたように，まず「壊れないこと」，次に「役に立つこと」，そして「美しいこと」が順次求められてきた．これらはいずれも構造物を作るときの目的である．従来は各目的に応じて，それぞれの計画が策定され，目的ごとの最適あるいは最善が求められてきた．与えられた目的を達成することは大切なことであり，計画施設の影響範囲がそれほど大きくない間は，社会的にも十分評価されるものであった．しかし，最近のように施設が大規模になり，地域住民の価値観が変化してくると，個々の目的の最適化に加えて，計画全体としての最適化が望まれるようになった．

　土木事業におけるこのような対象の多様化と目的の多次元化のために，総合的観点からの計画策定が特に必要となっている．バランスのとれたより望ましい社会基盤施設を地域に創り出すには，複雑に関連し合う数多くの要因を考慮しなければならない．これからの計画は，利害関係の構造を明らかにして，誘導調整を図ることが重要であり，この意味で，データ的な裏付けによる科学的根拠にもとづいた取扱いが大きな役割を果たすことになる．

1.2　土木計画の要素と構成

　土木事業はすでに述べたように，生活安全の確保，生産性の拡大，生活水準と社会福祉の向上をめざすことが目標であり，土木計画はこれらのことを具体

化するための方法・手順であるということができる．つまり，土木事業を実施しようとするとき，「だれが」，「なにを」，「なぜ」，「どのように」，「いつ」，「どこで」といった内容について，それぞれ明らかにすることが土木計画の役割である．これらのことを英語で表せば，「who」，「what」，「why」，「how」，「when」，「where」であり，いわゆる5W1Hがすべて含まれている．加納によれば計画の定義は，「対象としている現象の中に計画主体をおき，その将来に対する矛盾認知の中に目的を認定し，この目的を達成する合理的な手段とその配列を見いだす行動のプロセス」であるとされている．そして，ここに示されている「主体」，「対象」，「目的」，「手段」は計画における静態的な要素であり，これに計画実現へのプロセスを示す動態的要素である「構成」が加わるとしている．すなわち，計画はこれらの五つの要素からなると提唱している．これらの要素の中で，静態的要素を上の5W1Hと関連づけてわかりやすくいえば，「主体」は「だれが」であり，「対象」は「なにを」であり，「目的」は「なぜ」に対応している．また，「手段」は「どのように」・「いつ」・「どこで」のすべてを包含したものといえよう．一方，動態的要素の「構成」は5W1Hの多元的過程として見ることができる．図1.2は土木計画の要素と構成をまとめたものである．計画の五つの要素について，次にもう少し詳しく述べておこう．

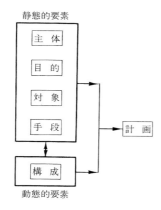

図1.2 計画の五つの要素

（1）主　　体

　主体の意味は広辞苑によると，「認識し，行為し，評価する我を指す」となっ

ており，このことはいい方を変えると，「他のものによって導かれるのではなく，自らの純粋な立場において行う主」となる[5]．土木事業は営利の追求を目的に行われるのではなく，地域住民の安全と利便と快適の向上をめざすことであることは，すでに述べたとおりである．したがって，土木計画の主体は，公共あるいは公益的な組織団体となることが多いが，計画の立場と動機づけの視点から，以下の三つ計画主体が存在する[1]．

　①　国または公共団体
　②　公企業
　③　個人または私企業

　市場原理にもとづいては施設供給はできないが，公共便益の観点から必要な施設については，国または公共団体が計画主体となる（これを公共計画という）．道路，港湾，河川などのわが国の土木事業はほとんどがこれに相当している．採算性を保持するとともに公共性の役割を満たす分野，すなわち民間部門と公共部門の性格を同時に有する計画主体に公企業がある．有料道路，水道などの事業はこれにあたる．また，市場原理が必ずしも完全に働かなくても，その影響を受けて計画の動機づけがなしうる分野の場合，個人または私企業が計画主体になることがある．これには，電力，ガス，交通，通信，公園などの事業がある．

（2）　対　　　象

　計画の対象は目的の内容によって大きく異なってくる．港湾の計画を例にとると，それが物流，漁業，レジャーのいずれの目的で使用されるのかによって，必要な施設が違ってくる．防災面からの都市施設計画でも，災害を抑止することを目的とするのか，災害から待避することを目的とするのかによって，対象とする施設計画が別のものとなる．さらに，計画目的が個別的ないしは限定的であれば，対象もおのずと限られたものとなるが，目的が複合的になると計画対象は拡大したものとなってくる．このように計画における目的と対象は密接な関係を有している．目的が形成されるのは，動機づけという心的活動によるところが大きいが，長尾は計画の動機づけによって，計画対象がどのように対応するか次のように三つにまとめている[1]．

　最初の動機づけは施設拡充であり，施設の数量・規模・配置のみが考慮される．これはあい路解消を図ろうとするもので，計画対象としてはたとえば，道路や港湾の容量不足，災害復旧，公害防止などがある．かつてはこのタイプが非常に多かったが，このタイプは対処療法的な一時的効果に終わることが大半で，問題の本質的な改善に必ずしもつながるものではなかった．第2の動機づけである機能改善は，土木施設の経済的機能および社会的機能を最適化しようとするもので，システム分析的な視点が取り入れられ，問題の改善にかなりの貢献をすることになった．計画対象の具体例としては，効率改善の面からバイパス道路，多目的ダム，埠頭，高速道路などがあり，シビルミニマムの観点から上水道計画，防災計画，住宅計画，地方公共交通計画，離島振興などがある．第3の域圏開発の動機づけは，前の二つが戦術的であるのに対して，戦略的な目的設定となっている．このレベルになると，目的が複合的となるため，対象が広範多岐にわたって，計画の視点があいまいになってくる．計画対象の例としては，TVA，デルタプラン，新幹線計画，高速道路網計画などがある．なお，この動機づけの分類は，先に示した施設計画，機能計画，域圏計画に対応したものとなっている．

　また，吉川は計画の対象を，社会的なもの，経済的なもの，および物理的なもの，というように分類している[6]．そして，これまでは土木計画はどちらかといえば，物的施設に焦点をあてた物理的計画が主であったが，これからはむしろ社会的および経済的観点からの計画が重要で，物理的計画とあわせて総合化しなければならないとしている．

（3）　目　的　と　手　段

　目的とよく似ているものに目標という用語がある．この二つの用語は明確に区別できるものではないが，計画における一般的な使い方としては，目標は抽象的な計画の意図する方向性を示すものとするのに対し，目的は計画の具体的な実現の指標あるいは状態を示すものであるとしている．また，目標は計画目的の最終状態を指し，目的は現状からの当面の到達状態をいう場合もある．いずれにしても計画には必ず目的あるいは目標があり，これらは手段を用いることによって初めて達成されるものである．したがって，計画を実現するには，

目的と手段と結びつける具体的な作業を行うことが必要となる．しかしこのとき，どのようなプロジェクトにおいても，全体の計画を進めるには，部分を構成する多くの作業を仕上げなくてはならない．部分を構成する各作業は，また一つの計画であり，それぞれ目的と手段をもつことになる．多くの場合，部分計画は階層構造をなしており，この中で各計画のもっている目的は縦と横に相互に連鎖的に関連し合う．そして，ある計画の目的は，次段階の計画を達成するための手段としての役割を果たす[4] 新規の道路建設計画の場合，その道路用地を土地区画整理によって確保しようとすると，土地区画整理は土地利用の適正化を図ることが目的であるが，道路計画から見れば公有地を取得する手段となる．このように多数の計画が階層的に構成されることによって，一つの全体計画が成立し，その階層構造においては，部分計画の目的が相互に影響し合い，目的と手段が複雑に入り込んだ形となっている．これを概念的に表したのが，図1.3である．

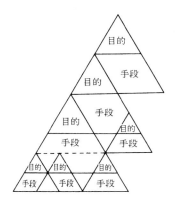

図1.3　目的と手段の関係[4]（加納次郎：計画の科学，経済往来社より）

（4）　構　　成

　主体，対象，目的，手段は計画の静態的要素であることはすでに述べたとおりであるが，どのような計画においてもこの四つの要素から成り立っており，これらの内容が分析，評価，総合のプロセスを経て，現実的な計画として実行されることになる．そして，構成とは計画の連鎖関係を，分析と評価を通して

動態的側面から調整し，総合化を図ることを意味している．

　計画における連鎖関係の中では，一方の目的を達成しようとすれば，他方の目的を犠牲にするというトレードオフも存在するし，また，階層構造においては上位と下位のいずれの部分計画を優先するのかという問題がある．上位計画の目的水準から下位計画の目的水準が制約されていくのをトップダウン方式，逆に，下位計画の目的水準から上位計画の目的水準を絞っていくのをボトムアップ方式といっている．こうした目的間の関係をどのように調整するかは容易なことではないが，計画を実行可能な具体的な内容にするためには，避けては通れない最も重要な思考作業となる．このことは計画のプロセスの問題であり，所与の目的を達成するには，分析と評価を繰り返すことが必要である．この繰り返しプロセスにおいて，矛盾や問題点が明確になり，部分計画相互間の調整が進められることになる．

1.3　土木計画で取り扱う現象

（1）　計 画 の 手 順

　土木計画は，さまざまな目的をもつ数多くの部分計画から構成され，部分計画はまた相互に関連を有している．また，システム分析は，計画の本来の目的を体系的に考察し，その目的を達成するために，代替案に関する費用，効果などを定量的に比較し，また可能なら代替案を追加することによって，意思決定者が最適な一連の行動を選択決定できるように支援することであるとされている．したがって，系統的かつ総合的なアプローチを行い，調和のとれた合理的な計画を実現するには，システム分析的な思考方法が適していると考えられ，土木計画は一般的に以下に示すような手順を通して行われることが多い[6]．

　（ i ）　問題の認識
　（ ii ）　実態の調査
　（iii）　現象の分析
　（iv）　代替案の作成
　（ v ）　効果の分析
　（vi）　最適案の評価

　各手順の内容は次章で詳しく述べられるので，ここでは簡単に説明しておこう．まず初めに計画の対象になっている問題が認識される．道路計画を例にとると，道路の混雑現象が地域の社会活動や経済活動にとって重大な支障をきたしているのかどうかが計画の出発点となる．この認識は感覚にもとづいた漠然とした形で行われることが少なくない．そして，この問題の所在と内容，および原因は実態調査をすることによって明確にされる．各種の交通量観測や社会・経済調査はこのために実施される．この観測や調査を通して現象を記述するための主要な要因が抽出され，現象分析のモデルが構築される．交通量の発生モデルや交通機関の選択モデルは交通需要の分析モデルであり，状況変化に対応できるようになっていなければならない．次に，問題を解決するための各種の代替案が作成され，現象モデルを用いて比較検討がなされる．たとえば，ある道路の恒常的な渋滞を解消するために道路を新設するとき，Aルート，Bルート，Cルートのいずれが優れているのかが分析評価される．そして，渋滞の削減効果，新設道路の建設費用，沿道環境への影響などのいくつかの視点から総合評価を行い，この中から最適な代替案が選択決定される．しかし，建設費用や環境基準などの制約を満足する代替案を見つけることができないかも知れない．その場合は，代替案作成の見直しをすることが必要となる．現実の計画は必ずしもこのような単純なものではないが，このプロセスが何度となく繰

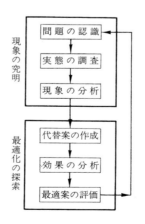

図1.4　土木計画の手段

り返されて，より整合性のある計画が練り上げられていく．図1.4は計画の一般的なプロセスを概念的に表したものである．この計画プロセスを見てみると，大きくは前半部の現象分析と，後半部の最適化の二つの部分に分けて考えることができる．つまり，現象分析は計画において基礎となるものであり，これにもとづいて最適な計画案が求められていくことになる．この両者は互いに密接な関係を有しており，計画プロセス全体から見ると，別々に論じることには問題があるが，本書では現象分析に焦点を絞って論を進めることにする．

（2） 現 象 の 特 性

構造物の設計においては，力学的な挙動解析が行われ，構造物の安全性や経済性が検討される．これと同じように計画においても，現象分析を通した科学的な裏付けにもとづいて，所期の目的を実現する計画立案を行うやり方が考えられる．しかし，土木計画における現象分析は経済活動や人間行動などの社会現象を対象とすることが多く，現象の実態を分析把握することはそれほど容易なことではない．このことは以下に示す社会現象の特徴が大きく関係している．

（a） 現象の枠組みが一定ではない．

社会現象はいろいろな要因が入り交じって，それらが相互に影響し合って形作られており，また，現象の状態は場所や時間の影響を受ける．それゆえ，現象を分析しようとするときは，要因の数，要因の結合関係，場所と時間の領域などといった現象の枠組みを明確にすることが必要となる．このことはシステム分析でいえば，図1.5に示すようにシステムを内部システムと外部システム

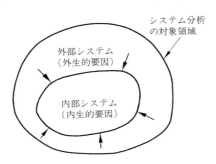

図1.5 外部システムと内部システム

に分け，システムの内容と範囲を具体的に決定することである．この場合，前者には内生的要因が，後者には外生的要因が対応する．内生的要因とは，相互の依存関係によってシステム内部で従属的に状態量が決められる要因のことであり，外生的要因とは，状態量がシステム外部で独立的に与えられる要因のことである．内生的要因と外生的要因をどのように決定するかが，現象の枠組みを構築する大きなポイントとなるが，この仕分けは解決しようとする問題の性質や，計画の目的によって異なってくる．ある計画目的のときは外生的要因であったものが，別の計画目的では内生的要因になることがある．また，予知できない要因がからんで，現象のメカニズムそのものが不明確なことがあるし，重要な要因であることがわかっていてもデータの入手が困難なことがある．このように社会現象の枠組みは一意的に決められるものではなく，問題の内容やデータなどの制約によって異なってくる性質を有している．

（b）　要因の数が多く，結合関係が複雑である．

　枠組みをどのように設定するかも関係してくるが，一般的に社会現象には数多くの要因が含まれる．たとえば，一つの交差点の交通現象を取り上げてみても，その交差点の流出交通量と流入交通量の挙動から，現象記述をすることができるが，これだけではいろいろな条件変化には対応できない．したがって，より本質的な面から交通現象を見ようとすれば，隣接交差点の流出入交通量の状況も関連づけねばならないし，また，沿道の土地利用，道路ネットワークの形状と特性，日時や季節等も交通量を決める要因として考慮しなければならない．さらには，公共交通のサービス水準，都市活動の規模，他都市との結び付きなどにも影響される．社会現象の要因はこのように連鎖的につながりが拡大していくところがあり，その要因間の結合関係も互いに入り込んできわめて複雑な構造となっている．

（c）　要因の因果律があいまいである．

　各種の要因が現象生起にどれぐらいの役割を果たすのかという定量的関係は必ずしも明確には決められない．たとえば，ある地域の居住人口を予測しようとする場合，その要因としては交通の利便，土地の価格，学校・病院・買物などの施設サービス水準，自然環境，災害に対する安全性などが考えられるが，各要因がどのように効いているかは，ケースバイケースで異なるであろうし，

一定の構造が定まっているわけではない．そして，土地の価格は他の多くの要因の水準によって決められるというように，すべての要因が独立であるとは限らない．しかし，われわれは要因間の相関関係があるにもかかわらず，複数の要因を同列に並べて居住地の選択判断をすることが多い．つまり，個人レベルで見た行動基準と，全体として見た現象の要因分析は一致しないことがある．また，要因の効き方は，競合関係あるいは代替関係にある居住地の状況によっても左右されるし，そのときの社会情勢や経済動向にも影響を受ける．

（d）　定性的要因が含まれる．

要因には定量的なものと，定性的なものがあるが，社会現象においてはしばしば定性的要因が重要な役割を果たす．公共交通機関の利用率は自動車の保有，非保有で違うであろうし，自動車の保有率は駐車場のあり，なしが関係してくる．また，性別や職業，時間帯なども交通行動の主要な要因である．最近の土木計画では，安全性や快適性が重視されるようになっており，定性的要因の取扱いが増大している．定量的要因と定性的要因の分析方法に関しては，本質的な差異はないが，データの取扱い方によって要因効果が違ってくるので注意を要する．

（e）　心理的要素，価値観が関係する．

個人行動の集積が社会現象となって現れるが，行動基準は人によって異なる多様性があり，行動要因がうまく把握できないことがある．経路の選択行動を例にとると，所要時間と走行距離が主な要因になることは確かであるが，この他に心理的要因や価値観が関係してくることが多い．通りなれている経路，快適で安全な経路，走りやすい経路を選択するのはこのことが大きく関係している．特に，混雑して所要時間が少しぐらい長くなっても，経路変更しないのは習慣や好みによるところが大きい．交通機関を選択するのも，住宅を選ぶのも同様なことが考えられる．われわれの日常における社会活動や経済活動は習慣にもとづいているものがきわめて多い．地域や国，あるいは時代によって価値観や習慣が異なるので，社会現象に違いが見られるのは当然のことであろう．

（f）　現象の法則が明確でない．

社会現象に明確な法則性が存在するかどうかは定かではない．先の経路選択行動の例においても，従来はさまざまな考え方が提示されている．この理由と

しては，経路選択行動にもとづく道路ネットワークの交通流の法則性が明確ではなかったことがあげられる．電気や水のネットワークにおける流れは物理法則が明らかにされており，この法則にもとづいた理論が構築されている．道路網の交通流理論がないときは，これらの電気や水のネットワーク理論が利用されていたが，その後，交通の流れは電気や水の流れとは異なることがわかってきた．交通の流れは個人の行動が集積されたものであり，電気や水の流れのように現象全体の物理法則に制約されているものではない．こうして経路選択における個人の行動基準を考慮して考え出されたのが，経路配分の時間比配分と等時間配分の概念である．時間比配分は，所要時間の短い経路ほど選択率が高くなり，等時間配分では，利用される経路については所要時間が等しくなるというものである．各ドライバーがすべての経路の所要時間についての情報によく通じていれば，時間比配分は等時間配分に一致するといわれている．しかし，これらの配分概念は現実に交通現象がこのようになることが確かめられているわけではない．あくまでも頭の中で考えられた概念的なものであり，そのため配分原則と呼ばれている．それぞれの配分原則が実際の交通現象において成立するか否かについては，実験などを用いて実証的な分析が進められている．交通現象のように比較的観察が容易なものでもこのような状況であり，一般的な社会現象の法則性についてはまだ未知な点が多く残されている．

1.4　現象の分析モデル

（1）　現象モデルの分類

現象の機構や動向を分析することによって，計画における問題が具体的に把握できることになるが，社会現象は上で述べたように複雑な面を有しているので，明確な形で表現しにくいところがある．しかし，なんらかの方法で現象の性質や特徴を知り，現象の変化を予測しないことには，実行性のある計画を進めることが不可能となる．現象の性質や特徴を解明し，現象の変化を推定することをまとめて現象分析と呼ぶことにしているが，現象分析はモデルを用いて行われることが多い．モデルは現象の機構や動向を抽象的に表現しようとする道具といえるもので，概念的，物理的，あるいは数理的な取扱いがなされる．

土木計画においてシステム分析アプローチをしようとするとき，モデルの果たす役割は大きいが，その意義は以下のようにまとめられる．

① 現象の推定ができること．

② 代替案の評価ができること．

③ 現象の機構と要因の相互関係が明示できること．

④ 現象変化が具体的に説明できること．

⑤ 客観的データにもとづいて意思決定が行えること．

このように現象のモデル化を行うことは，現象のメカニズムを究明するとともに，現状の問題点を把握し，また，現象変化の推定を通して計画目的の達成を図ることが，最も大きなねらいとなっている．それでは次に，どのようなモデルを作成すればよいのかということになるが，モデルにはさまざまのタイプのものがあり，計画の内容や目的と関係して決められることになる．モデルタイプを計画の目的，現象のとらえ方，表現の方法などによって分類すると次のようになる．

（a）記述モデルと規範モデル

記述モデル（descriptive model）は，メカニズムをできるだけ忠実に反映した現象動向の表現モデルのことであり，規範モデル（normative model）は，メカニズムを明示することなく，現象を最適状態に直接誘導できるモデルのことをいう．総走行時間を最小化するシステム最適配分や，線形計画法を用いた土地利用計画は規範モデルに属するもので，このモデルではシステム全体から見て最も望ましい状態を求めることが目的となっている．しかし，経路選択におけるドライバーの選択行動や，土地利用のメカニズムを考えると，規範モデルで得られる最適な状態が達成されることは実際には困難で，どのようにして導いていくかが問題となる．したがって，規範モデルは現象モデルというよりは，計画モデルというほうがふさわしいといえる．一方，記述モデルの具体例としては，交通量配分における等時間配分や時間比配分，また土地利用モデルにおけるゲーム理論による立地モデルなどが挙げられる．これらの記述モデルでは，現象メカニズムが組み込まれているので，モデル操作をすることによって現実的な最適状態に誘導することができる．

（b）　決定論モデルと確率論モデル

決定論モデル（deterministic model）とは，ある入力データに対して結果が一意的に決定されるモデルのことであり，これに対して確率論モデル（stochastic model）とは，結果が確率値で与えられるモデルのことをいう．例をあげると，前者には交通量配分の最短経路配分モデルや OD 交通量推定の連立方程式モデルなどがある．また，後者には交差点の待ち行列を表現する待ち合せ理論モデルなどがある．いずれのモデルが優れているかは一概にはいえないが，現象の性質によって，たとえば不確定な要因が多いときは，確率論モデルのほうが適しているといえよう．また，最適化を行う場合には，決定論モデルのほうが操作性が高いので有利と思われる．

（c）　マクロモデルとミクロモデル

現象の見方によってモデルの表現方法が異なってくる．現象における部分の法則性にもとづいて作成されるモデルをミクロモデルという．部分ごとの現象法則にもとづいたミクロモデルを結合することによって，全体モデルができ上がるが，境界条件の制約や，部分間の相互作用の影響を受けて，現象全体としての現象特性が的確に表現できないことがありうる．これとは逆に，現象をまず全体としてとらえて部分に分解し，後でこれをまとめるというモデルの作成方法がある．このような見方によるものをマクロモデルというが，マクロモデルでは分析と総合の手続きを経ることで，部分間の作用関係を考慮することができることになる．ミクロモデルは部分に着目した詳細な分析ができるのが特徴であり，マクロモデルは大局的な現象特性を見失わないところが優れている．

（d）　静的モデルと動的モデル

現象を一時点のデータで断面分析的に見るモデルと，時系列データで縦断分析的に見るモデルがある．前者は静的モデル（static model）といわれており，現象の構造や要因の依存関係は時点が変わっても不変であると仮定されている．これに対して，後者は動的モデル（dynamic model）と呼ばれるもので，時点の経過にともなう現象の動態変化を表現しようとするものである．従来のモデルは静的モデルがほとんどであるが，最近になって動的モデルの研究が盛んに行われるようになってきた．この大きな理由は，静的な分析だけでは現象動向の本当のメカニズムが究明できないからである．具体的には，所得の増大

と減少では自動車保有の行動対応が非対称であるとか，過去の経験や習慣，さらには将来の見込みなどが行動対応に関係するなど，動的分析でないと明示できない行動特性がある．経済現象においても，交通などの社会現象においても，時点の状況に応じた現象の誘導制御が必要とされるようになっているので，これからは動的モデルの重要性が増していくものと思われる．

（e）　数理モデルとシミュレーションモデル

　現象の構造や動態を数式あるいは関数関係を用いて表現するものを数理モデル（mathematical model）と呼んでいる．現象における各要因の効果や要因相互間の関係が明示的に表示されるので，各種の条件に対応して現象変化が容易に記述できる操作性の高いモデルである．待ち合せ理論やマルコフ理論を利用した確率モデル，回帰分析などの多変量解析理論による統計分析モデル，均衡理論にもとづいた行動選択モデルなどは，数理モデルに属するもので，現象分析における主要な部分を占めている．しかし，現象がすべて数理モデルで取り扱えるとは限らず，現象のメカニズムが複雑で法則性がよくわからないときや，数式表現が困難なときは，シミュレーションモデル（simulation model）が用いられる．たとえば，待ち合せ理論で到着分布およびサービス時間分布が一般形となると，数式で解を得るのが困難なので，シミュレーションで解析される．シミュレーションには，待ち合せ現象のように結果が唯一に求められる確定的シミュレーションと，試行の繰り返しによって結果が異なるゲーミングシミュレーションがある．ゲーミングシミュレーションは会社経営の戦略や地域政策の戦略を検討するときにしばしば用いられる．シミュレーションの利点は，数理的取扱いが困難な問題が解析できることもさることながら，むしろゲーミング的な現象が取り扱えるところに大きな特徴があるといえる．

（f）　集計モデルと非集計モデル

　現象を表現する場合，現象全体を一体として取り扱うモデルと，個別単位で見るモデルの二つのタイプに分類される．前者は集計モデル（aggregate model），後者は非集計モデル（disaggregate model）と呼ばれている．これまでは集計モデルにもとづいた現象の記述がほとんどであった．原単位法や回帰分析法による交通量発生モデル，重力モデルを用いた OD 交通量モデル，交通量配分の最短経路法，土地利用のローリモデルなどはすべて集計モデルで取り

扱われており，ゾーンというひとかたまりの集合体としてのデータでモデルが作成されている．つまり，ゾーンごとにおける各種要因の平均値で現象が分析される．要因データの分布状態が平均値からあまり離れておらず分散が小さい場合は問題は少ないが，たとえば，指数分布のようにデータが偏ったり，あるいは特殊な分布を示して分散が大きいときなどは，現象の真の構造が表現できないことがある．このようなことから最近，個別単位をベースとした非集計モデルが盛んに用いられるようになってきた．非集計モデルでは，個別単位の行動における要因集合や代替選択集合の相違に加えて，計測不能な不確定な要因も考慮できることから，ミクロレベルでの現象記述には優れたモデルであるといえる．しかし，計画の具体案を策定するには全体現象の動向が必要となるので，モデルの集計化作業をしなければならず，この点での課題がまだ残されている．また，将来予測に対して個別単位のデータが得にくいことも弱点であろう．

　以上のように，現象を記述するモデルにはさまざまなものがあるが，それぞれ利点をもつとともに問題点も抱えている．それゆえ，どのモデルを使用するかは，モデルによって何を求め，何をしようとしているのかを考えなければならない．計画の目的，内容，レベル，さらにはデータの状況や作業の費用などを総合的に考慮して，最も適切なモデル選択を判断することになる．

（2）　モデルの作成

　現象モデルを作るとき，要因の数を多くすればモデルが正確になるかといえば，必ずしもそうではない．説明要因を増やしていけば，相関係数が大きくなり現象の再現性は高くなるので，モデルの構造誤差（specification error）は小さくなる傾向がある．しかしながら，各説明要因はデータに誤差を含んでいるので，要因数が多くなると誤差が集積されて，推定誤差が次第に大きくなる．この誤差は計測誤差（measurement error）と呼ばれている．これを概念的に示したのが，図1.6である．したがって，構造誤差と計測誤差を合わせたトータル誤差が最小となる要因数を用いたモデル記述が最適となる[3]．

　また，土木計画では目的と手段が連鎖構造になっていることから，その中には数多くのモデルが存在することになる．そして，これらのモデルが相互に干

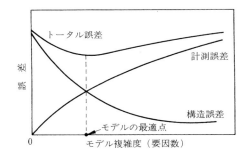

図 1.6　誤差の種類とモデル複雑度との関係

渉しあって，全体の最適化の探究が行われる．それゆえ，モデル間の作用関係
を考えると，モデルの記述レベルが不統一であっては問題が生じる．たとえば，
交通モデルが非常に詳細なミクロモデルで記述されても，交通との関連で評価
される地域計画モデルがマクロなレベルで取り扱われておれば，この場合の交
通モデルの意義は低いものになってしまう．

　現象の要因データには誤差が含まれているので，計画代替案の評価において
この誤差をどのように考慮するかも大切なことである．現象モデルにもとづい
て代替案選択を行うとき，モデルに投入するデータ誤差が小さければ最適案は
唯一に定まるが，データ誤差が大きくなるにつれて，最適案の決定があいまい
となってくる．評価基準が複数の場合は，基準間のウエイトの与え方にも影響
されるが，データ誤差の大きさによって各代替案ごとに最適案として選択され
る確率が異なってくるので，誤差の大きさを事前に分析しておくことによって，
最適案の安定度を知ることができる[7]また，使用データの変動や誤差がわかっ
ておれば，最大値と最小値で与えるといったように推定値をある幅をもって求
めることができるので，やはり最適案の優位性を知ることで大いに役立つこと
になる．

　現象モデルを作るとき，現象の実績値によく適合するように要因選択やパラ
メータ決定が行われるが，これだけでは十分とはいえない．なぜなら，実績値
に適合するだけでよいなら，そのようなモデルは容易に作成できるからである．
重要なことは，現象動向のメカニズムが説明できる記述性に優れたモデルでな
ければならないということである．ある時点や地域のデータで作成されたモデ

ルが，他の時点や地域に適用できるかというモデル移転性がしばしば議論される
るが，モデルは使用されたデータの範囲に限って有効であり，意味があること
を注意しておかなくてはならない．ある地域のモデルが他地域に適用されて適
合度が高くても，直ちにモデル移転性があるとはいえない．偶然に支配される
要素が多分にあるので，データの中味やモデル構造まで含めて詳細にその理由
を分析することが必要である．また，特定の地域に対してモデル移転性が認め
られても，さらに別の地域で移転性が成り立つかどうかはなんの保証もないの
である．

　現象の変化は要因のデータ誤差以外にも，多くの不確定な要因によって引き
起こされる．不確定な要因としては，不規則な要因，計測不可能な要因などが
あげられる．不規則な要因には，人や車の到着分布，事故や災害の生起などが
あり，計測不可能な要因には，情報の不足，価値観の変化，習慣や好み，思惑
などがあげられる．現象分析を行うときは，これらの不確定要因による影響や
対処の方法を考慮しておくことが望ましい．

　現象モデルは，説明力が高いこと，再現性が優れていること，状況変化に対
応できること，操作が容易であること，作業費用が安いことなどが求められる
条件であるが，これらをすべて満たすことは不可能である．当然のことながら，
一つのことが満たされれば，他の何かが犠牲にされる関係がある．土木計画は
対象が多様化し目的が多次元化してきたために，複雑に関連しあう多くの要因
を考慮して，調和のとれた計画実現の方策を追求することが課せられている．
しかし，計画の枠組みや目的が必ずしも明確ではないという面があり，また現
象には多くの不確定な要因が入り込んでくる．したがって，現象モデルをむや
みに精緻にしても，上で述べた理由からそれほどの意味はない．大事なことは
モデルで得られた結果をどのように解釈するかである．結果は数値で得られる
が，数値そのものは絶対的なものとして見るだけではなく，同時に相対的なも
のとして評価すべきであろう．たとえば，交通量配分モデルで推定された道路
ネットワークのリンク交通量（道路区間交通量）は，一つの目安としてとらえ
るべきであり，それよりはリンク間での交通量の差異を見ることのほうが意義
がある場合がある．交通量は常に変動するものであり，個々のリンクの値より
も，リンク間の比較で定性的に道路網の現象特性を考察するほうが，より柔軟

な幅のある計画が検討できることになる．また，モデルで得られた結果は，使用された要因以外のかかわりも考慮して，総合的な観点から理解することが，計画の現実性を増すことにつながる．要するに，現象モデルに万全なものは期待できないので，計画の内容，目的，レベルに応じて最も望ましいモデルを作成し，幅広い解釈をすることによって計画の信頼性を高めていくより方法はないのである．

参 考 文 献

1) 長尾義三：土木計画序論―公共土木計画論―，共立出版，1984．
2) 土木学会編：土木計画における総合化，土木計画シリーズⅤ，第1章，技報堂出版，1984．
3) R.P. Stopher and A.H. Meyburg：Urban Transportation Modeling and planning, Lexington Books, 1975.
4) 加納次郎：計画の科学，経済往来社，1963．
5) 新村出編：広辞苑（第三版），岩波書店，1983．
6) 吉川和広：土木計画とOR，丸善，1969．
7) 飯田恭敬，児玉健，高山純一：最適代替案確率の図形表示による総合評価手法特性の比較分析，土木計画学研究・講演集，No 8，pp. 437～444，1986．

2章

土木計画プロセスとシステムズ・アナリシス

　1章では土木計画の公共計画としての特徴やそれが扱う対象について簡単に説明した．また，土木計画のプロセスにのっとって，その手順や検討の仕方を科学的に支援していくことが重要であり，そのための一連の方法を理論（方法論）として研究するのが土木計画学の主たる目的であることにも触れたとおりである．ここではまず，土木計画のプロセスの大まかな特徴を例題を通して吟味することから始めよう．

2.1　土木計画プロセス

　[例題2.1]　　X市の観光資源である国立公園には毎年多くの観光客が訪れている．しかし，ここ数年，観光収入や観光客の伸び悩みが「問題」になっている．市の担当部局の立場に立って，計画を策定したい．どのような手順で進めていくのが合理的であろうか．

　1）　この例題に即して，土木計画の循環的プロセスについて説明せよ．

　2）　その際，計画の「目的連関性」，計画代替案の間の「トレードオフ」の関係についても説明せよ．

　3）　土木計画学は土木計画をたてていく上でどのような部分に役に立つのであろうか．

［解　答］

　1）2）3）の問について直接答える代りに，次のように考察してみよう．

① 　問題の明確化

　私たちは，「計画をたてる」というとすぐに，「問題」を解決するための対策（これを「代替案」という）を検討することに一気に結びつけて短絡的に考えてしまいがちである．しかし，果たしてそれだけであろうか．たとえば，上の例では行政当局は「道路網の未整備」が大きな原因であり，そのため「バイパス道路を建設する」ことが合理的な代替案であると考えているとしよう．しかし「問題」は必ずしもそう単純ではないようである．観光資源の付加価値を高め，観光地としての魅力を向上させるための「観光面でのソフトな対応」が重要であるとの他の部局の意見もある．「ソフトな対応」とは，施設整備などの「もの作りによる対応」に対して，もの以外つまり「ひと」「おかね」「情報」などの形をとった対応のことをいう．観光キャンペーンを行って観光地の魅力を高めるとか，近隣の観光地と協力関係のネットワークを築いて，双方の観光客の流れを結びつける対策を講じるとかが，その一例である．

　医者にかかる患者にたとえるならば，性急に特定の代替案のみを大前提として計画を進めることは，症状や病名を詳細に観察・検討せずに，処方箋を書くようなものである．病名が異なれば処方箋も変わりうる．ましてや，私たちが扱う「都市や地域の症状」は，多くの原因が複合した「症候群」である場合が少なくない．この場合，合理的な対策は複数の対策の有効な組合わせであることが多い．

　このように考えるならば，土木計画の策定にあたっては，「そもそも何を問題にすべきであり，それにはどのような要因が関係しあっているのか」をできるだけ第三者にわかる形で（客観的に）明らかにすることから始めるのが基本であるといえる．これを「問題の明確化」の段階と呼ぶ．

　さて，「問題の明確化」を行うには次のようにすればよい．

（ⅰ）　問題が複雑で，非定形（簡単に記述できない構造をもっている場合）であればあるほど，異なった考えや発想をもった人たち（専門家や住民など）を集めて，自由発想形式による思考実験（ブレーンストーミング）を行うことが望ましい．これにより問題を構成する要因とその関係を構造と

して的確に把握することができる．

（ⅱ）　この段階での問題の構造の記述は，ブレーンストーミングに参加した
人たちの共通の問題認識を定性的に表現したものであればとりあえず十分
である．

（ⅲ）　「問題の明確化」により，計画の目標を大まかに設定することができる．
この段階で既に代替案（複数であってもよい）の概要が特定されることも
あるが，必ずしもそれが明示されていない場合もあることに留意したい．

②　データ収集と調査

　「調査」を文字通り，「何かわからない事項を明らかにすること」であると考
えると，「調査」は上述の「何を問題として調べればよいかを明らかにする」（「問
題の明確化」の）段階からすでに始まっていることになる．しかし，ここでは，
この最初の段階の後に続き，「問題となっている実態（の一部）にメスを入れ，
それがどのような仕組み（メカニズム）や状態になっているかを浮き彫りにし
ていくためのデータ収集・加工および解析」の段階のみを指して，「データ収集
と調査」あるいは簡単に「調査」と呼ぶことにする．

　先の例題に即して説明すれば，次のようになる．

（ⅰ）　「問題の明確化」で大まかに想定された「問題の構造」を念頭に置きな
がら，これを実際のデータでより定形的・定量的に検証する．「調査」はデー
タの収集と，それを用いた整理・加工・解析の段階からなる．

（ⅱ）　たとえば，実際に観光客がそもそもどのように推移しているかを既往
の観光統計などのデータを整理して，必要に応じてそれを加工し，解析す
る．あるいは観光客の増減と関係がありそうな要因を見出し，その関係を
数式の形で表現する．解析にあたっては，その特定された関係が実際の現
象に即して，合理的な説明や解釈がつけられるかどうかについても検討し，
妥当とみなされれば，それを採用する．既往のデータがない場合は，その
データを収集するために現場に出向いたり，当事者に直接出会ったりして
実地調査（フィールドサーベイ）を行う必要がある．このように必要なデー
タやその入手先を特定したり，データの内容や取り方を設計したりする
のも「調査」の重要な役目である．

③　予　　測

「調査」は，着目している特定の事象の現在までの実態について，そのメカニズムを明らかにするものであるが，「予測」はそれをもとに，将来の特定の時点（目標時点）または期間（計画対象期間）における状態について推測するものである．このことを先の例題に即して説明しよう．

（ⅰ） 調査によって特定された当該事象の実態のメカニズム（構造）がそのまま維持されるとみなした上で，それにかかわる要因が将来どのように推移するかをインプットして設定し，アウトプットとして将来の状態を推定する（図2.1参照）．たとえば，地元に落ちる観光収入と入り込み観光客数との関係式がわかっているとして，まず将来の特定の時点の観光客数を設定し，これよりその時点の観光収入を予測する場合が該当する．

（ⅱ） これも（ⅰ）の特殊な場合になるといえるが，たとえば観光収入の過去の推移が時系列の形でわかっているとして，その推移のパターン（トレンド）を将来に外挿することにより，目標時点における予測値を推定する

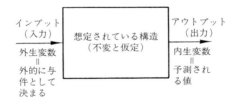

図2.1 入出力変換メカニズムとして見た予測過程

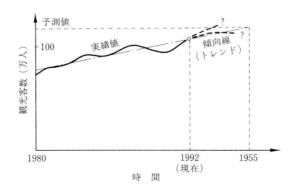

図2.2 トレンド推計法の考え方

方法がよく行われる．これを「トレンド推計法」という（図2.2参照）．

（iii） 将来において実態のメカニズムが構造的に変化すると予測される場合は，それがどのように変化するかを推定しなければならない．このように時間とともに構造が変化するメカニズム（動態）を明らかにすることはそれほど容易ではない．特にその動態を定量的に解析することは困難な場合が多い．このような場合には，その構造の変化の仕方を定性的にのみ推定することが行われる．たとえば，長期的な観光収入の予測を行う場合を考えよう．ライフスタイルの変化によって観光客の支出パターンが大幅に増加することをなんらかの形（たとえば専門家の意見を集約する形）で定性的に想定して，その結果として観光収入が大きく上向くことが予測される．ただし，この場合の予測はあくまで定性的であるから，将来の特定の時点における定量的な水準を明示することはできない．

（iv） 何を予測の対象とすべきかは，問題の明確化の結果にもとづいて何を計画の目標として設定するかに大きく依存しているが，予測によってそれを客観的な形で確認し，提示することができる．

（v） 予測に用いた前提（インプット設定）条件および予測によって得られた水準（アウトプット水準）をひとまとめにして，フレーム（値）という．公共計画においては，国土計画が地域計画のフレーム（の一部），地域計画が都市計画のフレーム（の一部）の役割を果たすことが多い．

④ 代替案の分析と設計

予測までの段階を経て，いよいよ代替案を本格的に検討する段階になる．これを「代替案の分析と設計」の段階という．もちろん，前述したようにすでに①の問題の明確化の段階で，暗に代替案が想定されることも珍しくはないことに留意したい．以下，その要点を説明する．

（i） この段階では，フレームにもとづき，「計画目標」や「制約条件」をできる限り定量的に明示する．この場合，議論の大まかな方向として，たとえば，「道路網の整備」かそれとも「ソフトな観光対策」を想定するのかにより，以降の計画の内容の検討の仕方が変わってくることが考えられる．このように設計の大まかな方向性や骨格に相当する「代替案のタイプ」を特定することが議論の出発点になり，これが明確化されたものが計画目標

となる．こうして，計画目標や制約条件が明示的に設定されると，その条件のもとで合理的で適切な「代替案の具体的で詳細な内容」を特定することになる．なお，このように全体の目標に対して，それを達成するための各代替案がさらに下位の個別計画において計画目標とみなしうる場合，このような関係を「目的連関性」という（1.1 の図 1.3 参照）．

（ⅱ）　しかしながら，複雑な問題を対象にする場合，あらゆる選定条件をあらかじめ明示し，定量化することは困難である．また，たとえそれがある程度できても，必ずしも両立しない複数の目標の間に競合関係（これを「トレードオフ」の関係という）が存在し，それらをすべて最大限に充足する代替案を見出すことは不可能である．

（ⅲ）　したがって，代替案の選定は，あくまで問題の部分的な側面を取り上げて，その枠内での限定された条件下で行わざるをえない．その分だけ，代替案の検討は分析的になり，定量的な設計が可能になる．このため，この計画段階を「代替案の分析と設計」（簡単に「分析」ということもある）の段階というのである．

（ⅳ）　複雑な問題であればあるほど，問題の部分的な切り取りの仕方は数多くあろう．このような場合，その切り取り方に応じて，何通りかの分析の仕方を併用することが望まれる．そのようにして選定された複数の代替案は，それぞれに異なった前提条件付きでの合理的で適切な代替案であるといえる．なお，「（最も）合理的で適切な代替案」を「最適な代替案」ということがあるが，これは多くの場合，「前提条件付き」であることに注意したい．

（ⅴ）　先の例題でいえば，そもそも代替案として，「道路網の整備」を取り上げるべきなのか，「ソフトな観光対策」を取り上げるべきなのか，あるいはそのいずれもなのかという問題がある．そこで，それを仮に「整備すべき道路網」に限定して，合理的で適切な代替案を分析し，設計することになる．

⑤　解釈と評価

　④までの段階を経て，前提条件付きでの「合理的で適切な」代替案が（いくつか）設計されたならば，いよいよそれを総合的な視点から解釈し，評価すること

によって，より包括的な意味での「合理的で適切な」代替案を絞り込み，特定する段階になる．これを「解釈と評価」の段階という．これを先の例題に即して説明すれば以下のようである．

（ⅰ）　この段階では再度，当該計画の「全体目標」つまり，「全体として最終的に何が達成されるべきか」が問われることになる．その上で，④の段階で設定された「計画目標」が「全体目標」に十分に整合し，効果的に寄与しうるものかどうかが再検討されることになる．たとえば，計画の全体目標が「観光面での地域経済の振興」であるとして，「道路網の整備」という計画目標が全体目標に十分に整合し，効果的に寄与しうるものかどうかが再検討の対象になる．同じことは「ソフトな観光対策」についてもいえる．

（ⅱ）　もちろん，全体目標と特定の計画目標（代替案のタイプ）との対応性については，早ければ①の「問題の明確化」の段階ですでに検討が始まっている場合もある．これに対して④の「代替案の分析と設計」ではその性格上，特定の計画目標を大前提として代替案の内容の具体的詳細を議論するため，全体目標と当該の計画目標との整合性についての最終的な判断は保留にされていることが多い．「観光面での地域経済の振興」という全体目標に対して，とりあえず「道路網の整備」を前提にして詳細を検討するのが普通のやり方である．④に続く本段階ではその前提を全体目標との対応を考えて再吟味して総合判断を下すことになる．

（ⅲ）　異なる個別の計画目標がいずれも全体目標と整合するとみなされることも少なくない．しかし，投資効果や資金・財政制約，技術制約などを総合的に考慮すると全体目標に対する貢献度（パフォーマンス，性能）や実行可能性の点で各計画代替案相互の優劣の評価を行う必要が出てくる．この際，そのような評価の尺度や基準が不可欠となる．たとえば，道路網の整備に要する費用とそれによってもたらされる便益（効果を金銭換算したもの）の大きさを，両者の差（便益・費用差）や比率（便益・費用比）で測ったり，便益の代わりに効果を物理量（たとえば観光客数）で表して，費用との比率（費用対効果）で測定したりすることがよく行われる．

（ⅳ）　上のような基準で優劣がつけられたとしても問題はまだありうる．計画の効果を受ける人たちや組織（受益主体）の立場の違いによって効果の

評価の仕方に大きな隔たりが生じうることがある．価値観が多様化し，高い生活の質を求める社会になってきた昨今ではこのことはますます顕著になってきている．たとえば，道路網の整備は観光関係者にとっては大きなプラスの効果であっても，沿道の住宅地の住民にとっては騒音や排気ガスなどの公害をもたらすマイナスの効果と評価されかねない．逆に，観光キャンペーンやイベントなどのソフトな観光対策は，観光関係者にとってプラスの効果をもたらす反面，自身で負担しなければならない費用もかなりあり，差引きそれほどの大きなプラスにはならないとしよう．しかし，この対策は住民にとってはそれほどのマイナスとは意識されず，むしろ地域イメージが上がる分だけ，差引きで多少のプラスの効果をもたらしうると受けとめられるとしよう．このような場合，二つの代替案はどちらの方がより合理的で適切なのであろうか．

（ⅴ）実は（ⅳ）で提起した問題は競合する達成目標の間に生じる「トレードオフ」といわれるやっかいな問題である．計画を立てていくとき，たいていの場合，この種の問題に直面することになる．つまり，計画によってサービスを受ける主体（受益主体）である観光関係者と地域住民とでは，利害が異なっており，前者は「観光収入の増大」，後者は「地域環境の向上」という「主体別の達成目標」をもっており，「観光面での地域経済の振興」という全体目標もそれらを包括する形でより膨らみをもたせた再解釈がもとめられることになる．これらの異なる達成目標を各自がそれぞれ最大限に達成しようとすると，競合が生じ，もはや他の達成目標をいまより犠牲にしない限り，当の達成目標の達成度を向上させることができないような状態になる．このような目標間の競合状態は，「パレート最適」な状態と呼ばれる．このとき，目標間にトレードオフが生じているという．これは図2.3において「パレート前線」と呼ばれる達成可能域の境界線の上の任意の点にある状態に相当している．点A(代替案1)から点B(代替案2)に変更することにより，達成目標1の達成度をAHの分だけ犠牲にして，達成目標2の達成度をBH分だけその代わりに獲得（トレード）することになる．直線ABの傾きの大きさは，目標1の達成度の低減と引換えに，目標2の達成度を向上させる取引きの交換レートすなわち「トレードオフ

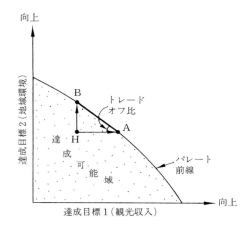

図2.3 　達成目標間のトレードオフ

（比）」を表していると解釈できる．パレート前線のどの点で折り合うかは，
ひとえに当事者の間の価値判断の問題になるといえる．

（vi）　解釈と評価の段階ではこの他に，計画の実行によってもたらされる「地
域や環境に与える派生的影響」を事前に総合的立場から検討し，必要に応
じて代替案のタイプや内容の具体的詳細を再検討することが求められる．
このような作業を「事前環境評価」とか「環境アセスメント」という．「派
生的影響」とは，計画目標として積極的に改変しようと意図していなくて
も，結果として周辺部や直接の当事者以外の外部に派生的に及びうる影響
のことをいう．道路網の整備が，場合によっては沿道住民に渋滞や騒音な
どの公害をもたらしうるとすれば，そのような派生的影響をできるだけ小
さくするような計画上の工夫が要請されることになる．

（vii）　このように見てくると，解釈と評価の段階は全体的視点からの検討と
再修正の必要性の吟味を行う総合化の段階であり，計画の総仕上げの段階
であるともいえる．このような総合評価の段階で可能な限りの高い合格点
が得られるまで，上述した①から⑤までの各段階をいったりきたりして繰
り返すことになる．これは，それまでに得られた情報や確認事項を活かし
て，以降に続く計画作りの各段階に系統的に反映させるものであり，その
ような系統的で循環的なプロセスを「フィードバックプロセス」という．

我々がかかわる土木計画は，計画を作り始める段階ではわからなかったり，共通の認識が得られなかったり，確認できなかったりすること（「不確実性」や「非決定可能性」）が多くあり，計画作りにあたってはその意味でむしろ「手戻り」を積極的に繰り返すことが必要とされているといえる．合理的な土木計画の策定はこのような学習過程を組み込んだフィードバックプロセスを備えているべきだといわれるのはこのためである．

⑥ 意思決定

実は，これまでの議論ではっきりとさせていなかったことがある．誰が上述の①から⑤の作業を行うのであろうか．これに答えるには「分析家（アナリスト）」としての計画担当者と，「意思決定者」としての計画担当者とを区別しておく必要がある．さらに情報提供や意思表明をする「計画参加者」を考えるとわかりやすい．先の例に即していえば，「分析家」は市の担当部局の職員であったり，その作業を専門家として請け負ったコンサルタントのエンジニアであったりするであろう．「計画参加者」にはその他の有識者や一般住民などがいるであろう．「意思決定者」は実際にその計画案を採択し，実行に移す権限と責任をもった立場にいる人であり，たとえば市長がそれに相当するといえよう．

①から⑤の作業は，「計画参加者」の協力を得ながら「分析家」が中心となって進められる一連の「情報処理過程」とみなすことができる．この場合，必要に応じて分析家や計画参加者の判断，確認，合意がそのつど行われ，ある種の意思決定が情報処理の過程に埋め込まれているはずである．ただ，それらはあくまで，「最終的意思決定」（採択・実施を伴う意思決定）を留保された「仮の意思決定」であり，いわば「参考意見つきの情報」レベルにとどまっている．たとえば，上述の例で最終的に報告書や答申書が委員会から市長に出されたとしよう．このとき，報告書や答申書こそが，①から⑤の情報処理作業の集大成の文書であると考えることができる．

すでに読者には明らかになったであろうが，ここでいう⑥の「意思決定」の段階とは，意思決定者にかかわる任務であって，この意味で「情報処理」レベルにとどまっていた①から⑤の過程とは本質的に異なることに注意したい．なお序章では土木計画の手順を，（ⅰ)問題の認識，（ⅱ)実態の調査，（ⅲ)現象の分析，（ⅳ)代替案の作成，（ⅴ)効果の分析，（ⅵ)最適案の評価の6段階に分けるこ

とができることが示されている．これを上述した土木計画プロセスの5段階と比べると，概ね(i)は①問題の明確化，(ii), (iii)は②調査と③予測，(iv), (v)は④代替案の分析と設計，(vi)は⑤解説と評価に，それぞれ対応づけることができよう．土木計画学は土木計画を行うための情報処理過程を科学的に支援することを任務としているが，ひとえに政治的任務である意思決定そのものとは一線を画するものであることを確認して次に進もう．

2.2　システムズ・アナリシス

[例題 2.2]　2.1 で取り上げた例題に即して，システムズ・アナリシス（システム分析）のアプローチの特徴について説明せよ．土木計画の循環過程とはどのような関係にあるのであろうか．また，このアプローチがシステム的なものの見方と密接な関係があることについても触れよ．最後にシステムズ・アナリシスで用いられる各種技法と情報処理プロセスとの対応関係についても考察せよ．

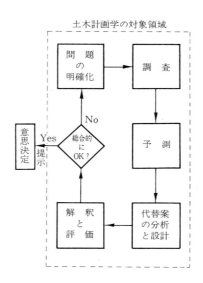

図2.4　土木計画の基本的な循環的プロセス

　［解　答］　　「システムズ・アナリシス」は，たとえば，「複雑な問題を解決するために意思決定者の目的を的確に定義し，代替案を体系的に比較評価し，もし必要とあれば新しく代替案を開発することによって，意思決定者が最善の代替案を選択するための助けとなるよう設計された体系的な方法である」と定義できよう[1]　一方，図2.4は，2.1で学習した「土木計画の循環過程」を循環的情報処理過程としてモデル化した図式を示している．これを上のシステムズ・アナリシスの定義と照らし合わせてみると，そこでいう「体系的方法」とは基本的に図2.4の循環的情報処理過程をシステム化するための方法論（方法の体系）に他ならないことがわかるであろう．

　また，システムズ・アナリシスによるアプローチでは意思決定者の意思決定の過程そのものは含まず，意思決定者の手助けとなるような問題解決のプロセスの合理化を目的としている点が特徴的である．

　さて，システムズ・アナリシスのもう一つの特徴をあげれば，対象とする問題にかかわる現象が観光であろうとも，交通であろうとも，あるいは水資源であろうとも，それが備えている固有の特性を掘り下げる（個別現象を対象とした）アプローチ（たとえば観光計画論，交通計画論，水資源計画論）とは異なって，それらが共通に備えている横断的な特徴やそれを醸し出している仕組み（「メカニズム」，「構造」などという）を掘り広げるアプローチを取る点であろう．たとえば，先の例題では観光に焦点が当てられていたが，私たちが学んだ土木計画の循環的プロセスは，計画策定の合理的な手順に関する限り，交通計画であっても，水資源計画であっても基本的に共通の方法論をあてはめると考えられるのである．

　このことは，システムズ・アナリシスが対象を「システム」としてとらえるアプローチを土台としていることと関係がある．一般に，「システム」は次のような特徴を備えたものと定義できよう．

（ⅰ）　全体を構成する部分や要素からなり，それらは相互に働き合いながら全体としてある働き（機能）を果たしている．

（ⅱ）　全体を規定し，外部（環境）と内部を画する境界を有している．

（ⅲ）　部分や要素それ自体が，（ⅰ）や（ⅱ）の特性を備えた小さなシステム（「サブシステム」，「下位システム」などという）である場合が多い．このよ

表2.1 情報処理の変換レベルとシステムズ・アナリシスの情報処理プロセス

情報処理 の変換レベル ＼ プロセス	① 問題の 明確化	② 調　査	③ 予　測	④ 代替案の 分析と設計	⑤ 解釈と評価
C 概要を認識する	＊＊	＊＊	＊＊	＊	＊
E 対応を練る				＊＊	＊
D 総合的に行動を 特定する					＊＊

注）　＊＊特に関係する，＊関係する．

うな「入れ子構造」を「階層構造」という．

　実は，図2.4のプロセスはこのような特徴を具備する典型的なシステムである点に注意しておこう．

　最後に，システムズ・アナリシスの情報処理プロセスと各種技法やモデルとの対応関係について考察しよう．一般に情報処理プロセスはせんじつめると「認知」(cognition)，「判断」(evaluation)，「指令」(direction) の3段階のプロセスで説明できるといわれている[1]．したがって，図2.4の情報処理プロセスもこのCED変換モデルに縮約して説明することが可能である．ここに，認知(C)とは状況を把握すること，判断(E)とは対応を練ること，指令(D)とは総合的に行動を特定することであると大ざっぱに理解しておこう．すると図2.4の①から⑤のプロセスは，たとえば表2.1のように対応づけることができよう．このように縮約された3段階プロセスと情報の処理の形態との対応関係をマトリックスの形で示したのが表2.2である．マトリックスの要素には特に該当すると判断される適用可能な技法やモデルが例示されている．これより，同一の情報変換レベルや情報処理の形態に対して複数の技法やモデルが対応しうることがわかる．これと表2.1とを対応づけて考えると，システムズ・アナリシスの複数の段階にまたがって同一の技法やモデルが適用可能であることも理解できるであろう．なお表2.1や表2.2のような整理の仕方はここに示したものが唯一ではないことにも注意しておこう．

表2.2 各種技法モデルの主たる位置づけ

情報処理の形態／情報処理の変換レベル	データの収集・整理	構造の同定				システムの挙動の記述・推定	合理的選択（最適解の特定）	合理的目的間調整（均衡解の特定）	経済的評価	非経済的評価
		要素・因子の特定	連関性の特定	因果関係の特定	分類					
C（認知）	社会調査法（アンケート調査法）基礎統計技法	KJ法 ISM法 主成分分析 因子分析 分散分析 その他実験計画技法	KJ法 ISM法 相関分析 単回帰分析 重回帰分析	パス解析 マルコフ連鎖モデル	クラスター分析					
E（判断）						待ち行列モデル モンテカルロシミュレーション ロジットモデル ミクロ経済モデル 計量経済モデル モンテカルロシミュレーション システムダイナミクス	線形計画法 非線形計画法 動的計画法 最大原理 信頼性解析 ポートフォリオ理論			
D（行動）								ゲーム理論 多目的計画法 その他のコンフリクト分析技法	費用便益分析 損益分析	環境アセスメント インパクトスタディ

参　考　文　献

1)　吉川和広：最新土木計画学—計画の手順と手法，森北出版，1975.
2)　吉川和広：地域計画の手順と手法—システムズ・アナリシスによる，森北出版，1978.

3章

システムズ・アナリシスの適用

　土木計画の諸問題へシステムズ・アナリシスを実際にどのように適用すればよいのだろうか．この種のアプローチの醍醐味は，2章で示した循環的プロセスを実際にたどってその流れの感覚を実体験しないとなかなかつかめないのが実情である．システムズ・アナリシスは情報処理の循環的プロセスの各段階において，適切な技法やモデルを，あたかもゴルフのアイアンのように必要に応じて使い分けながら，つぎつぎと段階を踏んでアプローチを進め，最終的にゴールに入れるための総合的な「流れ作業の技術」であるからである．そこで本章ではそのエッセンスを例題を通して擬似体験することにしよう．なお，個別の技法やモデルについての詳細な説明は次章以降に譲るとして，ここではその使い分けと組合わせの手順に焦点を当てて説明する．

3.1　問題の明確化から調査へのアプローチ

　［例題3.1］　　市街化が進むT市では下水道の整備計画を立てる必要がでてきた．そこで，関係部局の専門家が集まって下水道整備の「問題の明確化」を行い，これを次の「調査」につないでいくためにシステムズ・アナリシスを適用することを考えている．

　1）ISM法によりブレーンストーミングを行って，問題の認識構造を定性的に明らかにせよ．

2) 上で特定（同定）された問題の認識構造の一部を調査する目的で，回帰分析を行い，統計的に検証せよ．

表3.1 関連要素項目のリスト

要素番号	要素内容
1	快適な生活環境
2	人口増加
3	水洗化
4	下水処理量
5	市街化（過密化）
6	家庭排水
7	下水道普及率
8	雨水
9	川や海の水質
10	自然環境の向上

表3.2 二項行列（2値関係行列）

i \ j	1	2	3	4	5	6	7	8	9	10
1	1	0	0	0	0	0	0	0	0	0
2	0	1	0	1	1	1	0	0	0	0
3	1	0	1	0	0	0	0	0	0	0
4	0	0	0	1	0	0	1	0	0	0
5	0	1	0	1	1	0	1	1	0	0
6	0	0	0	1	0	1	0	0	1	0
7	1	0	1	0	0	0	1	0	1	1
8	0	0	0	1	0	0	0	1	1	0
9	0	0	0	0	0	0	0	0	1	1
10	1	0	0	0	0	0	0	0	0	1

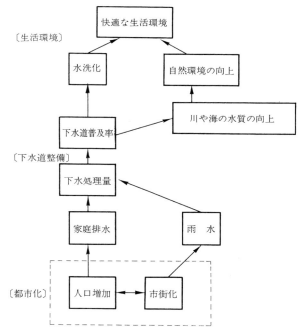

〔生活環境〕

〔下水道整備〕

〔都市化〕

図3.1 T市における下水道整備問題の階層構造（ISM法による）

[解　答]　　ISM 法は構成要素とその二項関係を既知としてその階層的な関係の構造を定性的に同定する方法である．まず，関係者のブレーンストーミングにより問題の構成要素をリストアップし，表 3.1 を得たとしよう．また，これらの構成要素の間の二項関係が表 3.2 のように規定されている．ISM 法の階層分析を行って，図 3.1 の階層構造を得た．これより，「都市化により家庭排水や雨水の流出が増えて下水道整備の向上が必要になり，それが整備されることによって結果として今より快適な生活環境が達成されるという」問題認識になっていることがわかる．

ここで注意しておきたいのは，「下水道整備」という「代替案のタイプ」がすでに問題の明確化の段階で明示的に意識されていることである．このことは必ずしも常にいえることではないことは 2 章で学習したとおりである．また，階層的な認識構造の最上位に「快適な生活環境」が位置づけられ，これが下水道整備により達成されるという認識になっている．つまり，「快適な生活環境」が下水道整備の（全体）目標であるという論理構造となっている．これは下水道整備の専門家集団により行われたことと無関係ではないであろう．

さて，このような問題認識にもとづいてそのメカニズムをできるだけ客観的で定量的に検証・確認していくのが次の調査の段階である．T市はすでに下水道整備を始めているので，表 3.3 に示す過去 5 年間の実績データが得られている．これより図 3.1 の認識構造における要因間の連鎖の一部を統計的に検証することができる．図 3.2 から図 3.4 はそれぞれ，市街化区域人口と流入下水量，下水道普及率とトイレの水洗化，市街化区域人口と下水道普及率に関する回帰分析結果を示している．これより，これらの要素の間には相当に高い相関性が

表 3.3　T市の下水道の整備状況のデータ

年	トイレ水洗化 (人)	市街化区域人口 (人)	下水道普及率 (%)	流入下水量 (m³)
S 60	49 512	107 019	41.1	13 835 520
61	51 854	107 833	41.5	14 610 800
62	52 339	108 703	41.8	14 896 930
63	53 893	109 737	42.2	15 621 720
H 1	54 677	110 556	43	15 675 650

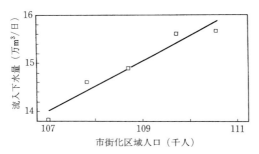

図3.2 市街化区域人口-注入下水量の回帰分析結果
（□：データ値，実線：回帰直線）

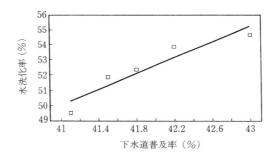

図3.3 下水道普及率-トイレの水洗化の回帰分析結果

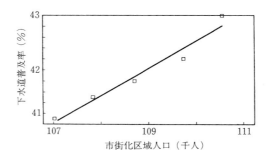

図3.4 市街化区域人口-下水道普及率の回帰分析結果

認められることがわかる．ただし，相関性があるということは要素間相互に関係があるということで，原因から結果にいたる方向性をもった因果関係が成立することとは必ずしも同じでないことを覚えておこう．このことは次の予測の

段階に進むときに特に重要になってくるのである.

[例題3.2]　　X市は海浜型の自然公園をもっているが, 最近になってシーズン時における交通渋滞が問題になっている. その原因として観光関係者や付近の住民からは駐車場の未整備が指摘されているが, はっきりしたことは不明である. そこでこれらの関係者が集まって問題の明確化のためのブレーンストーミングを行いたい. まず要因(関連事項)を表札カードに一つずつ書き出し, グループ化を行うことによってKJ法により問題の構造を見出したい.

1)　KJ法はISM法に比べてどのような利点と欠点があると考えられるか.

2)　関係者の立場でKJ法を行い, 問題の構造を明らかにせよ. 得られた問題の認識の仕方にもとづいて, 次の段階でどのような実態調査を企画すればよいかについて考察せよ. 同時に実態調査を行う際のアプローチの仕方, 留意事項について説明せよ.

3)　社会調査とはどのような調査のことか. 説明せよ.

[解　答]　　KJ法はISM法に比べて問題の構造化のための方法が規範的ではなく, 運用の仕方に柔軟性や自由性がある点が利点である. つまり, ねらいが自由発想を促し, 新しい着眼点を掘り起こすことにあるわけで, 問題の階層的な論理構造をシステマティックに見出そうとするISM法とは趣きを異にしている. その反面, この技法の修得には経験の積み重ねを要し, 運用の仕方は多分にガイド役を務める人の個人差に依存するという欠点を有している.

さて図3.5と図3.6は二つの異なるグループに対して, それぞれ別の人がガイド役を務めてKJ法を行った結果が示されている. 前者の方が行政担当者が主体であったためか, 論理構造が整理されていてすっきりしている感じを受けるが, 反面一般的すぎて, 当該の観光地特有の具体的な問題点が浮き彫りにされていない点で物足りなさを感じさせる. つまりせっかくのKJ法の利点がうまく活かしきれていないきらいがある. 一方, 後者のグループは, 参加者が地元の観光業を営んでいる人たちや, その他事情をよく知っている一般の人たちが主体であった. また, ガイドをする人がKJ法に通じていたこともあって, か

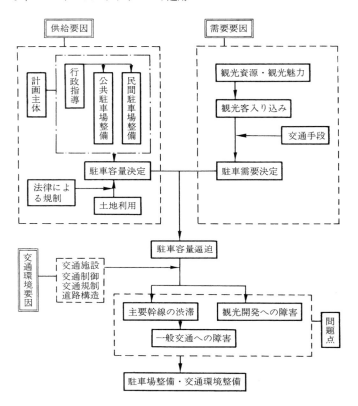

図3.5　観光振興と観光交通問題のKJ法の結果（1）

なり自由発想的で興味ある着眼点が掘り起こされている．特に，「年に5日程度
（しか渋滞は起こらない）」という指摘事項は，他の関連項目群とは趣きを異にし
て，孤立している．また項目間の関係についても図3.5とは異なり，矢印（方向
性）が示されていない．その他，関連項目の中には必ずしも論理的に整合しない
ものも混じっているが，それがかえって今後の調査を必要とする興味ある視点
を提供している．一般に定形的なパターンにはまらない問題であればあるほど，
問題の定式化（フォーミュレーション）を志向したアプローチではなくて，む
しろ問題発見的（ヒューリスティック）なアプローチが求められる．このよう
な場合にはKJ法の方がISM法よりも適しているといえよう．

　図3.6のKJ法A型図解にそって，システムズ・アナリシスの次の段階である

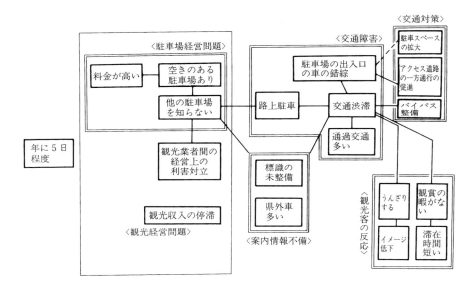

図3.6 観光振興と観光交通問題の KJ 法の結果（2）

調査にどのようにつないでいけばよいかを考えよう．調査すべき項目としては次のようなものが考えられよう．

（i） 交通渋滞の実態把握のための調査

そもそも観光交通によるこの観光地付近の交通渋滞は年間を通じて数日程度しかないという問題提起もある．実態はどうなのであろうか．そのためには既往の交通情勢調査などの交通量関連調査の統計データが使えれば最大限にこれを利用しよう．それと同時に，不備なデータで不可欠のものがあれば必要に応じて調査を企画し，実施しなければならない．ここでは，交通渋滞箇所を特定し，その規模，範囲，頻度，原因，影響およびその発生メカニズムなどについて実態調査を行う必要がある．

（ii） 交通施設の整備状況と運用の実態に関する調査

ここでは既設の駐車場が容量や運用の面で適切ではないのではないかという指摘に対して，実態ははたしてどうなのかについて把握しておく必要がある．そのためにはやはり，既往のデータを利用するだけでなく，フィールドサーベイを行う必要があろう．駐車場の出入り口付近で車の流れが錯綜するとの指摘

もある．これも調査を行うときのポイントになろう．駐車場へのアクセス道路
を一方通行にしてはどうかという問題提起もあった．これも交通の流れの錯綜
ということに関連している．この視点も調査項目として抑えておきたい．これ
は以降の段階において代替案を検討していくときの鍵となる．

（iii）　観光業の経営の実態に関する調査

ここでは観光シーズンの交通の渋滞が観光収入の低迷に関係しているとの暗
黙の想定があるようである．はたして実態はどうなのであろうか．仮に関係が
あるとしてもそれは単に副次的な原因にすぎないのではないか．このような疑
問に客観的に答えられるような実証データの収集や実態メカニズムの検証が必
要である．この場合も既往のデータで入手可能なものは最大限に活用すべきで
あろうが，経営の実態に関する生データはプライバシーにかかわるものが多く
あって必ずしも入手は容易ではない．ただ，本ケースでは問題提起をし，ブレ
ーンストーミングにも積極的にかかわっているグループに観光業を営む当事者
が含まれているようなので，可能な範囲で既往資料提供の協力が得られるであ
ろう．いずれにしても，既往の資料のみでは不十分なのでアンケート調査など
を行って実態を間接的に把握したり，意識や意見を調べたりすることが求めら
れる．

（iv）　その他の調査

観光客（特に車を利用する人たち）を対象とした交通渋滞に関する意識調査
は（i）の調査の一環として行われる必要があるが，その他にたとえば，観光客
を対象とした当該観光地のイメージ調査や観光関連サービス全般についての意
見収集，観光行動や嗜好全般にわたる調査などが必要であろう．これらは主と
してアンケート調査によるのがよいであろう．バイパス道路の整備が必要とい
う問題提起もあるのでこの点についても意見を聞いておくのも一つの考え方で
あるが，これは多分に実態把握の結果に依存しているので，これらの結果が判
明してから必要に応じてさらに技術論的な検討を行うこととすればよい．

一般に，調査を行うときには，いわゆる5W1Hつまり，「誰が」(who)，「な
に（を）」(what)，「なぜ」(why)，「いつ」(when)，「どこで」(where)，「いかに」
(how) という六つのポイントを抑えておくことが肝要である（1.2参照）．すな

わち，この順に，調査主体，調査内容，調査理由（目的），調査日（期間），調査場所，および調査方法を表している．これらをすべて適切に特定し，設計しておかないと，せっかく実施した調査の結果がまったく役に立たなかったり，手戻りが多くなりすぎて，調査に与えられた時間や資金面での制約を満たしえないことになりかねない．

調査内容（調査項目など）については上で詳述したが，ここではもう一点，次のことにふれておこう．調査対象として，社会現象を対象とするものを「社会調査」，経済現象を対象とするものを「経済調査」ということがある．中でも社会調査については，より厳密にはそれがフィールドサーベイすなわち現場に出向いての調査であることを前提にする場合が普通である．いわゆるアンケート調査はこの類である．土木計画では単に自然現象や交通現象だけではなく人間の行動や意識・嗜好などの社会現象にかかわるデータの収集と解析が不可欠であるため，この社会調査によるアプローチは大変よく用いられる．そこで章をあらためて 4 章ではこの社会調査の方法について詳しく学習しよう．

最後に，実態調査のやり方（調査方法）について簡単に述べよう．これには大別して，既往のデータの収集・整理・解析など主としてデクスワークによる方法と，現場における実験・観測あるいはアンケート調査などフィールドサーベイによる方法などが考えられる．調査を行うにあたっては局所的に行うべきなのか，広域的あるいはネットワーク的に行うべきかについて事前に検討が不可欠である．たとえば，駐車場付近の交通の流れに関する調査は局所的な観測を必要とするが，当該観光地を含む道路交通のネットワークとしての流れについては，より広域的でネットワーク的な観点から観測しなければならない．

同様に，短期的か長期的か，ミクロ的かマクロ的かについても検討が必要である．たとえば，観光客の動向については季節あるいは週，日，時間単位に短期の時間単位で把握していくべきものと，年単位，数年単位，10 年単位というふうに長期的に調べるべきものとがある．観光業の経営の実態についても，個別の店舗や施設ごとのミクロな実態を問題にするのか，観光業全体あるいは全産業の中で観光業を問題にするのかによって調査の仕方が変わってくるであろう．

3.2　調査から予測へのアプローチ

　　ここでは調査の後半段階としてのデータの解析にもとづく実態の構造の科学的な解明とそれに続く予測へのアプローチについて検討しよう．まず，次のような例題を考える．

　　[例題3.3]　　大阪市は26区からなる日本でも有数の大都市であるが，問題の明確化の段階から調査の実施を経て，この大都市の地域構造とはそもそも何であり，その実態を科学的に把握するにはどうしたらよいのかが計画担当者や計画参加者の問題提起として出てきた．また，昨今ベイエリアを中心として産業構造の変革が進行し，これに対処するためのプロジェクトが湾岸地区はもちろん広域的に都市の地域構造を変えていく可能性がある．同時に情報化・国際化や技術革新のめざましい進展の潮流も長期的にはこの都市の地域構造を変えていくことが予想される．なお，以下の考察にあたってはとりあえず大阪市南部の12区のみを取り上げよう（図3.7参照）．この地域は，北部とは異なって比

図3.7　大阪市の行政区分と対象地域

較的，神戸や京都の都市圏の影響が少ないと考えられること，ベイエリアを含んでいること，都心業務地区から郊外の住宅地区を含んでおり，ある意味で日本の大都市のひな型といえることなどの理由から，十分に興味深い対象地域とみなしうる．

昭和 61 年事業所統計調査による，産業大分類別の従業者数を用いて解析しよう．産業大分類のうち，A 農業，B 林業，C 水産業，D 鉱業の 5 業種は都市的産業とはいえず，実際の集積も顕著ではないので除外しよう．そこで，分類 D 〜 M までの 9 業種についての従業者数を用いて地域構造を解明しよう．

表 3.4　事業所統計（昭和61年度産業大分類別従業者数）

	E 61 建設	F 61 製造	G 61 卸売 小売	H 61 金融 保険	I 61 不動産	J 61 運輸 通信	K 61 電気ガス 水道	L 61 サービス	M 61 公務
大正	3 974	14 596	9 883	631	437	5 102	66	5 783	437
天王寺	5 300	12 007	30 436	4 041	2 434	4 208	78	24 675	702
南	5 452	7 654	99 303	9 443	4 732	4 898	135	30 391	955
浪速	5 387	12 632	33 460	3 500	2 192	5 454	232	15 223	720
東成	3 173	28 325	18 173	1 832	809	2 364	177	8 780	631
生野	3 197	36 721	23 921	1 503	906	3 159	68	11 659	913
阿倍野	3 916	8 151	22 187	4 886	1 843	3 064	60	15 137	960
住吉	5 334	6 956	19 299	1 432	1 838	3 930	193	14 170	666
東住吉	4 887	15 031	22 028	1 278	1 042	2 888	386	10 224	592
西成	3 321	16 337	21 810	1 296	1 605	2 939	642	11 853	1 074
住之江	4 161	14 039	15 651	579	752	9 636	915	9 440	1 145
平野	4 463	33 942	19 445	1 472	896	3 592	168	11 742	847

1)　表 3.4 にはこのデータが与えられている．システムズアナリシスの一つの特徴はゴール（この場合は地域構造の定性的・定量的解明）に向かってアプローチの各段階で必要に応じて複数の技法を使い分けるところにある．この使い分けを学ぶために，ここではまず上で選定された各項目（構成要素）の間の連関構造を最も簡便な技法の一つである相関分析を用いて検討せよ．業種間の結びつきの強さに着目すると，業種の間にどのような類型パターン（似たもの同士のグループ分け）が推定できるであろうか．

2)　相関分析により浮き彫りになってきた類型パターンをさらに明示的で定量的に解明するために，相関分析の結果に基づいてクラスター分析を行い，

検討せよ.

3)　主成分分析により9業種の指標の情報集約を行い,代表的因子を抽出してそれが表すと考えられる軸の意味づけを行え.次いで,得られた主成分得点にもとづき,地域構造の解釈を行え.

[**解答**]　まず,表3.5に示す相関分析の結果について考察しよう.上段の数字は相関係数値,下段には母相関係数が0であるという帰無仮説のもとで上段の相関係数が出現する割合を表している.設定した有意水準よりもこの確率が下回っているなら,無相関という帰無仮説が棄却され,相関性が主張できることになる.図3.8は,有意水準を1%,5%,10%の3段階に設定したと

表3.5　産業間の相関行列

	E 61	F 61	G 61	H 61	I 61	J 61	K 61	L 61	M 61
E 61	1.00000	−0.59553	0.47751	0.46557	0.61084	0.25303	−0.14979	0.61982	−0.22102
	0.0000	0.0410	0.1164	0.1272	0.0349	0.4275	0.6422	0.0316	0.4900
F 61	−0.59553	1.00000	−0.30918	−0.42022	−0.52851	−0.30262	−0.12210	−0.41955	0.02116
	0.0410	0.0000	0.3281	0.1738	0.0773	0.3390	0.7054	0.1746	0.9480
G 61	0.47751	−0.30918	1.00000	0.91020	0.92575	0.05056	−0.19216	0.85113	0.24389
	0.1164	0.3281	0.0000	0.0001	0.0001	0.8760	0.5496	0.0004	0.4449
H 61	0.46557	−0.42022	0.91020	1.00000	0.93252	−0.04702	−0.37150	0.89471	0.21190
	0.1272	0.1738	0.0001	0.0000	0.0001	0.8846	0.2344	0.0001	0.5085
I 61	0.61084	−0.52851	0.92575	0.93252	1.00000	0.00978	−0.22301	0.94467	0.23190
	0.0349	0.0773	0.0001	0.0001	0.0000	0.9759	0.4860	0.0001	0.4683
J 61	0.25303	−0.30262	0.05056	−0.04702	0.00978	1.00000	0.57388	0.00338	0.32871
	0.4275	0.3390	0.8760	0.8846	0.9759	0.0000	0.0510	0.9917	0.2968
K 61	−0.14979	−0.12210	−0.19216	−0.37150	−0.22301	0.57388	1.00000	−0.28925	0.54931
	0.6422	0.7054	0.5496	0.2344	0.4860	0.0510	0.0000	0.3618	0.0643
L 61	0.61982	−0.41955	0.85113	0.89471	0.94467	0.00338	−0.28925	1.00000	0.22627
	0.0316	0.1746	0.0004	0.0001	0.0001	0.9917	0.3618	0.0000	0.4795
M 61	−0.22102	0.02116	0.24389	0.21190	0.23190	0.32871	0.54931	0.22627	1.00000
	0.4900	0.9480	0.4449	0.5085	0.4683	0.2968	0.0643	0.4795	0.0000

(注)　上段は相関係数,下段は相関性の棄却有意水準を表す

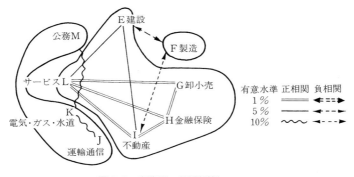

図3.8 産業間の相関関係

きに主張できる相関関係を図示したものである．これよりG卸，H金融保険，
I不動産，Lサービスという私的な色彩をもつサービス部門がグループ化でき，
E建設もこれと正の相関をもっていることがわかる．また，J運輸通信，K電
気ガス水道，M公務という公共的なサービス部門が一つのグループを形成して
いる．このグループは先の私的サービス部門とは弱い負の相関関係を示してい
る．F製造は他の業種と負の相関をもち，それ固有の立地特性を示している．

次に，クラスター分析により立地パターンの類似性に着目した産業の集約を
考えてみよう．図3.9には平均距離法（群間の距離を個体間距離の平均値とし

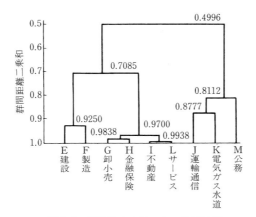

図3.9 産業間のクラスター分析結果

表3.6　主成分分析の結果

① 固有値と主成分の寄与率

主成分軸	固有値	次の主成分軸と の固有値の差	寄与率	累積寄与率
成分1	4.49677	2.46089	0.499641	0.49964
成分2	2.03588	0.71036	0.226209	0.72585
成分3	1.32552	0.82710	0.147280	0.87313
成分4	0.49842	0.19409	0.055380	0.92851
成分5	0.30433	0.07832	0.033815	0.96232
成分6	0.22601	0.15401	0.025113	0.98744
成分7	0.07200	0.03975	0.008000	0.99544
成分8	0.03225	0.02343	0.003583	0.99902
成分9	0.00882	—	0.000980	1.00000

② 固有ベクトル

	成分1	成分2	成分3	成分4	成分5	成分6	成分7	成分8	成分9
E61	0.3271	0.0160	0.5196	0.2812	0.5657	0.2258	0.4023	0.0962	0.0370
F61	0.2692	0.2019	0.4920	0.6946	0.3022	0.0565	0.0261	0.1277	0.2249
G61	0.4288	0.0082	0.2185	0.1981	0.0300	0.6015	0.1988	0.2908	0.4918
H61	0.4436	0.0752	0.1893	0.0313	0.3280	0.0416	0.2293	0.7537	0.1750
I61	0.4641	0.0050	0.0918	0.0944	0.0782	0.1047	0.0734	0.4237	0.7517
J61	0.0359	0.5682	0.2712	0.5710	0.4944	0.0679	0.1197	0.0683	0.0895
K61	0.1238	0.6267	0.0098	0.1978	0.4333	0.4633	0.1904	0.3224	0.0997
L61	0.4489	0.0290	0.1102	0.0743	0.1851	0.3036	0.7533	0.0989	0.2758
M61	0.0782	0.4864	0.5567	0.1359	0.0861	0.5095	0.3489	0.1539	0.1273

③ 主成分得点

区名	成分1	成分2	成分3	成分4	成分5	成分6	成分7	成分8	成分9
大正	−1.8076	−0.9274	−1.5174	0.1937	−1.0299	0.35748	−0.05412	−0.13990	−0.04898
天王寺	1.8190	−0.6411	−0.6984	0.1716	0.2659	−0.63964	−0.65358	0.12609	−0.01880
南	5.5674	0.2136	0.8920	0.3137	−0.2265	0.58928	0.07082	−0.05847	−0.04658
浪速	1.0459	0.1715	−1.0208	0.4313	0.0809	−0.01527	0.24457	0.02850	0.21397
東成	−1.7946	−1.3498	0.7569	−0.0723	−0.2411	0.59848	−0.21622	0.19688	0.11728
生野	−1.5660	−0.8962	1.8573	0.7193	−0.1223	−0.22969	−0.03327	−0.22338	−0.06710
阿部野	0.6353	−0.3650	0.5510	−1.1542	−0.7624	−0.75317	0.31137	0.19104	−0.02977
住吉	0.3156	−0.3170	−1.5278	−0.4340	0.4126	−0.30422	0.09651	−0.32772	0.00797
東住吉	−0.7494	−0.4845	−1.0267	−0.3778	0.7738	0.57481	0.16365	0.20316	−0.15004
西成	−0.9761	1.1795	1.2931	−1.3015	0.4900	0.24488	−0.15998	−0.16439	0.05833
住之江	−1.3164	4.0242	−0.2639	0.5196	−0.2844	−0.05150	−0.06386	0.08304	−0.03410
平野	−1.1730	−0.6078	0.7047	0.9906	0.6435	−0.37145	0.29411	0.08516	−0.00217

て定義する方法）による分析結果をデンドログラムで表したものである．これより私的サービス 4 業種の類似性が顕著で，公共サービス 3 業種もまとまりをもっていることが明らかになった．これは先に相関分析で大まかな見当をつけておいたことを，より定量的に再確認したことになる．ただし，クラスター分析では E 建設，F 製造という第 2 次産業の 2 業種間の結びつきが相対的に強く，これが小さなクラスター（デンドログラムで先に結びつくグループ）を形成することになり，この点が先の相関分析の結果と異なる知見となっている．

　それでは，アプローチの視点を少し変えて，情報集約という観点からデータが表す地域構造の性向を浮き彫りにしてみよう．主成分分析の技法を用いて地域構造の性向を代表する主成分軸を複数抽出することから始めよう．主成分軸はデータの構造的な性向を測る物差しの役目を果たすのである．表 3.3 には主成分分析の計算結果が一括して示されている．固有値は各主成分軸の方向の分散の大きさを表しており，表 3.6 ①に示すように，三つの主成分で約 87 ％と，十分に全体の情報を集約しうると考えられる．

　表 3.6 ②の固有ベクトルは，各主成分がどのような要素により成り立っているかを表している．第 1 主成分では E 建設および G，H，I，L という私的サービス部門の要素が大きい値を示している．つまり，この成分軸は私的サービスの活性度あるいは中枢性を表していると考えられる．第 2 主成分では J，K，M という公共サービス部門の説明力が大きく，公共セクターの活動あるいは都市のユーティリティ部門の集積度を表しているといえよう．第 3 主成分では E 建設，F 製造，M 公務の要因が大きい．これは製造部門の生産活動とそのインフラストラクチャを支えるユーティリティ部門の活動を表す軸であるとみなせる．

　次に，固有ベクトルの成分値を重みとして，各指標値（標準化中央化したもの）を加えることにより，各主成分ごとの評価値が得られる．表 3.6 ③はその主成分得点を示したものである．主成分得点をもとにして地域構造を調べてみよう．まず，一つの主成分軸にそって主成分得点の大小により序列化してみよう．第 1 主成分得点をみると，都心である南区が飛び抜けて大きい値をとり，天王寺，浪速という準都心部，阿倍野，住吉という大阪と堺を結ぶ交通軸にそった区が正の得点をとっている．他の各区は負の得点をとっていることがわかる．

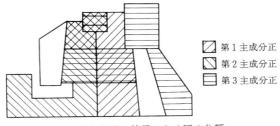

図3.10　主成分得点の符号による区の分類

　今度は複数の主成分を取り上げ，それぞれの符号の吟味を行って，各区の特徴を把握してみよう．図3.10はその結果を模式図的に表したものである．これより北端部の南区が3主成分軸とも得点が正で，集積性や中心性の高い管理部門が突出している区であることがうかがえる．また，公共サービス系（第2主成分）は都心の南区および浪速，西成，住之江と，比較的用地に余裕のある臨界部に続いている．製造系（第3主成分）は南区および少し外側の各区に分布している．また，東側の内陸郊外部に集積がみられるのも大きな特徴である．ここでは統計上，製造業の管理部門と現業部門とが区別されていないが，南区は管理部門，他の区は現業部門が中心になっていることが推定できよう．以上総合すると，各成分は都心からの距離と方向性（臨界軸，大阪-堺の軸，東端の郊外軸）の双方の影響を受けていることがわかる．

　[**例題3.4**]　　都市交通計画を立案するためには将来の交通需要予測を行う必要がある．交通需要予測の方法がシステムモデルとして表現できることを示せ．

　[**解　答**]　　交通計画のプロセスは対象とする地域や交通の種別・交通機関によって異なるが大都市圏では標準的な5段階需要予測手法が用いられることが多い．都市交通計画の手法はアメリカにおいて1950年代以降に急速に発達し，1960年頃におよそ確立するにいたっている．わが国では，昭和43年広島都市圏においてはじめてのパーソントリップ調査が実施され総合都市交通計画が策定された．以後，全国各地でパーソントリップ調査と総合交通体系計画が策

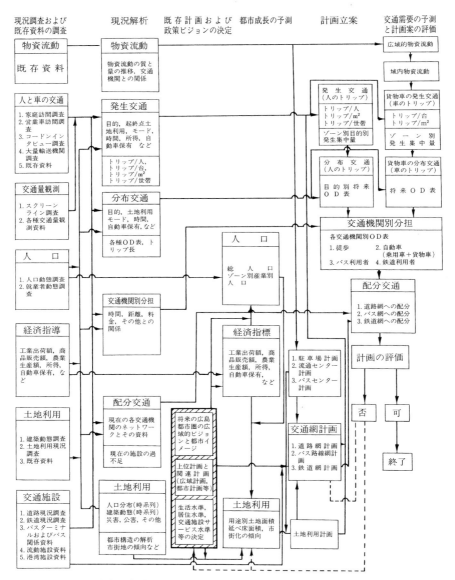

図3.11　広島都市計画立案プロセス（新谷洋二：都市計画63号,「広島都市
圏における総合的交通計画」　㈳日本都市計画学会より）

定されるにいたっている．図3.11は広島都市圏の都市交通計画に実際に用いられた都市交通計画のシステムモデルを示している[4]．このシステムモデルは，数多くのサブモデルをシステム内に組み入れることによって構成されており，全体として都市交通体系を都市活動および土地利用との関連において，どのように形成すればよいかを記述している．すなわち，このモデルによれば，まず現況を調査し公共政策の方針を決定するとともに，将来の都市地域成長の推定を試みている．ついで，都市地域の活動および土地利用の関連において将来の交通量を推定し，提案された交通施設への配分を行っている．そしてあらかじめ設定したサービス水準のもとで提案した交通施設が，将来の交通需要に対処できるかどうかを判定することにより，交通施設計画策定の指針を得ようとするものである．その際，十分に満足のいく計画案が得られなかった場合には，これまでのステップにフィードバックして計画案を修正し，満足のいく計画案が得られるまで以上のプロセスを繰り返すこととなる．読者は，以上のプロセスが本章のこれまでに学んできたシステムズ・アナリシスの手順と対応していることが理解できるだろう．

　実際の都市交通計画の策定にあたっては用いるべきプロセスシステムはますます複雑なものとなっている．都市交通計画の策定にあたっては，広範にわたる膨大な調査と分析の結果を総合して，都市交通計画に必要な情報を抽出して体系的に整理することが要求されてくる．図3.11に示した交通計画のためのシステムモデルの中でも中心的なプロセスが将来の交通動態を予測する交通需要予測のプロセスである．都市圏の将来の交通動態を予測するには，都市圏に生活する人の代表的な1日の行動を調査しそれを総合した結果について予測する．このとき，「どんな目的でどこからどこへ，どんな交通手段を用いてどんなルートを通るか」という人間の行動を単一のモデルで予測するのは非効率的であり現実的でない．そこで，一般的な交通需要予測手法では交通需要予測のプロセスをいくつかのサブステップに分割して予測する場合が多い．図3.11の例では，交通需要予測のプロセスは，発生交通量，分布交通量，交通機関分担，配分交通量の推計ステップに分割されている．そこで，以下では，都市交通計画のシステムモデルを交通需要予測のプロセスを中心により詳細に検討してみよう．

　交通需要予測を行うためには，まず将来の土地利用計画案，交通ネットワーク計画案を求めなければならない．通常，土地利用計画案は地域フレームデータとして与えられることが多い．地域フレームデータとしては通常，人口，経済指標が用いられる．人口フレームとしては，ゾーン別夜間人口，従業人口，産業別人口が各事例にほぼ共通して用いられていることがわかる．また，経済フレームは人口フレームに比べると使用事例は少なく，計画事例によって使用する地域フレームデータの種類も異なっている．一方，交通ネットワーク計画案は，ゾーン間の時間距離などの地理的フレームデータとして表現される．

　地域フレームの設定は都市交通計画を策定していくための基本的なフレームを作成するという重要なステップであり，その予測方法からだけでも計画のねらいや性格などがかなりの程度理解できる．たとえば，首都圏や京阪神都市圏などの大都市圏では各地方自治体が独自に設定した地域フレームを収集して積み上げる方式をとっている場合が多い．このような大都市圏では各自治体がそれぞれ独自の都市計画をもち，将来のフレームデータを独自に整備していることが多い．一方，地方都市圏ではこのような将来の地域フレームデータが整っていない場合が多く，トレンド推計を用いて将来フレームの推計を行っている場合が多い．このようなトレンド推計では，5.4で演習するような時系列予測モデルが用いられることが多い．なお，積み上げ方式の場合には，将来値が各地方自治体の希望的推測にもとづいている場合も多く，一般にこれらを積み上げた値はトレンド推計などで求めた値よりも若干大きくなる傾向があることは否めない．なお，圏域全体の地域フレームの将来値は，産業連関モデルや計量経済モデルなどの大規模なモデルを作成して推計している事例も多い．

　次に，以上で述べてきた地域フレームデータが，交通需要予測プロセスのどのステップで利用されているかをみてみよう．図3.12には，現実の都市交通計画で用いられている一般的な交通需要予測プロセスの詳細を整理している[5]．この図から，どのような交通指標の予測に対して，どのような地域フレームが用いられ，いかなるデータ処理が行われているかが理解できるだろう．この図に示すように，パーソントリップ調査では，まず圏域全体の生成交通量の予測が行われ，次に各ゾーンの発生・集中交通量の予測が行われる．生成交通量とは都市圏全体として将来時点でどれだけの交通量が生成されるかを予測するもの

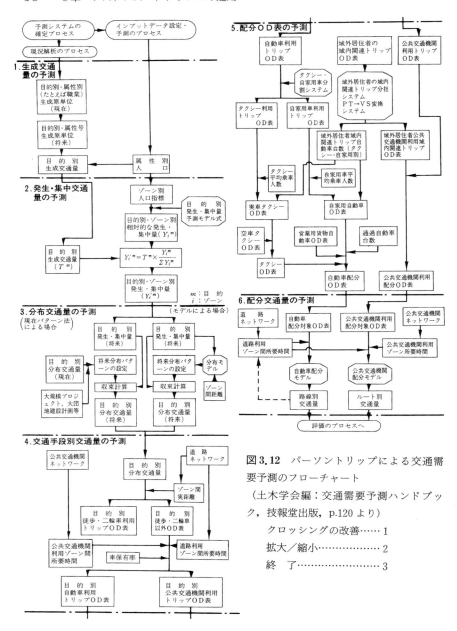

図 3.12 パーソントリップによる交通需要予測のフローチャート

（土木学会編：交通需要予測ハンドブック，技報堂出版，p.120 より）

クロッシングの改善……1

拡大／縮小………………2

終　了…………………3

である．生成交通量の予測には，原単位モデルなどが用いられることが多い．原単位とは，たとえば人口1人当り1日にどれだけの交通（トリップ）を生成するかを示す値であり，この値に将来の都市圏人口を乗ずれば都市圏全体で生成される交通量を把握することができる．次に，発生・集中交通量とは，都市圏全体をいくつかの小さなゾーンに分割して，各ゾーンでどれくらいの交通量が発生したり集中するかを予測するステップである．発生・集中量の予測には，たとえばゾーン別の人口指標を説明変数とし各ゾーンの発生・集中交通量を被説明変数とする発生・集中量予測モデル式が用いられる．このモデル式として5.2で演習する重回帰モデルが用いられることが多い．通常，各ゾーンの発生・集中交通量の予測値を足し合わせた値は生成交通量の予測値と一致しない．そこで，発生・集中交通量の和が生成交通量と等しくなるように，生成交通量をコントロールトータル値として発生・集中交通量を補正する場合が多い．図3.12の例では，このような補正計算のステップが含まれている．各ゾーンの発生・集中交通量が求まれば，次に「あるゾーンからあるゾーンへどれだけの交通量が移動するか」という分布交通量を予測するステップに移る．分布交通量の予測には現在パターン法，あるいは分布モデルのいずれか，あるいは双方が用いられることが多い．これらのモデルの詳細は交通計画の専門書を参考にして欲しい．交通ネットワーク案は，通常ゾーン間距離を表すデータとして交通需要予測プロセスにインプットされる．分布交通量予測のステップでは，交通ネットワークが変化すれば分布交通量がどのように変化するかが予測される．ゾーン間分布交通量が求まれば，分布交通量を交通機関別に分担するとともに，「人」のトリップを「自動車」のトリップに変換して自動車交通量として予測するわけである．そして，交通機関別の交通量が各交通施設をどのように利用するかという配分交通量を最終的に予測することになる．機関別交通量の予測以降のステップでは，主としてゾーン間距離，所要時間といった交通ネットワーク計画案に関する外生的データを用いており，社会・経済フレームデータはほとんど用いられていない．このようにして求めた交通量予測の結果にもとづいて，当初想定した交通ネットワーク計画案，土地利用計画案の評価を行うことになるわけである．

参 考 文 献

1)　吉川和広：最新土木計画学—計画の手順と手法，森北出版，1975．
2)　吉川和広：地域計画の手順と手法—システムズ・アナリシスによる，森北出版，1978．
3)　飯田恭敬（編著）：土木計画システム分析—最適編，森北出版，1991．
4)　新谷洋二：広島都市圏における総合的交通計画，都市計画 63 号，日本都市計画学会，1970．
5)　土木学会編：交通需要予測ハンドブック，p.120，技報堂出版，1981．

4章

データ収集と調査の方法

　本章以降では，前章までに学習したシステムズ・アナリシスを，それを支援する方法や技法・モデルといった「道具立て」に焦点を当てて学習することにしよう．そこで本章では，まず，システムズ・アナリシスの最も基本的な作業であるデータ収集と調査の方法について学ぶことにする．その際，土木計画の分野で特に重要であると考えられる「社会調査」を取り上げて，それを実施する場合のソフトウェアの基本的な技術を修得する．

4.1　問題発見型調査と問題解決型調査

　[例題 4.1]　　たとえば，都市を調査する場合を考えよう．調査には「問題発見型調査」と「問題解決型調査」とがあるといわれる．この二つのアプローチはどのように違うのであろうか．本書でいうシステムズ・アナリシスにおける「調査」は主としてどちらの調査を想定しているのであろうか．また，もう一方のアプローチはシステムズ・アナリシスでは「調査」とどのように関係しあっているのだろうか．

　[解　答]　　「調査」を文字通り，「何かわからない事項を明らかにすること」であると考えるならば，それはシステムズ・アナリシスの各段階にまたがって必要とされるといえないことはない．2章で学んだように，本書では「調査」

を狭い意味で,「問題となっている実態(の一部)がどのような仕組み(メカニズム)になっているかをデータを収集し,整理・加工して浮き彫りにしていく」段階に必要とされる主な作業と考えている.しかし一般的には,「調査」とはもっと幅広い段階で必要とされる基本的作業であると考える方が普通でもある.たとえば,「調査」は「何を問題として調べればよいかそのものを明らかにする」場合(「問題の明確化」の段階)や,明らかになった実態をふまえ,「将来の状態がどのようになりうるかを明らかにする」場合(「予測」の段階)にも必要ではないのだろうか.そればかりか,「いかに問題を解決し,将来に対処すべきかの設計図(の一部)を示す」場合(「代替案の分析と設計」の段階)や,「総合的な視点から代替案を解釈・評価し,包括的な意味で合理的で妥当な代替案を絞りこむ」場合(「解釈と評価」の段階)にまで「調査」は及んでいるのではないかと読者が疑問に思っても不思議ではない.

　そこで,システムズ・アナリシスがフィードバックプロセスを備えた循環的な流れ作業を想定していることを思い出してもらいたい.すると,「予測」の段階も,「代替案の分析と設計」の段階も,最後の「解釈と評価」の段階も,いずれもフィードバックを経て必要に応じて,(本書でいう)「評価」の段階に戻ることができる.このような意味で「予測」以降の段階に必要とされる調査的な作業は,「調査」の段階に含まれると考えればよいことになる.要は,特定された「問題意識」にもとづいて行われる「問題解決型調査」が本書でいう「調査」に相当しているといえよう.たとえば,都市を調査する場合を考えると,当の都市をどのように活性化すればよいかという視点から調査するアプローチがこれである.

　これに対して,「問題の明確化」の段階で必要とされる調査的な作業は,「調査」の段階の前にあるので,一応,「調査」とは分けて考えておいた方がよいであろう.この段階でのデータ収集を含めた調査的な作業を,「問題発見型調査」と呼ぶことにしよう.KJ法,ISM法,デルファイ法などのいわゆるブレーンストーミング法と呼ばれる手法がこの種の作業に有効に適用できることが知られている.また,野外や現場に出て,とにかく「問題意識」をつかむフィールドサーベイはこのような目的で行われることが多い.再び,都市を調査する場合を想定すると,漠然とではあっても,その都市がこのように停滞していてこれ

でよいのだろうかという視点で調べる場合が考えられる．あるいは，他の専門家や住民，外部者などの「ものの見方」を掘り起こして，ブレーンストーミング的に都市問題の全体像を描く作業も問題発見型アプローチであるといえる．要は，システムズ・アナリシスは問題の規模・複雑さや問題意識の明確さの度合いに応じて，両者のアプローチが相互補完的に運用されることを前提にしているといえる．

4.2　社会調査の概要と基本

[例題 4.2]　　土木計画において，社会調査はどのように用いられるのであろうか．

[解　答]　　前章の [例題 3.2] でも少し触れたように，土木計画がその性格上から社会現象を対象としないわけにはいかない関係上，社会調査は「調査」のきわめて重要で基本的な手段となる．なお社会調査は，「社会における種々の現象を科学的データとして把握し，社会現象の解明に対処する指針を与え，目標を定めるための手段である」といわれる．この場合，単にデータ収集だけではなく，データ解析もその範ちゅうに含めて考えるのが普通である．また，データ収集にあたっては必要に応じて現場や野外に出向いて，フィールドサーベイを行うことを想定しているといえる．

　社会調査を土木計画の一環として行う場合は，主として問題解決型アプローチを支援する方法として適用する場合が多い．そこで，本節以降ではこのような視点からその基本と適用の仕方について説明する．ただし，社会調査は必ずしもそのようなアプローチに限定されるものではない．事実，たとえばデルファイ法などは問題発見型のアプローチの中で用いられるが，アンケートを併用する点では社会調査と密接な関係にある．要するに，重要なことは，そのいずれのアプローチを前提にするかで，アンケートやその他のデータなどの設計や収集の仕方が大きく変わってくるという点である．なお，ISM 法については主としてその技法やモデルの特性に絞って次章で触れることにする．

[**例題4.3**]　　C町のY村は世帯数がわずか30世帯弱で, この10年の間, 毎年, 2〜3世帯の転出をみているという. 高齢化も激しく, いわゆる過疎化に悩む典型的な山村コミュニティである. 村の人たちは地元の大学の研究者に依頼して, 「いったい転出していった元住民は将来, 戻ってくる可能性があるのだろうか」, 「戻ってこさせるにはどのような対策を講じればよいのであろうか」という問題提起をし, そのための基礎的な調査を当の研究者に行ってもらいたいと考えている. 読者が研究者になったつもりで, アンケート調査を設計し, 実施するとしよう.

　1)　社会調査ではまず, 「調査対象」を特定し, 「調査相手」(回答者)を限定することが求められる. この場合, 調査方法として全数調査と標本(サンプル)調査という2通りのやり方が考えられる. 全数調査にするか, 標本調査にするかの判断はどのように行えばよいのだろうか. 説明せよ.

　2)　全数調査でアンケートを行うことにしたと考えよう. 調査相手から回答をどのような手段で得るかによって調査方法を分類してみよ. また, その優劣を簡単に比較せよ.

　3)　アンケートの実施にあたっては調査相手の属性を調べておく必要がある. そのためにフェースシートを設計しなければならない. 本問題に即してフェースシートを設計してみよ.

　4)　元住民が本地区を離れた理由を調べるとして, 選択肢提示方式で設問を考えてみよ.

　5)　元住民が本地区に戻ってくる可能性とその条件について調べたい. この場合に即して選択肢提示形式と自由回答形式の得失を比較せよ. ついで両者の形式を併用した場合の設問例を示せ.

[**解　答**]

　1)　全数調査は調査対象者全員を調査相手(回答者)とするもので, 国勢調査がその代表的な例である. 全数調査は別名を悉皆調査ともいう. 標本(サンプル)調査は調査対象者の一部のみを一定の手順に従って選び出して, それを調査相手にするが, その結果から全体を推定することにねらいがある. 各種の世論調査はほとんどがこのタイプである. 全数調査にするか, 標本調査にするか

はアンケートの目的や趣旨の他に，調査に投入できる時間，費用，要員などの制約なども勘案して決める．標本調査は全数調査に比べて調査相手が限定されている点で全数調査のあくまで代用であると考えるのは必ずしも妥当ではない．たとえば，調査対象者全員がそもそもどの範囲なのか特定できないこともありうる．本問題の場合は，元住民は（過去の住民票や転出届などにより）特定できるが，元住民に限定せずに，「将来に本地区に転入してくる可能性のある人たち」をすべて調査対象員にしようと思うと，その全体を特定するのは普通はきわめて困難であるし，仮に特定できても実際にその全数を調査することは非現実的である場合が多い．むしろ標本調査がその簡便性や統計学に裏づけられた推計の科学性などの点で，全数を扱わないことに積極的な利点があることに留意したい．

  2) 調査対象者全体を統計学的には「母集団」という（6.1参照）．全数調査は母集団を調査相手にした調査であるといえる．元住民の数が限られていて特定ができ，現在の連絡先が判明している場合は全数調査を行うことは有効であろう．このような理由から全数調査を行うとして，次に問題になるのが調査方法であろう．杉山は，（i）質問用紙を使用するか否か，（ii）調査票の配布と回収をどのようにするか，（iii）回答を誰が記入するか（調査相手自身か，調査員か）によって，表4.1のように調査方法を分類している．また，飽戸は，調査内容がどの程度厳格に規定されているかどうかで，構成された（structured）方法と構成されていない（unstructured）方法に分類できるとしている[3] 前者は通常の質問紙のように，質問文も完全に固定されていて，一字一句変えることなく質問することを原則としているものである．後者は，深層面接法のように，質問したい主題またはテーマだけが示されていて，どのようなアプローチをと

表4.1 回答のとり方による調査方法の分類

	質問紙	配付・回収	記入の仕方
個人面接法	○	調査員	調査員 ・他記式
配付回収法	○	調査員	調査相手・自記式
郵送法	○	郵便	調査相手・自記式
電話法	△	———	調査員 ・他記式

(注) 杉山明子著：社会調査の基本，朝倉書店 P.61より引用．

表 4.2　各調査法の長所短所の比較

個人面接法	長　所	調査員の質が高ければ，調査企画者と調査相手の間に入ってきめ細かな情報が収集できる． 回答者が想定した調査相手であることが保証できる． 複雑な質問が可能である． 比較的高い有効率（75〜85%）が期待できる．
	短　所	経費がかかる． 調査員によってバイアスがかかりやすい． プライバシーに関する侵害とそれに対するアレルギー（本音が引き出せない）が生じうる．
配付回収法 （留置き法） 自記式調査	長　所	1人の調査員で多くの調査相手を受け持てる． 経費が安くすむ． 相手が不在でも留め置くことによって調査でき，有効率を高くすること（80%以上）ができる． 日々の生活行動などの記録に向いている．
	短　所	回答者が想定した調査相手であるかどうか保証されない． 回答の記入が不正確になりがちで，特に難しい質問には正確な回答が期待しにくい．
郵　送　法	長　所	調査経費が安い． 名簿が完備していれば，調査相手が地域的にどのように広がっていても調査可能である．
	短　所	回答率が低い（30%未満のことがある）． 回収に時間がかかる（複数回催促状が必要なことがある）． その他自記式に伴う欠点がある．
電　話　法	長　所	迅速に調査ができる． 調査員を1か所に集めて調査ができるので調査の仕方が一括管理でき，標準化ができる． 地域を限定した場合は比較的安くできる．
	短　所	調査相手が電話を有する世帯に限られる． 層別抽出などのきめ細かな調査ができない． 調査相手の協力が必ずしも得られやすくない． 質問量が限定され，簡単な質問しか扱えない．

るかは面接者に任されているものである．この他に，調査相手のところへ調査員自身がでかけていく方法（フィールドサーベイ）か，調査員のところへ調査対象者がでかけてくる（一堂に会することが多い）方法（会場実験）などの分

最後に*、あなた御自身のことについて差し支えない範囲でお教え下さい。

1）年 齢 _____ 歳 　　　　2）性別 　A）男 　　B）女

3）出 身 地 _____ 都道府県 _____ 市 町 村

4）現 住 所 _____ 都道府県 _____ 市 町 村

5）家 族 構 成（複数名の場合は、横にその人数を御記入下さい。）

　　A）祖父 　　　B）祖母 　　　C）父 　　　D）母 　　　E）主人 　　　F）嫁

　　G）兄 　　　H）弟 　　　I）姉 　　　J）妹 　　　K）息子 　　　L）娘

　　M）孫（男） 　N）孫（女） 　O）その他（ 　　　　　　）

6）職 業

　　A）会社員 　　B）林業 　　　C）農業 　　D）自営業 　　E）建設業

　　F）製造業 　　G）公務員 　　H）無職 　　I）主婦

　　J）学生（学校名： 　　　　　　） 　　K）その他（ 　　　　　　）

　　該当される方は、さらに詳しく以下の事をお教え下さい。

　　　　　　職 場 名 _____ 　　部門（業務）_____

　　例） 　　　　ＡＢＣ産業 　　　　　　　食品販売課

＊ フェイスシートは，質問紙の最後か最初に表形式またはそれに準ずる形で設けることが多い。

図4.1 フェイスシート作成の一例

　　以下の質問に対し、選択肢の中からもっとも適当なものを一つだけ選び、その記号を〇で囲んで回答して下さい。

1）あなたが本町から転出されたのはいつですか。

　　＜回答＞ 　a：1年前未満 　b：1〜5年前 　c：5〜10年前

　　　　　　　d：10〜20年前 　e：20年前以前

2）転出の理由は主として次のどれですか。

　　＜回答＞ 　a：就学 　b：就職 　c：転勤 　d：転職

　　　　　　　e：結婚 　f：その他

3）あなたが現在転入届を出して居住していらっしゃる所は、本町からの最初の転出先と同じですか。

　　＜回答＞ 　a：はい 　b：いいえ

4）3）でbと答えられた方のみにお聞きします。現在の居住地は最初の転出から数えて何回目ですか。

　　＜回答＞ 　a：2回目 　b：3回目 　c：4回目 　d：5回目以上

図4.2 選択肢提示形式の一例

類も考えられる．さて，これらの方法にはそれぞれ長所・短所があるが，それを比較したのが表 4.2 である．

3）　アンケートの回答パターンはその人の年齢，性別，職業，所得，世帯構成，経験などの属性の違いに大きく依存することがよくある．フェースシートとは調査相手である回答者のこのような個人的属性を調べるための質問項目群のことで，普通はアンケートの最初か最後に配置される．記名方式の場合は別の手段で後で当人や当世帯に関する属性データを得ることができる場合があるが，無記名の場合には回答時にこれらの関連事項についても答えてもらうことが望ましい．図 4.1 は，本問題に即したフェースシートの一例である．

4）　選択肢提示形式とは，あらかじめ調査企画者が回答者の回答形式を先取りする形で，各設問ごとにその回答パターンを選択肢として用意し，それから選んでもらうものである．選択肢の中から一つだけ選ぶ場合（単一回答方式）と，複数選ぶことを認める場合とがある．後者には，選択肢の中からいくつでも選べる形式（複数選択方式）の他に，選べる数（の上限）を限定する方法（限定回答方式），優先順位などをつけさせる方法（順序づけ回答方式）などがある．さて本問題に即して，選択肢提示形式で設問を設計した一例を図 4.2 に示してある．

5）　自由回答形式は，調査相手の思いつくままに答えてもらう形を取る．これは，あらかじめどんな回答が得られるか予想がつかないときや，選択肢提示形式では得られないような着眼点や盲点，さらにはこまかなニュアンスの違いや具体性をふまえた指摘や意見を掘り起こしたいときに用いるとよい．選択肢提示形式と併用してアンケートを設計することが多い．また，本調査に先だって，調査方法や設問を検討し，回答分布の見当をつけるために吟味調査（プリテスト）を行うことがよくあるが，自由回答形式はこのような場合にも用いられる．なお，本問題に即して選択肢提示形式と自由回答形式を併用した設問例を図 4.3 に例示しておく．

［例題 4.4］　　T市ではここ数年の間，夏期を中心として慢性的な水不足に悩んでいる．このため，市の水道局は，水問題の背景と構造について種々検討を重ねてきた．その結果，種々の原因として，たまたま少雨などの異常気象が

あなた自身やご家族の今後の生活設計についてお尋ねします。回答にあたっては、選択肢がある場合はその記号を一つだけ選び、それを○で囲んで下さい。

1）あなたの故郷である本町に将来もどってきて、こちらで住まれる心づもりはありますか。

  ＜回答＞　a：ある　　b：当面はない　　c：遠い将来もない

      d：わからない

2）1）でaと答えられた方のみにお聞きします。戻られるとすればそれはいつ頃でしょうか。

  ＜回答＞　a：1年以内　　b：5年以内　　c：10年以内

      d：10年より先

3）同じく1）でaと答えられた方のみにお聞します。戻られるとすれば何か条件（例えば、「生きがいが感じられるような職場が生まれること」）がありますか。ありましたら、下の（　）の中に具体的にご記入下さい。

  （   ）

4）1）でa以外を選択された方にお聞きします。そのようにお答えになる積極的な理由があれば差し支えない範囲でお教え下さい。下の（　）の中に具体的にご記入下さい。

  （   ）

図4.3　選択肢提示形式と自由回答形式の折衷型の一例

続いたなどの自然条件によるものの他に，都市化に伴う人口増やその他の社会的条件によるものが大きいと推測されるにいたった．その中で，昨今のライフスタイルの変化に伴って，各家庭における水使用行動が変化し，節水意識も低下していることも見逃せない原因であるとの指摘が特に現場サイドの担当者から出された．そこで，このことがどこまで事実であるかを裏づけるために，世帯に対してアンケートを行うことになった．さて，調査対象地域には15250世帯もあるので，全数調査はこの場合，合理的ではなく標本調査が妥当であるということになった．

 1）　標本論的に考えて，標本数はおおむねどれくらいの大きさにすればよい

のだろうか．ただし推定の信頼度を 95 ％，標本の許容誤差 5 ％とせよ．

2)　調査相手である世帯を代表する人として，独居世帯以外は主婦に回答してもらうことにした．これは主婦が最もその家庭の水使用行動全般の実態を把握しているであろうと考えたからである．このように調査相手を特定し，その人が確かに回答したかどうかが確認できる形で調査を行いたい．また，質問の中には多少こみいったものを含め，また自由回答形式により回答における微妙なニュアンスや具体的なコメントについても情報を収集したいとする．この場合，調査法は何によるのが適切であろうか．

3)　対象地域は五つの地区からなり，世帯数は地区 1，2，3，4，5 の順にそれぞれ 2 513，3 826，2 075，4 932，1 904 である．調査地点数を 3 地区に絞ることにより，調査に要する労力を減らし，効率を高めることによって経費を節減することができる．そこで 2 段階の段階抽出（2 段抽出）法を適用することにする．第 1 段階に確率比例抽出法を用いて抽出地点（調査地区）を三つ選び，第 2 段階では系統抽出法により各地点ごとに一定数を抽出することにしよう．具体的にどのように行えばよいか説明せよ．

[解　答]

1)　統計学の一部である標本論によれば，母集団の大きさが 10 000 程度以上の場合，実用上は無限母集団とみなせる．このとき適切な標本数 n は

$$n = (k/E)^2 \cdot P \cdot (100 - P)$$

で求められることがわかっている．ここに P はある標識について，母集団の回答率（％），E は許容できる標本誤差の範囲（％），k は信頼度 95 ％に対して 1.96 の値をとるパラメータである．題意より，$E = 5$ である．P は当該の回答（たとえば「節水に積極的」）が出現すると予想される比率（％）を表している．P の値が予測しにくいときや，調査内容が多岐にわたり，多様な回答比率が出ると予想されるときは $P = 50 \%$ とすればよい．これは標本数が一定であれば，$P = 50$ のとき標本誤差が最大（最も危険側）になることが理論的に示されていることを利用している．このように各数値を上式にあてはめると，$n = 384$ を得る．つまり母集団が 10 000 以上と十分に大きければ，標本数は概ね 400 が目安となる．

　なお，母集団の大きさがそれほど大きくなく，有限母集団とみなすべきときは，次式により標本数 n を求める．

$$n=\cfrac{N}{(E/k)^2(N-1)/P(100-P)+1}$$

　2)　本問題のような趣旨であれば，［例題 4.3］でも学んだように，個人面接法が最も妥当であると考えられる．

　3)　まず，1) より標本数 $n=384$ としよう．調査地点数は 3 であるから，全標本数 $N=15\,250$ を 3 で除し，小数点を切り捨てて 5083 を得る．まず系統抽出法を用いる．5083 をインターバルの長さとして，それ以下の乱数を乱数表で引くと 1860 となったとしよう．これをスタート番号（最初の当たり番号）とする．次にインターバルを加えて，$1860+5083=6943$ で，これが次の当たり番号となる．同様にして，$6943+5083=12\,026$ となり，これが 3 番目の当たり番号となる．表 4.3 の世帯数の累積の欄を上からみていくと，最初の当たり番号は地区 1 に該当し，次いで 2 番目が地区 2 に，3 番目が地区 4 にそれぞれ該当することがわかる．このように各地区などに分けられたグループごとにその大きさに応じて調査地点を割り当てていく方法を確率比例抽出法という．

表 4.3　確率比例抽出法と系統抽出法のための作表

地区名	世帯数	その累積	抽出地点	インターバル
地区 1	2 513	2 513	○ (1 860)	19
2	3 826	6 339		―
3	2 075	8 414	○ (6 943)	16
4	4 932	13 346	○ (12 026)	38
5	1 904	15 250		―

　このようにして確率比例抽出法により調査地点が特定されたので，次に各地点ごとに標本数 384 を 3 で除した 128 が各地点における標本数となる．表 4.3 の右端の欄に示すように，各調査地点ごとの系統抽出法のインターバルはそれぞれの調査対象数を標本数で除して小数点以下を切り捨てることにより得られる．次に各調査地点ごとに各世帯に順番に通し番号を付し，上述のようにして乱数表を用いて最初の当たり番号の世帯を選び，以下，インターバルの長さを

順に加えた番号の世帯を抽出していけばよい．インターバルは切り捨てにより，小さめになっている可能性がある．この場合は，標本数が必要数より少し多めに抽出される．その場合は，その余分な数だけをランダムに取り除けばよい．

参　考　文　献

1)　杉山明子：社会調査の基本，朝倉書店，1984.
2)　飽戸　弘：社会調査ハンドブック，日本経済新聞社，1987.
3)　土木学会編：交通需要ハンドブック，技報堂出版，1980.

5章

ISM 法

本章より以降は具体的な数理モデルを取り上げて学習する．まず，ここでは問題の構造化などに有効な ISM 法 (Interpretive Structural Modeling) について説明する．要因（項目）i が要因 j に影響を与えておれば $n_{ij}=1$，そうでない場合は，$n_{ij}=0$ として初期関係行列（O）を作る．ただし，$i=j$ のときはすべて 0 とする．ここではまず，簡単な例として表 5.1 のような行列を考える．

表5.1 初期関係行列（O）

	1	2	3	4	5	6	7	8	9	10	11	12	13	14	15
1	0	0	0	0	0	0	0	0	0	0	0	0	0	0	0
2	1	0	0	0	0	0	0	0	0	0	0	0	0	0	0
3	1	0	0	0	0	0	0	0	0	0	0	0	0	0	0
4	1	1	0	0	0	0	0	0	0	0	0	0	0	0	0
5	1	1	0	0	0	0	0	0	0	0	0	0	0	0	0
6	1	1	1	0	0	0	0	0	0	0	0	0	0	0	0
7	1	0	1	0	0	0	0	0	0	0	0	0	0	0	0
8	1	0	1	0	0	0	0	0	0	0	0	0	0	0	0
9	1	0	0	1	0	0	0	0	0	0	0	0	0	0	0
10	1	1	0	1	0	0	0	0	0	0	0	0	0	0	0
11	1	1	1	0	1	1	1	1	0	0	0	0	0	0	0
12	1	0	1	0	0	0	0	1	0	0	0	0	0	0	0
13	1	1	1	0	0	1	0	0	0	0	0	0	0	0	0
14	1	0	1	0	0	0	0	1	0	0	0	0	0	0	0
15	1	1	0	0	1	0	0	0	0	0	0	0	0	0	0

この行列（**O**）に単位行列（**I**）を加えて（対角線に1を入れることにより）

$$B = O + I \tag{5.1}$$

表5.2のように2値関係行列（**B**）を作る．（以下行列 **B** の各要素を n'_{ij} で表す

表5.2　2値関係行列（B）

	1	2	3	4	5	6	7	8	9	10	11	12	13	14	15
1	1	0	0	0	0	0	0	0	0	0	0	0	0	0	0
2	1	1	0	0	0	0	0	0	0	0	0	0	0	0	0
3	1	0	1	0	0	0	0	0	0	0	0	0	0	0	0
4	1	1	0	1	0	0	0	0	0	0	0	0	0	0	0
5	1	1	0	0	1	0	0	0	0	0	0	0	0	0	0
6	1	1	1	0	0	1	0	0	0	0	0	0	0	0	0
7	1	0	1	0	0	0	1	0	0	0	0	0	0	0	0
8	1	0	1	0	0	0	0	1	0	0	0	0	0	0	0
9	1	0	0	1	0	0	0	0	1	0	0	0	0	0	0
10	1	1	0	1	0	0	0	0	0	1	0	0	0	0	0
11	1	1	1	0	1	1	1	1	0	0	1	0	0	0	0
12	1	0	1	0	0	0	0	1	0	0	0	1	0	0	0
13	1	1	1	0	0	1	0	0	0	0	0	0	1	0	0
14	1	0	1	0	0	0	1	0	0	0	0	0	0	1	0
15	1	1	0	0	1	0	0	0	0	0	0	0	0	0	1

表5.3　可達行列（R）

	1	2	3	4	5	6	7	8	9	10	11	12	13	14	15
1	1	0	0	0	0	0	0	0	0	0	0	0	0	0	0
2	1	1	0	0	0	0	0	0	0	0	0	0	0	0	0
3	1	0	1	0	0	0	0	0	0	0	0	0	0	0	0
4	1	1	0	1	0	0	0	0	0	0	0	0	0	0	0
5	1	1	0	0	1	0	0	0	0	0	0	0	0	0	0
6	1	1	1	0	0	1	0	0	0	0	0	0	0	0	0
7	1	0	1	0	0	0	1	0	0	0	0	0	0	0	0
8	1	0	1	0	0	0	0	1	0	0	0	0	0	0	0
9	1	1	0	1	0	0	0	0	1	0	0	0	0	0	0
10	1	1	0	1	0	0	0	0	0	1	0	0	0	0	0
11	1	1	1	0	1	1	1	1	0	0	1	0	0	0	0
12	1	0	1	0	0	0	0	1	0	0	0	1	0	0	0
13	1	1	1	0	0	1	0	0	0	0	0	0	1	0	0
14	1	0	1	0	0	0	1	0	0	0	0	0	0	1	0
15	1	1	0	0	1	0	0	0	0	0	0	0	0	0	1

ことにする.）

この B のべき乗を次々と求め，可達行列（R）を計算する.（すなわち，$B^k = B^{k+1}$ となるまで計算し，その行列 B^k を R と置き換える.

表5.4　可達集合 $R(t_i)$ と先行集合 $A(t_i)$

t_i	$R(t_i)$	$A(t_i)$	$R(t_i) \cap A(t_i)$
1	1	1，2，3，4，5，6，7，8，9，10 11, 12, 13, 14, 15	1
2	1，2	2，4，5，6，9, 10, 11, 13, 15	2
3	1，3	3，6，7，8, 11, 12, 13, 14	3
4	1，2，4	4，9, 10	4
5	1，2，5	5, 11, 15	5
6	1，2，3，6	6, 11, 13	6
7	1，3，7	7, 11, 14	7
8	1，3，8	8, 11, 12	8
9	1，2，4，9	9	9
10	1，2，4，10	10	10
11	1，2，3，5，6，7，8，11	11	11
12	1，3，8，12	12	12
13	1，2，3，6，13	13	13
14	1，3，7，14	14	14
15	1，2，5，15	15	15

表5.5　可達集合 $R(t_i)$ と先行集合 $A(t_i)$

t_i	$R(t_i)$	$A(t_i)$	$R(t_i) \cap A(t_i)$
4	4	4，9，10	4
5	5	5，11	5
6	6	6，11	6
7	7	7，11	7
8	8	8，11，12	8
9	4，9	9	9
10	4，10	10	10
11	5，6，7，8，11	11	11
12	8，12	12	12
13	6，13	13	13
14	7，14	14	14
15	5，15	15	15

その可達行列（$\boldsymbol{R}$）を表5.3に示す.

次に, この可達行列により, 各要因 t_i に対して,

　　　　　可達集合 $R(t_i)=\{t_j \mid n'_{ij}=1\}$ 　　　　　　　　　　　(5.2)

　　　　　先行集合 $A(t_i)=\{t_j \mid n'_{ji}=1\}$ 　　　　　　　　　　　(5.3)

を求める. 簡単にいうと, 可達集合 $R(t_i)$ を求めるには, $\boldsymbol{B}$ の t_i の行をみて「1」になっている列 t_j を求めればよく, 先行集合 $A(t_i)$ を求めるには, $\boldsymbol{B}$ の t_i の列をみて「1」になっている行 t_j を求めればよい. この行列における各要因の可達集合と先行集合は表5.4に示す通りである.

　　　　　$R(t_i) \cap A(t_i)=R(t_i)$ 　　　　　　　　　　　　　　　(5.4)

となるものを逐次求めていく. 表5.4において式 (5.4) を満たすものは, 要因1のみであるから, まず, 第1レベルが決まる. すなわち,

　　　　　$L_1=\{1\}$

である.

　次に, この要因1を表5.4から消去して同じように, 式 (5.4) を満たす要因を抽出する. その結果,

　　　　　$L_2=\{2,\ 3\}$

となる. さらにこれらの要因2, 3を消去していくと, 表5.5のようになる.

　この表5.5に対して式 (5.4) を適用して,

　　　　　$L_3=\{4,\ 5,\ 6,\ 7,\ 8\}$

さらに, 表5.6に対して式 (5.4) を適用して,

　　　　　$L_4=\{9,\ 10,\ 11,\ 12,\ 13,\ 14,\ 15\}$

と決まる. その結果, この階層構造の総レベル数は4レベルである. レベルご

表5.6　可達集合 $R(t_i)$ と先行集合 $A(t_i)$

t_i	$R(t_i)$	$A(t_i)$	$R(t_i) \cap A(t_i)$
9	9	9	9
10	10	10	10
11	11	11	11
12	12	12	12
13	13	13	13
14	14	14	14
15	15	15	15

とに整理した行列を表 5.7 に示す.

　さらに，レベルごとの要素と表 5.3 に示した可達行列により，隣接するレベル間の要素の関係を示す表 5.8 のような骨格行列（S）が求まる.

表 5.7　行列の整理

	1	2	3	4	5	6	7	8	9	10	11	12	13	14	15
1	1	0	0	0	0	0	0	0	0	0	0	0	0	0	0
2	1	1	0	0	0	0	0	0	0	0	0	0	0	0	0
3	1	0	1	0	0	0	0	0	0	0	0	0	0	0	0
4	1	1	0	1	0	0	0	0	0	0	0	0	0	0	0
5	1	1	0	0	1	0	0	0	0	0	0	0	0	0	0
6	1	1	1	0	0	1	0	0	0	0	0	0	0	0	0
7	1	0	1	0	0	0	1	0	0	0	0	0	0	0	0
8	1	0	1	0	0	0	0	1	0	0	0	0	0	0	0
9	1	1	0	1	0	0	0	0	1	0	0	0	0	0	0
10	1	1	0	1	0	0	0	0	0	1	0	0	0	0	0
11	1	1	1	0	1	1	1	1	0	0	1	0	0	0	0
12	1	0	1	0	0	0	0	1	0	0	0	1	0	0	0
13	1	1	1	0	0	1	0	0	0	0	0	0	1	0	0
14	1	0	1	0	0	0	1	0	0	0	0	0	0	1	0
15	1	1	0	0	1	0	0	0	0	0	0	0	0	0	1

表 5.8　骨格行列（S）

	1	2	3	4	5	6	7	8	9	10	11	12	13	14	15
1	1	0	0	0	0	0	0	0	0	0	0	0	0	0	0
2	1	1	0	0	0	0	0	0	0	0	0	0	0	0	0
3	1	0	1	0	0	0	0	0	0	0	0	0	0	0	0
4	0	1	0	1	0	0	0	0	0	0	0	0	0	0	0
5	0	1	0	0	1	0	0	0	0	0	0	0	0	0	0
6	0	1	1	0	0	1	0	0	0	0	0	0	0	0	0
7	0	0	1	0	0	0	1	0	0	0	0	0	0	0	0
8	0	0	1	0	0	0	0	1	0	0	0	0	0	0	0
9	0	0	0	1	0	0	0	0	1	0	0	0	0	0	0
10	0	0	0	1	0	0	0	0	0	1	0	0	0	0	0
11	0	0	0	0	1	1	1	1	0	0	1	0	0	0	0
12	0	0	0	0	0	0	0	1	0	0	0	1	0	0	0
13	0	0	0	0	0	1	0	0	0	0	0	0	1	0	0
14	0	0	0	0	0	0	1	0	0	0	0	0	0	1	0
15	0	0	0	0	1	0	0	0	0	0	0	0	0	0	1

次に,サイクルを形成するかどうかを表5.8の骨格行列(S)から調べる.これは表5.9のような行列がないかを部分的に調べる.表5.8では,存在しないことがわかる.

次に,ダミーマトリックスは2値関係行列をレベルごとに入れ換えた行列について考えることによって調べる.

いま,たとえばレベル1と3の間でダミーが発生するかどうかを調べるには,表5.7にある M_{12}, M_{23}, M_{13} のマトリックスについて以下の計算を行えばよい.ここに M_{12} は横方向で1番目,縦方向で2番目のブロックの要素を表す行列である.以下,M_{23}, M_{13} もこれに準じる.

$$M_{23} \times M_{12} = M_{13} \tag{5.5}$$

表5.9 調べるマトリックス

$$\begin{pmatrix} 1 & \cdot & \cdot & 1 \\ 1 & 1 & \cdot & 1 \\ 1 & \cdot & 1 & 1 \\ 1 & \cdot & \cdot & 1 \end{pmatrix}$$

表5.10 初期関係行列(O)

	1	2	3	4	5	6	7	8	9	10	11	12	13	14	15
1	0	0	0	0	0	0	0	0	0	0	0	0	0	0	0
2	1	0	0	0	0	0	0	0	0	0	0	0	0	0	0
3	1	0	0	0	0	0	0	1	0	0	0	0	0	0	0
4	1	1	0	0	0	0	0	0	0	0	0	0	0	0	0
5	1	0	0	1	0	0	0	0	0	0	0	0	0	0	0
6	1	1	0	0	0	0	0	1	0	0	0	0	0	0	0
7	0	0	0	0	0	0	0	1	0	0	0	0	0	0	0
8	1	0	0	0	0	0	0	0	0	0	0	0	0	0	0
9	0	0	0	1	0	0	0	0	0	0	0	0	0	0	0
10	1	1	0	0	0	0	0	0	0	0	0	0	0	0	0
11	1	0	1	0	0	1	1	1	0	1	0	0	0	0	0
12	1	0	1	0	0	0	0	0	0	0	0	0	0	0	0
13	0	0	0	0	0	1	0	0	0	0	0	0	0	0	0
14	0	0	0	0	0	0	1	1	0	0	0	0	0	0	0
15	1	1	0	0	0	0	0	0	0	1	0	0	0	0	0

表5.11 可達行列（**R**）

	1	2	3	4	5	6	7	8	9	10	11	12	13	14	15
1	1	0	0	0	0	0	0	0	0	0	0	0	0	0	0
2	1	1	0	0	0	0	0	0	0	0	0	0	0	0	0
3	1	0	1	0	0	0	0	1	0	0	0	0	0	0	0
4	1	1	0	1	0	0	0	0	0	0	0	0	0	0	0
5	1	1	0	1	1	0	0	0	0	0	0	0	0	0	0
6	1	1	0	0	0	1	0	1	0	0	0	0	0	0	0
7	1	0	0	0	0	0	1	1	0	0	0	0	0	0	0
8	1	0	0	0	0	0	0	1	0	0	0	0	0	0	0
9	1	1	0	1	0	0	0	0	1	0	0	0	0	0	0
10	1	1	0	0	0	0	0	0	0	1	0	0	0	0	0
11	1	1	1	0	0	1	1	1	0	1	1	0	0	0	0
12	1	0	1	0	0	0	0	1	0	0	0	1	0	0	0
13	1	1	0	0	0	1	0	1	0	0	0	0	1	0	0
14	1	0	0	0	0	0	1	1	0	0	0	0	0	1	0
15	1	1	0	0	0	0	0	0	0	1	0	0	0	0	1

表5.12 レベルごとに整理した行列

	1	2	8	3	4	6	7	10	5	9	11	12	13	14	15
1	1	0	0	0	0	0	0	0	0	0	0	0	0	0	0
2	1	1	0	0	0	0	0	0	0	0	0	0	0	0	0
8	1	0	1	0	0	0	0	0	0	0	0	0	0	0	0
3	1	0	1	1	0	0	0	0	0	0	0	0	0	0	0
4	1	1	0	0	1	0	0	0	0	0	0	0	0	0	0
6	1	1	1	0	0	1	0	0	0	0	0	0	0	0	0
7	1	0	1	0	0	0	1	0	0	0	0	0	0	0	0
10	1	1	0	0	0	0	0	1	0	0	0	0	0	0	0
5	1	1	0	0	1	0	0	0	1	0	0	0	0	0	0
9	1	1	0	0	1	0	0	0	0	1	0	0	0	0	0
11	1	1	1	1	0	1	1	1	0	0	1	0	0	0	0
12	1	0	1	1	0	0	0	0	0	0	0	1	0	0	0
13	1	1	1	0	0	1	0	0	0	0	0	0	1	0	0
14	1	0	1	0	0	0	1	0	0	0	0	0	0	1	0
15	1	1	0	0	0	0	0	1	0	0	0	0	0	0	1

表5.13 骨格行列 (S)

	1	2	8	3	4	6	7	10	5	9	11	12	13	14	15
1	1	0	0	0	0	0	0	0	0	0	0	0	0	0	0
2	1	1	0	0	0	0	0	0	0	0	0	0	0	0	0
8	1	0	1	0	0	0	0	0	0	0	0	0	0	0	0
3	0	0	1	1	0	0	0	0	0	0	0	0	0	0	0
4	0	1	0	0	1	0	0	0	0	0	0	0	0	0	0
6	0	1	1	0	0	1	0	0	0	0	0	0	0	0	0
7	0	0	1	0	0	0	1	0	0	0	0	0	0	0	0
10	0	1	0	0	0	0	0	1	0	0	0	0	0	0	0
5	0	0	0	0	1	0	0	0	1	0	0	0	0	0	0
9	0	0	0	0	1	0	0	0	0	1	0	0	0	0	0
11	0	0	0	1	0	1	1	1	0	0	1	0	0	0	0
12	0	0	0	1	0	0	0	0	0	0	0	1	0	0	0
13	0	0	0	0	0	1	0	0	0	0	0	0	1	0	0
14	0	0	0	0	0	0	1	0	0	0	0	0	0	1	0
15	0	0	0	0	0	0	0	1	0	0	0	0	0	0	1

が成立したときダミーは不要であり，不成立のときダミーがいる．

$$
\begin{bmatrix} 1 & 0 \\ 1 & 0 \\ 1 & 1 \\ 0 & 1 \\ 0 & 1 \end{bmatrix} \times \begin{bmatrix} 1 \\ 1 \end{bmatrix} = \begin{bmatrix} 1 \\ 1 \\ 1 \\ 1 \\ 1 \end{bmatrix}
$$

であるから，この例ではダミーは不要である．このようにして逐次ダミーを調べていき，必要ならばダミーを入れたマトリックスを作成することになる．

これから階層構造グラフを作成する．この例では図5.1のようなグラフになる．この例の場合には，結果として項目1から番号の順に {1}，{2, 3}，{4, 5, 6, 7, 8}，{9, 10, 11, 12, 13, 14, 15} というふうに階層化されている．このうち左の図も右の図も同じ構造を表しているが，線の交差数が少ない分だけ左の図の方がすっきりしている．このような処理のアルブリズムも研究されている．

次に，もう少し複雑なケースとして階層化する際に項目1から番号の順に必ずしも並ばない場合を考えよう．表5.10に示す初期関係行列（O）にもとづい

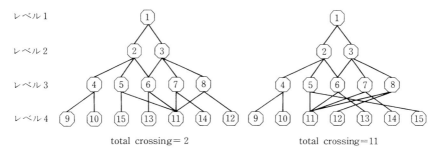

total crossing＝2   total crossing＝11

図5.1 階層構造グラフ

て，既述した同様の計算を行うことにより，可達行列 (R)，レベルごとに整理した行列，骨格行列 (S) がそれぞれ表5.11，表5.12，表5.13のように求められる（詳細は各自でチェックせよ）．このとき，求める階層構造グラフは，先の場合の図5.1と構造はまったく同じであるが，{1}，{2，8}，{4，10，6，7，3}，{5，9，15，13，11，14，12}の順に上から下にレベル分けされることがわかる．なお{ }内は同一レベルの項目を左側から順に右側の方へ並べることを示している．これにより，図5.1の左側と同形の階層構造グラフが得られることを各自確認されたい．

参 考 文 献

1) 椹木義一・河村和彦：参加型システムズ・アプローチ―手法と応用，日刊工業新聞，1973.
2) 吉川和広編著：土木計画学演習，森北出版，1985.

6章

最小二乗法モデル

6.1 最小二乗法モデルの概要

（1） 確率統計モデルの目的

　土木工学が対象とするさまざまな現象の多くは確率法則，あるいは確率的関係によって支配されている．このことは，確率・統計モデルが現象の生起を表現するのにふさわしいことを示している．「モデル」とは，もともとラテン語の「モドゥス（modus）」に由来しており，建築で使われる測定単位であった．それが，ルネサンスの時代に，「それに基づいて製作すべき見本」という意味で用いられるようになったといわれる．現在でも，たとえばプラモデルという言葉に代表されるように，モデルといえばある原型に形を相似的に模したものというイメージをもつ場合が多い．モデルとは，それが現実を模写したものであるが，しかし現実をそのまま反映したものではないことを意味している．現実を抽象しその中から本質的とみなしえる関係だけをとりだしたものである．したがって，同じ現象に対しても，モデルは唯一に決まるものでもない．

　このように，モデルの複雑さと現象の近似の度合の間には密接な関係があることが理解できるだろう．原型をできる限り忠実に表現しようとすれば，モデルはどんどん複雑化し，大型化していくことになる．しかし，原型の全体像を把握することが目的であれば，そんなに大きなモデルを作る必要はないということになる．モデルを作るときには，モデル作成の目的に応じてモデルの複雑

化を志向する要求と，他方からの単純化の要求の間にいかにバランスをとれば
いいかが問題となってくる．土木工学が対象とする自然現象や社会現象の構造
や関係は非常に複雑であり多面的である．現象を忠実にモデル化することが不
可能であることも少なくない．その意味で，モデルは現象の近似であると考え
ることもできる．土木工学が取り扱う多くの現象では，多くの要因が互いに複
雑な因果関係または相互関係によって結びついている．したがって，確率・統
計モデルを定式化する場合には，対象とする問題や分析の目的にしたがって，
問題にとって非本質的な部分を捨て去り，現象の本質的な構造に着目し分析目
的にとってふさわしいモデルの作成をめざすことが必要である．

（2） 母集団と標本

母集団とは分析や調査の対象となる集団である．また，標本とは母集団の任
意の部分集合であり，調査や観察によって得られるサンプルの集合のことであ
る．たとえば，日本人の平均身長を調べてみよう．母集団の考え方にもいろい
ろあり，それを厳密に定義するのは難しいが，ここでは単純に日本人全体を母
集団と考えよう．日本人全員の身長を測るのは非常にやっかいなので，日本人
の中から何人かを無作為（ランダム）に選びだして身長を計測しよう．このよ
うに選び出された日本人は，日本人という母集団から選び出された標本と考え
ることができる．選択された人の身長を計測しよう．計測された身長は，個々
の標本がもっている属性であり，標本観測値と呼ばれる．このような標本観測
値を集めてきて，その平均をとれば日本人の平均身長を推定することができる．
このように確率・統計モデルは母集団から選ばれた相対的に少数個の標本にも
とづいて作成される．すなわち，確率・統計モデルの推計の目的は，標本とい
う母集団にかかわる一部分のデータにもとづいて，母集団全体を支配するなん
らかの関係を推計することにある．

ここで，上での議論を正確に記述してみよう．日本人という母集団から n 人
という標本が抽出されると考えよう．図 6.1 を見てほしい．図には n 人の指定
席が置いてある．指定席の前にはプレートが置いてあり，$(X_1, \cdots, X_n)$ という
記号が割り振られている．この記号には，各指定席に座った人の身長を書き入
れることにする．誰がそこに座るかによって，違った数字が書き入れられるこ

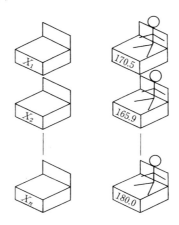

指定席のプレート（確率変数）に，座った人（標本）の
良長（標本観測値）を書き入れる．

図6.1 確率変数と標本観測値

とになる．このように，標本がとられる前で（事前的に）は，大きさ n の標本は
n 個の確率変数の組 $(X_1, \cdots, X_n)$ で表現される．そして，いったん標本がと
られれば，プレートの中に具体的な数値が記入される．すなわち，n 個の確率
変数の値は事後的に観測値 $(x_1, \cdots, x_n)$ として確定する．以後，確率変数と観
測値を明確に区別するために，確率変数としての大きさ n の標本を大文字 $X_i(i$
$=1, \cdots, n)$ で，観測値として確定した標本観測値を小文字 $x_i(i=1, \cdots, n)$ で
表すことにする．ここで，各標本をランダムに抽出した場合，X_i は互いに独立
に同一の確率分布に従うと考える．このとき，日本人の平均身長は n 人の標本
観測値にもとづいて確率・統計モデル

$$平均身長 = \sum_i x_i / n$$

を用いて推計される．

　確率・統計モデルを作成するために利用する標本は，母集団からランダムに
選ばれた無作為標本であることが望ましい．ランダムというのは，「母集団に含
まれるすべての要素が同等の確率で標本として選ばれること」を意味する．標
本として選ばれた要素に関するデータにもとづいて確率・統計モデルを作成す
る以上，選ばれた標本が母集団の内容を公平に代表するようなものでなければ

ならないことはいうまでもない．しかし，現実には標本をまったくランダムに抽出することは難しい場合が多い．できるだけ理想的なランダム標本を得るためには標本調査の方法をどのように設計すればいいのかが問題になってくる．このような視点から，標本調査論の考え方をより深く理解して欲しい．

（3） モデルと相関関係

　モデルを作成する場合，われわれが直接見ることができるのは，変量の間の因果関係ではなく，相関関係であることに注意しなければならない．ここで相関関係とは，二つ以上の変量の間に「かなりの程度同時に変化するような関係が見出される」ことを意味する．かりに，変量 X，Y の間に相関関係が見出せたとしても，それが両者の間にどちらか一方が原因で他方が結果となるような因果関係が存在することを意味するのか，あるいは第 3 の変数 Z が X，Y の原因として作用しているのかはわからない．このことを理解するために，次のような例を考えよう．いま，かりに有明海での「むつごろう」の漁獲高とあるビヤホールの売上高に関するデータを見ているうちに，両者の間に強い正の相関があることを発見したとしよう．このことから，むつごろうの漁獲高とビールの売上げ高の間に因果関係があると結論づけられるだろうか？天候や月齢が原因して両者の間にたまたま高い相関が見られるようになったのかもわからない．むつごろうの漁獲高とビアホールの売上高の間に直接的な因果関係があると主張する人はいないだろうが，このような「見せかけの相関」は，確率・統計モデルを作成する場合によく問題になってくる．残念ながら変量の間の相関関係が「見せかけ」のものかそうでないかを客観的に判別する方法は存在しない．したがって，モデルを定式化する段階で，モデルの妥当性をあらかじめ十分に検討しておくことが必要である．もちろん，モデルの意味を理論的に説明できれば理想的である．たとえ理論的に説明できなくても，過去の経験や人間の直感を照らし合わせて不都合があってはいけないことはいうまでもない．

　以下では，まず実験データや統計データにもとづいて確率・統計モデルを最小二乗法を用いて作成する方法について説明しよう．最小二乗法は推計方法としても非常に優れた性質をもっている．また計算方法もそれほど難しくなく，土木工学の広い分野にわたって幅広く利用されている手法である．また，汎用

統計パッケージやプログラムも容易に入手可能である．このように最小二乗法は汎用性が非常に高い手法であるが，一方でその適用にあたって注意すべき点も少なくない．以下では，まず最小二乗法の基本的な考え方について説明し，ついでその適用にあたって注意すべきことをいくつか指摘してみよう．

6.2　線形回帰モデルと最小二乗法

　簡単な線形回帰モデルを考えよう．いま，都市の人口を知ってその都市で発生する交通量を予測する問題を考える．n個の都市を対象に調査して，その都市の人口と交通発生量に関するデータを入手できたと考えよう．この場合，母集団は都市の集合である．また標本は選択されたn個の都市である．6.1での議論と違うのは，一つ一つの標本に対して，人口と交通発生量という二つの標本観測値を計測する点である．すなわち，人口と交通発生量を表す確率変数の組を$(X_i,\ Y_i)(i=1,\ \cdots,\ n)$とすれば，その標本観測値は$(x_i,\ y_i)(i=1,\ \cdots,\ n)$と表せる．都市人口$X_i$と交通発生量$\hat{Y}_i$との間には経験的に

$$\hat{Y}_i = a + bX_i \tag{6.1}$$

という関係を考えてもいいことがわかっているとしよう．$(X_i,\ Y_i)$に関する標本観測値は上述の調査により入手できる．aとbはパラメータであり，未知数となっている．$\hat{Y}_i$の頭には記号＾がついている．この記号の意味をはっきりさせるために，いまかりにa，bの値をa_0，b_0に固定しよう．このとき，式（6.1）の右辺を利用すれば，個々の標本観測値$x_i(i=1,\ \cdots,\ n)$に対して$a_0 + b_0 x_i$を計算できる．すなわち，標本観測値$x_i(i=1,\ \cdots,\ n)$を用いて$\hat{y}_i = a_0 + b_0 x_i$の値を推計したのである．このことから，式（6.1）の$\hat{Y}_i$は確率変数Y_iの推計結果を表していることが理解できよう．当然のことながら，標本観測値x_iにもとづいて算定した確率変数Y_iの推計値$\hat{y}_i = a_0 + b_0 x_i(i=1,\ \cdots,\ n)$が標本観測値$y_i(i=1,\ \cdots,\ n)$と等しくなる保証はない．上の議論では，パラメータ$a$，$b$の値を固定していた．次に，これらの値を決定しよう．パラメータの決定方法は，いろいろ考えられるが，一つの自然な考え方は，確率変数Y_iの推計値$\hat{y}_i$と標本観測値y_iの誤差$\hat{y}_i - y_i$の総和をできるだけ小さくするようなa，bを求めることである．しかし，$\hat{y}_i - y_i$は正の値をとったり負の値をとったりするので，

誤差の総和では都合が悪い．そこで，誤差の二乗和の平均，すなわち平均二乗誤差

$$S = \frac{1}{n} \cdot \sum_i (y_i - \hat{y_i})^2$$

$$= \frac{1}{n} \cdot \sum_i (y_i - a - bx_i)^2$$

を最小にするように a，b を求めればよい．以下では，平均二乗誤差を最小にするように求めたパラメータ値を $\hat{a}$，$\hat{b}$ と表そう．パラメータ $\hat{a}$，$\hat{b}$ は最小二乗法により推定した値であり，最小二乗推定値と呼ばれる．ここで，記号 $\hat{}$ はパラメータの推定値であることを示している．このように平均二乗誤差を最小にするようにモデルのパラメータを決定する方法を最小二乗法という．このようにして，われわれは n 個の標本観測値から母集団を支配している確率・統計モデルのパラメータの値を求めることができる．もちろん，母集団を支配している真のモデルやパラメータ値は知ることができないが，標本観測値にもとづいてパラメータの値を推定することはできる．なお，式 (6.1) において変数 X_i のように，Y_i の推計にあたって用いた変数は独立変数（説明変数）と，また，推計すべき変数 Y_i は従属変数（被説明変数）と呼ばれる．また式 (6.1) は説明変数が一つだけであり，単回帰モデルと呼ばれる．ここで，簡単な例題で最小二乗推定値を求めてみよう．

［例題6.1］　いま，下表に示すように都市人口 (x_i) と交通発生量 (y_i) の観測値のペア $(x_i, y_i)(i = 1, \cdots, n)$ が得られたと考えよう．最小二乗法によりパラメータ値 a，b を求めてみよう．

人口（万人）　　　 (x_i)	30	35	40	45	50	55	60	65	70	75	80	85	90
発生交通量（万台）(y_i)	30	26	35	39	44	46	49	51	64	50	59	55	71

［解　答］　ある a，b の値に対して $\hat{y_i} = a + bx_i$ は Y_i の推計値であり，y_i は Y_i の標本観測値である．よって，推計誤差は $y_i - a - bx_i$ であり，経験的な平均二乗誤差 S（観測値と推計値の差の二乗和）は次式で表される．

$$S = \frac{1}{n} \cdot \sum_i (y_i - a - bx_i)^2$$

ここで，この値を最小にするような a と b を求めよう．平均二乗誤差 S をパラメータ a，b について偏微分し，偏導関数を 0 とおこう．この式を簡単にすると連立方程式

$$\sum_i (y_i - \hat{a} - \hat{b} x_i) = 0$$

$$\sum_i (y_i - \hat{a} - \hat{b} x_i) x_i = 0$$

が得られる．この連立方程式を整理すると

$$\hat{a} n + \hat{b} \sum x_i = \sum y_i$$

$$\hat{a} \sum x_i + \hat{b} \sum x_i^2 = \sum x_i y_i \tag{6.2}$$

となる．S を最小にするような $\hat{a}$，$\hat{b}$ は連立方程式 (6.2) の解として求まる．このような方法を最小二乗法 (method of least squares) という．また，式 (6.2) は正規方程式 (normal equations) と呼ばれる．ここで，連立方程式を $\hat{a}$，$\hat{b}$ に関して解いてみよう．

$$\hat{a} = \frac{\sum_i x_i^2 \sum_i y_i - \sum_i x_i \sum_i x_i y_i}{n \sum_i x_i^2 - (\sum_i x_i)^2} \qquad \hat{b} = \frac{\sum_i x_i y_i - (\sum_i x_i \sum_i y_i)/n}{\sum_i x_i^2 - (\sum_i x_i)^2/n} \tag{6.3}$$

この公式を用いて a，b の値を求めてみよう．標本データより $n = 13$，$\sum_i x_i = 780$，$\sum_i y_i = 619$，$\sum_i x_i^2 = 51350$，$\sum_i x_i y_i = 39965$ となり，$\hat{a} = 10.36$，$\hat{b} = 0.621$ を

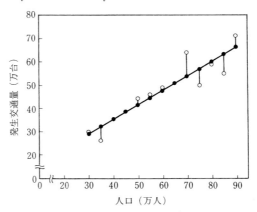

最小二乗法では標本観測値からそれ自身までの垂直方向のかい離（点線部）の二乗和を最小にするような回帰モデルを求める．

図 6.2　推計値と観測値の関係

得る．よって，推計式は次式となる．

$$\hat{Y}_i = 10.36 + 0.621X_i$$

いま，推計値と観測値の関係をグラフとして表現したのが図 6.2 である．図を見てもわかるように，幾何学的に見ると最小二乗法は x, y 平面上の点の集合 $(x_i, y_i)(i=1, \cdots, n)$ へ直線 $\hat{Y}_i = a + bX_i$ をあてはめる方法であることが理解できよう．その際，各点から直線上への縦軸方向の距離の二乗和を最小にするような直線を求めていることに注意しよう．変数 X_i を平均値 $\bar{x}$ から測れば最小二乗法の公式はもっと簡単になる．いま，直線の式を $\hat{y}_i = a + b(x_i - \bar{x})$ の形で表そう．このとき，正規方程式 (6.2) は次式のようになる．

$$\hat{a}n + \hat{b}\sum_i(x_i - \bar{x}) = \sum_i y_i$$

$$\hat{a}\sum_i(x_i - \bar{x}) + \hat{b}\sum_i(x_i - \bar{x})^2 = \sum_i(x_i - \bar{x})y_i$$

ここで，$\sum_i(x_i - \bar{x}) = 0$ であることに注意しよう．したがって，この形の直線に対する a, b の最小二乗推定値は

$$\hat{a} = \bar{y}, \quad \hat{b} = \frac{\sum_i(x_i - \bar{x})y_i}{\sum_i(x_i - \bar{x})^2}$$

で与えられる．この公式を用いたほうがより簡単に最小二乗推定値が求まる．先に述べた例題をこの公式を用いて解くことにより，例題と同じ推定式が得られることを確認してみよ．

さて，以上では説明変数が 1 個だけの簡単な線形回帰モデルをとりあげた．説明変数の数が 2 個以上になっても同様に最小二乗法を用いてモデルを作成することができる．説明変数の数が複数になったようなモデルを重回帰モデルと呼ぶ．いま，$Y_i(i=1, \cdots, n)$ の推定値が説明変数 X_i, $Z_i(i=1, \cdots, n)$ の関数として，次のような重回帰モデルとして表現できると考えよう．

$$\hat{Y}_i = a + bX_i + cZ_i$$

さらに，変数 X_i, Y_i, Z_i に対する標本観測値がそれぞれ (x_i, y_i, z_i) と与えられたとしよう．単回帰モデルの場合と同様の考え方で正規方程式を求めてみよう．

正規方程式は

$$\hat{a}n + \hat{b}\sum_i x_i + \hat{c}\sum_i z_i = \sum_i y_i$$

$$\hat{a}\sum_i x_i + \hat{b}\sum_i x_i{}^2 + \hat{c}\sum_i x_i z_i = \sum_i x_i y_i$$

$$\hat{a}\sum_i z_i + \hat{b}\sum_i x_i z_i + \hat{c}\sum_i z_i{}^2 = \sum_i z_i y_i$$

となる．この正規方程式を解くことにより最小二乗推定値 $\hat{a}$, $\hat{b}$, $\hat{c}$ を求めることができる．説明変数の数がさらに増えても同様に正規方程式を導出することができる．

説明変数の数が複数になった場合，しばしば重共線性（multicolinearity）の問題が生じることがある．これは，説明変数の間に互いに強い相関関係があり，それぞれの変数の影響を別々に分離して計測することが困難な場合に生じる．この問題を考えるために，次のような簡単な重回帰モデルを考えてみよう．

$$\hat{Y}_i = bX_i + cZ_i$$

正規方程式を作ると

$$\hat{b}\sum_i x_i{}^2 + \hat{c}\sum_i x_i z_i = \sum_i x_i y_i$$

$$\hat{b}\sum_i x_i z_i + \hat{c}\sum_i z_i{}^2 = \sum_i z_i y_i$$

ここで，$\hat{c}$ を消去することにより

$$\hat{b}\left[\sum_i x_i{}^2\sum_i z_i{}^2 - (\sum_i x_i z_i)^2\right] = \sum_i x_i y_i\sum_i z_i{}^2 - \sum_i z_i y_i\sum_i x_i z_i$$

また，$\hat{b}$ を消去することにより

$$\hat{c}\left[\sum_i x_i{}^2\sum_i z_i{}^2 - (\sum_i x_i z_i)^2\right] = \sum_i z_i y_i\sum_i x_i{}^2 - \sum_i x_i y_i\sum_i x_i z_i$$

が得られる．したがって，正規方程式から $\hat{b}$, $\hat{c}$ を求めるためには，

$$\sum_i x_i{}^2\sum_i z_i{}^2 - (\sum_i x_i z_i)^2 \neq 0 \tag{6.4}$$

が成立しなければならない．式（6.4）の条件が成立しないとき，あるいは，式（6.4）の左辺がきわめて 0 に近い場合に重共線性が成立するという．重共線性が強くなれば，回帰パラメータの推定値の分散が大きくなり，推定値の信頼性が非常に低くなるという問題が生じる．

特に，時系列データを用いたモデルを推計しようとする場合，重共線性の問題がよく生じる．重共線性の影響を無視できない場合には，説明変数を別の変数に置き換えたり，あるいは，リッジ（ridge）推定という高度な推計方法を用

いる必要性が生じる.

このように線形回帰モデルを対象とした場合，最小二乗法を用いて簡単にモデルを推計することができる．非線形回帰モデルの場合には，さらに高度な推計方法を用いる必要が生じる．非線形回帰モデルの推計方法に関しては，章末に示しているような専門書を参考にして欲しい．なお，非線形回帰モデルのうち，ある種のモデルに関しては変数変換を適切に行うことによりモデルを線形回帰モデルに変換でき，最小二乗法を適用することができる．たとえば，乗法型モデル

$$\hat{Y}_i = X_{i1}{}^{b_1} X_{i2}{}^{b_2} \cdots X_{ik}{}^{b_k}$$

に対して，次のような変数変換を施そう.

$$\hat{S}_i = \ln \hat{Y}_i, \quad T_{ij} = \ln X_{ij} \qquad (j=1, \cdots, k)$$

このとき，乗法型モデルは線形回帰モデル

$$\hat{S}_i = b_1 T_{i1} + b_2 T_{i2} + \cdots + b_k T_{ik}$$

に変換することができる．表 6.1 には，線形化可能な関数の例と変換方法を整理しているので参照されたい.

表 6.1 線形化の方法

関数	変換方法	線形関数
$Y = \alpha X^{\beta}$	$S = \log Y, \quad T = \log X$	$S = \log \alpha + \beta T$
$Y = \alpha \exp(\beta X)$	$S = \log Y, \quad T = X$	$S = \log \alpha + \beta T$
$Y = X/(\alpha X + \beta)$	$S = 1/Y, \quad T = 1/X$	$S = \alpha + \beta T$
$Y = 1/(\alpha + \beta X)$	$S = 1/Y, \quad T = X$	$S = \alpha + \beta T$
$Y = \dfrac{\exp(\alpha + \beta X)}{1 + \exp(\alpha + \beta X)}$	$S = \log \dfrac{Y}{1-Y}, \quad T = X$	$S = \alpha + \beta T$

6.3 行列による方法

正規方程式を解くことにより最小二乗推定値を求めることができるが，いちいち正規方程式を定式化するのはめんどうである．行列演算を用いれば，非常に効率的に推定値を求めることができる．特に，コンピュータプログラムを作成するときには，この方法が便利であろう．そこで，重回帰モデルを，ベクト

ルと行列の記号を用いて書き表そう．いま，k 個の変数をもつ線回帰モデル

$$\hat{Y}_i = \beta_1 x_{i1} + \beta_2 X_{i2} + \cdots + \beta_k X_{ik}$$

を考えよう．ここで，定数項も説明変数に含んでいる．つまり，定数項では常に，$x_{i1}=1$ が成立していると考えるわけである．

　線形モデルを行列形式で再述することから始めよう．ここで，被説明変数と k 個の説明変数に関する n 個の標本観測値の組 $(y_i,\ x_{i1},\ \cdots,\ x_{ik})$，$(i=1,\ \cdots,\ n)$ が得られたとする．重回帰モデルを

$$
\begin{aligned}
\hat{y}_1 &= \beta_1 x_{11} + \beta_2 x_{12} + \beta_3 x_{13} + \cdots + \beta_k x_{1k}\\
\hat{y}_2 &= \beta_1 x_{21} + \beta_2 x_{22} + \beta_3 x_{23} + \cdots + \beta_k x_{2k}\\
&\ \vdots \qquad\qquad\qquad \vdots\\
\hat{y}_n &= \beta_1 x_{n1} + \beta_2 x_{n2} + \beta_3 x_{n3} + \cdots + \beta_k x_{nk}
\end{aligned}
\tag{6.5}
$$

と表そう．ここで，次のような列ベクトルと行列を導入する．

$$
\boldsymbol{y}=\begin{bmatrix} y_1 \\ \vdots \\ y_n \end{bmatrix},\quad
\boldsymbol{\beta}=\begin{bmatrix} \beta_1 \\ \vdots \\ \beta_k \end{bmatrix},\quad
\boldsymbol{X}=\begin{bmatrix} 1 & x_{12} & \cdots & x_{1k} \\ \vdots & & & \vdots \\ 1 & x_{n2} & \cdots & x_{nk} \end{bmatrix}
$$

$\boldsymbol{y}$ は被説明変数に関する標本観測値の列ベクトル，$\boldsymbol{\beta}$ はパラメータの列ベクトル，$\boldsymbol{X}$ は説明変数の観測値に関する n 行 k 列の行列である．$\boldsymbol{X}$ の第1列がすべて1になっているのは，β_1 が定数であることを示している．これら列ベクトル $\boldsymbol{y}$，$\boldsymbol{\beta}$ と行列 $\boldsymbol{X}$ を用いれば，式 (6.5) を

$$\boldsymbol{y}=\boldsymbol{X}\boldsymbol{\beta}$$

と簡単に表すことができる．

　最小二乗法による推定に必要な誤差の二乗和は

$$(\boldsymbol{y}-\boldsymbol{X}\boldsymbol{\beta})^t(\boldsymbol{y}-\boldsymbol{X}\boldsymbol{\beta})$$

となる．ここに，記号 t はベクトルまたは行列の転置を表す．最小二乗法による正規方程式は

$$(\boldsymbol{y}-\boldsymbol{X}\hat{\boldsymbol{\beta}})^t\boldsymbol{X}=0$$

で与えられる．この方程式のカッコをはずしてベクトル $\hat{\boldsymbol{\beta}}$ について解いてみよう．行列演算の規則 $(\boldsymbol{X}\hat{\boldsymbol{\beta}})^t = \hat{\boldsymbol{\beta}}^t \boldsymbol{X}^t$ に注意すれば

$$\boldsymbol{y}^t\boldsymbol{X}-\hat{\boldsymbol{\beta}}\boldsymbol{X}^t\boldsymbol{X}=0 \qquad \text{すなわち} \qquad \hat{\boldsymbol{\beta}}^t\boldsymbol{X}^t\boldsymbol{X}=\boldsymbol{y}^t\boldsymbol{X}$$

となる．両辺の転置をとれば

$$X^t X \widehat{\beta} = X^t y$$

となる．行列 $X^t X$ が正則，すなわち逆行列が存在すれば，パラメータ β の推計値 $\widehat{\beta}$ は

$$\widehat{\beta} = (X^t X)^{-1} X^t y \tag{6.6}$$

によって与えられる．式 (6.6) によって最小二乗推定値を求めるためには，行列 $X^t X$ が正則でなければならない．このことは，前述の重共線性が存在しない条件と同じ条件になっていることは容易に理解できるであろう．ここで，例題を用いて以上の方法を演習しよう．

[**例題 6.2**]　　ある圃場における収穫高を Y，肥料の成分 A，B の単位数を X_2，X_3 で表そう．肥料の成分 A，B の 0，1，2 単位を可能な組合わせで割当てて実験した結果，以下のようなデータを得た．このとき線形回帰モデル $\widehat{Y}_i = \beta_1 + \beta_2 X_{i2} + \beta_3 X_{i3}$ のパラメータ値を推定してみよう．

i	1	2	3	4	5	6	7	8	9
y_i	40.0	45.8	53.0	42.3	46.7	54.1	44.2	47.1	58.0
x_{i2}	0	1	2	0	1	2	0	1	2
x_{i3}	0	0	0	1	1	1	2	2	2

[**解　答**]　　まず，$k=3$，$x_{i1}=1$ としよう．このとき，β_1 は定数項になる．列ベクトル y と β，行列 X を次のように定義する．

$$y = \begin{bmatrix} 40.0 \\ 45.8 \\ 53.0 \\ 42.3 \\ 46.7 \\ 54.1 \\ 44.2 \\ 47.1 \\ 58.0 \end{bmatrix}, \quad \beta = \begin{bmatrix} \beta_1 \\ \beta_2 \\ \beta_3 \end{bmatrix}, \quad X = \begin{bmatrix} 1 & 0 & 0 \\ 1 & 1 & 0 \\ 1 & 2 & 0 \\ 1 & 0 & 1 \\ 1 & 1 & 1 \\ 1 & 2 & 1 \\ 1 & 0 & 2 \\ 1 & 1 & 2 \\ 1 & 2 & 2 \end{bmatrix}$$

線形回帰モデルは $y = X\beta$ と表せる．まず，行列 $X^t X$ を計算しよう．

$$X^tX = \begin{bmatrix} 9 & 9 & 9 \\ 9 & 15 & 9 \\ 9 & 9 & 15 \end{bmatrix}$$

が求まる．ここで逆行列を求めれば

$$(X^tX)^{-1} = \begin{bmatrix} 4/9 & -1/6 & -1/6 \\ -1/6 & 1/6 & 0 \\ -1/6 & 0 & 1/6 \end{bmatrix}$$

となる．さらに，X^ty は

$$X^ty = \begin{bmatrix} 431.2 \\ 469.8 \\ 441.7 \end{bmatrix}$$

よって，$\hat{\beta}$ は

$$\hat{\beta} = \begin{bmatrix} 39.73 \\ 6.43 \\ 1.75 \end{bmatrix}$$

となる．したがって，回帰関数の最小二乗推定値は

$$\hat{Y_1} = 39.73 + 6.43X_{i1} + 1.75X_{i2}$$

により与えられる．

6.4　最小二乗法の性質

（1）　誤差分布の導入

　以上では，線形回帰モデルの誤差項の確率分布に関してなんの仮定も設けない経験的な最小二乗法について説明してきた．線形回帰モデルのパラメータの値を求めるだけで満足するのなら，以上の議論で十分であろう．しかし，モデルの推計精度を求めたり，モデルの統計的な性質を吟味しようとすると誤差の確率分布についてある仮定を設けなければならない．そこで，線形回帰モデル(6.5)に明示的に誤差項を表す ε_i を導入しよう．

$$y_1 = \beta_1 x_{11} + \cdots + \beta_k x_{1k} + \varepsilon_1$$
$$\vdots$$

$$y_i = \beta_1 x_{i1} + \cdots + \beta_k x_{ik} + \varepsilon_i$$
$$\vdots$$
$$y_n = \beta_1 x_{n1} + \cdots + \beta_k x_{nk} + \varepsilon_n \tag{6.7}$$

誤差項 ε_i は被説明変数の観測値 y_i とその推計値 $\beta_1 x_{i1} + \cdots + \beta_k x_{ik}$ のずれを表している．式 (6.7) はいくつかの意味で式 (6.5) と異なっていることに注意しよう．式 (6.5) の左辺は，被説明変数の推計値 $\hat{y}_i$ を表しているが，式 (6.7) では，右辺に誤差項が含まれているため左辺の y_i は標本観測値となっている．

　式 (6.7) について若干の補足説明をしておこう．いま，確率変数 $(Y_i, X_{i1}, X_{i2}, \cdots, X_{in})$ の標本観測値を $(y_i, x_{i1}, x_{i2}, \cdots, x_{in})$ としよう．第 i 番目の標本に着目し，その説明変数の観測値の組 $(x_{i1}, x_{i2}, \cdots, x_{in})$ に対して，確率変数 Y_i が $Y_i = \beta_1 x_{i1} + \cdots + \beta_k x_{ik} + \varepsilon_i$ と表されると考える．ここに，ε_i は誤差項であり確率変数である．ε_i が確率変動すれば，それと対応して被説明変数 Y_i も変動する．確率変数 ε_i の値が ε_i に確定すれば，説明変数 Y_i の値は $y_1 = \beta_1 x_{n1} + \cdots + \beta_k x_{nk} + \bar{\varepsilon}_i$ に確定する．ここで，以下のような確率モデルを考える．

$$Y_1 = \beta_1 x_{11} + \cdots + \beta_k x_{1k} + \varepsilon_1$$
$$\vdots$$
$$Y_i = \beta_1 x_{i1} + \cdots + \beta_k x_{ik} + \varepsilon_i$$
$$\vdots$$
$$Y_n = \beta_1 x_{n1} + \cdots + \beta_k x_{nk} + \varepsilon_n \tag{6.8}$$

つまり，この表記方法では被説明変数 Y_i は確率変数であるが，説明変数は標本観測値の組 $(x_{i1}, \cdots, x_{nk})$，すなわち確定値（定数）となっていることに注意して欲しい．ここで，混同が生じないように，回帰モデル (6.8) を行列表示を用いて

$$\boldsymbol{Y} = \boldsymbol{X}\boldsymbol{\beta} + \varepsilon$$

と表す．ただし，$\boldsymbol{Y}^t = (Y_1, \cdots, Y_n)$, $\boldsymbol{\beta}^t = (\beta_1, \cdots, \beta_k)$, $\varepsilon^t = (\varepsilon_1, \cdots, \varepsilon_n)$ である．また，$\boldsymbol{X}$ はこれまでと同様に x_{ij} を第 i 行第 j 列要素とする n 行 k 列の行列である．以下では，特に断りがない限り，この表記方法を用いて議論を進める．

　ここで，確率変数 ε_i に関して以下のような仮定を設ける．

仮定1：誤差項の期待値は常にゼロである.

$$E[\varepsilon_i]=0$$

仮定2：誤差項の分散は標本に無関係に一定値 σ^2 をとる.

$$E[\varepsilon_i{}^2]=\sigma^2$$

仮定3：誤差項は互いに独立である.

$$E[\varepsilon_i\varepsilon_j]=0 \quad (i\neq j \text{ のとき})$$

記号 E は期待値を表す. 仮定1は誤差の期待値がゼロになることを意味している. たとえば, 線形回帰モデル (6.8) の右辺第1項を定数項と考えると誤差の期待値をゼロにすることは容易であろう. 仮定2は誤差のばらつきの尺度である分散が標本によって大きくなったり小さくなったりすることはないと述べている. また, 仮定3は異なった標本観測値の誤差の間に相関関係がないことを意味している. 以上の誤差項の確率分布に関する仮定より, 被説明変数はある確率分布に従って分布することになる. ここで, 式 (6.7) において x_k は確率変数 X_k の標本観測値ではあるが, 線形モデル (6.7) では誤差項の影響はすべて被説明変数 y_i のほうに現れ, 説明変数の観測値 x_k は事前に確定している定数 (確定変数) として取り扱っていることに注意してほしい.

　土木工学の対象とする現象において, 仮定2, 仮定3を厳密に満足させるような線形回帰モデルを作成することはほとんど不可能に近い. したがって, 線形回帰モデルはなんらかの意味で現象を近似するモデルだと考えざるをえない. 最小二乗法は, このように非常に理想化された状態を想定して開発された手法ではあるが, 標準的な最小二乗法の理論をよく理解しておくことは, 現実の土木工学問題を分析・究明していくうえでのまず第1歩として重要な課題である. もちろん, 最小二乗法を適用しパラメータ値を求めるだけでこと足れりと考えてはならないことはいうまでもない. その適用にあたっては, 標準的な線形回帰モデルの背後にある仮定と現実のデータがどのように食い違っているのかをよく見きわめておく必要がある. もちろん, 標準的な最小二乗法の仮定が満足されない場合を対象としたような線形回帰モデルの推計方法も数多く開発されている. このような高度な推計方法に関しては章末の参考文献を参考にしてほしい. 最小二乗法の仮定が満足されないために推計に不都合が生じる場合には, より高度な推計法を適用してみるという積極的な姿勢が必要である.

このような高度な問題に果敢にアプローチしていくためにも，その基礎となる標準的な最小二乗法について正確に理解することが不可欠であろう．

（2） 推定量の考え方

　以上で述べた三つの仮定にもとづいて，最小二乗推定法の統計的な性質について少し調べてみよう．以上の三つの仮定が成立すれば，最小二乗法による推定量はいくつかの望ましい性質をもっていることがわかっている．これらの説明に入る前に，推定量という用語について，復習しておこう．話を簡単にするために，最小二乗法の議論からしばらく離れて，ある一つの確率変数Xをとりあげ，推定量の考え方について説明しよう．

　ここで，確率変数Xがある確率密度関数$f(X|\theta)$に従って分布していると考えよう．θは確率分布の特性を表すパラメータ（ベクトル）である．たとえば，正規分布の場合には，平均値と分散がパラメータとなる．同一の確率分布に従うn個の確率変数の組$(X_1, \cdots, X_n)$の標本観測値を$(x_1, \cdots, x_n)$と表そう．θは確率変数$X_i (i=1, \cdots, n)$を支配している確率分布のパラメータであるが，この値は前もってわからない．そこで，得られた標本観測値$(x_1, \cdots, x_n)$から，逆にパラメータθの値を求めることが必要となる．このとき，推定の基本問題は確率密度関数$f(X|\theta)$のパラメータθを最もよく推計するような関数$d(X_1, \cdots, X_n)$を求める問題と考えることができる．このように，パラメータθを推定するために用いる確率変数$(X_1, \cdots, X_n)$の関数$d(X_1, \cdots, X_n)$を

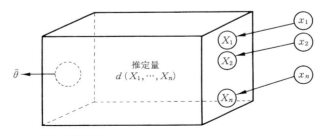

推定量とは確率変数$(X_1, \cdots, X_n)$の標本観測値$(x_1, \cdots, x_n)$を入力として推定値$\hat{\theta}$を出力するシステムである．

図6.3 推定量と推定値

θ の推定量と呼ぶ．図6.3は推定量の考え方をわかりやすく説明している．同図には推定量を表すシステムが描かれている．このシステムには，X_1，…，X_n というラベルのついた入口があり，それぞれの入口から x_1，…，x_n という標本観測値を入れると，出口から推定値 θ が出力されるようになっている．すなわち，推定量 d は確率変数（X_1，…，X_n）の関数であり，関数 d に標本観測値（x_1，…，x_n）を代入して得られる d の値は推定値と呼ばれる．いいかえれば，推定量とは一種の公式のようなもので，標本観測値が観測されれば，そのつど観測値を代入してパラメータ θ の推定値を計算することとなる．このように推定量は具体的に定まった値ではなく，標本観測値（確率変数）の関数であることを理解してほしい．

（3）不偏推定量

　推定量とは，パラメータ θ を求める公式であるといった．この場合，次に推定量 d としてどのような公式を用いればいいかということが問題になってくる．ある推定量 d が推定量 d' よりもよいということを判断するためには，推定量のよさを判断するためのある基準が必要になってくる．いくつかの推定量のよさを比較するにあたって，もっとも直観的にわかりやすいのは「推定量の分布の平均値」を比較してみることだろう．すなわち，推定量がどういう値を中心にして分布しているかを調べることである．もちろん，パラメータ θ の推定量 $\hat{\theta}$ が真のパラメータ値 θ のまわりに分布しているのがよいことは明らかであろう．

　いま，このことを推定値にバイアス（偏り）がないといい，バイアスのない推定量を不偏推定量（unbiased estimator）という．すなわち，$\hat{\theta}=d(X_1, \cdots, X_n)$ と表すと，

$$E[\hat{\theta}]=\theta \qquad\qquad (6.9)$$

となるような推定量 d を不偏推定量と呼ぶ．

　ここで，式（6.9）の意味について若干補足しておこう．式（6.9）は，ある標本観測値（x_1，…，x_n）にもとづいて計算されたパラメータ値 $\hat{\theta}$ が真の値 θ と一致することを意味しているのではないことに注意しよう．いま，かりにある不偏でない別の推定量を d' とし，標本観測値（x_1，…，x_n）にもとづいて計算

された推定値を $\hat{\theta}' = d'(x_1, \cdots, x_n)$ としよう．$\hat{\theta}$ と $\hat{\theta}'$ を比較したとき，$\hat{\theta}$ の
ほうが常に真のパラメータ値 θ に近くなっているという保証はどこにもない．
ただ，式 (6.9) は，いくつもの標本観測値から公式（推定量）を用いてなんど
も推定値を求めた場合，得られた推定値はおおむね真のパラメータ値 θ のまわ
りに集まっているということをいっているにすぎない．

ここで，次のような疑問をもつ読者も多かろう．われわれは，1回きりの観
測値を用いてパラメータを推定するのであり，必要なのは与えられた標本観測
値に対してその推定量が望ましい推定値を与えるのかどうかということではな
かろうか？また，なんども繰り返し標本を観測できるならば，それらの標本を
まとめてモデルを推計すればいいのではないか？という疑問をもつ読者もいる
だろう．ここで述べた考え方は，あくまでも推定法は一種の「ルール」であり，
モデルを推計する際には，できるだけいいルールに従った方がいいと考える立
場にたっている．真のパラメータ値がわからない以上，バイアスが存在する推
定量の方がバイアスが存在しない推定量よりいいと考える積極的な理由はない
だろう．もちろん，このような考え方に異をとなえる立場もある．むしろ，1
回きりの標本観測値に対してできる限り望ましい推定値を求めようという考え
方も成立しよう．このような考え方にもとづく推計方法に関しては，7章最尤
法で改めてとりあげよう．

さて，不偏性は推定量が満足すべき望ましい性質であるが，最小二乗法によ
れば不偏推定量が与えられることが保証されている．

性質1：式 (6.6) で与えられる推定量は $\boldsymbol{\beta}$ の不偏推定量である．

式 (6.6) より次式が成立する．
$$E[\hat{\boldsymbol{\beta}}] = E[(\boldsymbol{X}^t\boldsymbol{X})^{-1}\boldsymbol{X}^t\boldsymbol{Y}]$$
ここで，$(\boldsymbol{X}^t\boldsymbol{X})^{-1}$ および $\boldsymbol{X}^t$ が確率変数でないことに着目しよう．したがって，
$$E[\hat{\boldsymbol{\beta}}] = (\boldsymbol{X}^t\boldsymbol{X})^{-1}\boldsymbol{X}^t E[\boldsymbol{Y}]$$
すなわち，$\boldsymbol{\beta}$ の推定量として $\hat{\boldsymbol{\beta}}$ が確率変数 $Y_1, \cdots, Y_n$ の1次結合で表される
ことがわかる．いま，$\boldsymbol{Y} = \boldsymbol{X}^t\boldsymbol{\beta} + \varepsilon$ であり，$E[\varepsilon] = 0$ であることより
$$E[\hat{\boldsymbol{\beta}}] = (\boldsymbol{X}^t\boldsymbol{X})^{-1}\boldsymbol{X}^t\boldsymbol{X}\boldsymbol{\beta} = \boldsymbol{\beta}$$

が成立する．したがって，$\hat{\boldsymbol{\beta}}$ は不偏推定量である．

　すでに述べたように，ある推定量が不偏であるということは，標本をなんども抽出してきて推定値を計算したところ，推定値の算術平均がおおむね真のパラメータ値の周辺に散らばっているということであった．ただ1回きりの標本抽出でできるだけ真のパラメータ値に近い推定値を求めるためには，真のパラメータのまわりでの推定値の「散らばり」が小さいほど望ましいことは明らかであろう．あらゆる不偏推定量の中で推定量の「散らばり」，すなわち分散が最小になるような推定量を最小分散不偏推定量と呼ぶ．このような最小分散不偏推定量が存在すれば，理想的であることは明らかであろう．線形モデルの場合，このような最小分散不偏推定量が存在することを示すことができるが，その前に，準備段階としてパラメータ β の分散・共分散を求めておこう．

> **性質2**：$Y_1, \cdots, Y_n$ が無相関で，共通の分散 σ^2 をもつならば，$\hat{\boldsymbol{\beta}}$ の共分散行列は次式のようになる．
> $$E[(\hat{\boldsymbol{\beta}}-\boldsymbol{\beta})(\hat{\boldsymbol{\beta}}-\boldsymbol{\beta})^t]=\sigma^2(\boldsymbol{X}^t\boldsymbol{X})^{-1} \tag{6.10}$$

　共分散行列の各要素は次のように定義される．
$$\sigma_{ij}=\mathrm{cov}(Y_i, Y_j)=E[(Y_i-\mu_i)(Y_j-\mu_j)^t]$$
ただし，$\mu_i=E[Y_i]$ である．確率変数からなる行列の期待値は，その要素の期待値からなる行列である．すなわち，
$$E[(\boldsymbol{Y}-\boldsymbol{\mu})(\boldsymbol{Y}-\boldsymbol{\mu})^t]=E\begin{bmatrix}(Y_1-\mu_1)(Y_1-\mu_1)\cdots(Y_1-\mu_1)(Y_n-\mu_n)\\(Y_n-\mu_n)(Y_1-\mu_1)\cdots(Y_n-\mu_n)(Y_n-\mu_n)\end{bmatrix}$$
$$=\begin{bmatrix}\sigma_{11}\cdots\sigma_{1n}\\\sigma_{n1}\cdots\sigma_{nn}\end{bmatrix}$$
と定義できる．とくに，Y_i が互いに無相関で共通の分散 σ^2 をもつならば，$\sigma_{ij}=0(i\neq j)$，$\sigma_{ii}=\sigma^2$ となる．このことに留意して $E[(\hat{\boldsymbol{\beta}}-\boldsymbol{\beta})(\hat{\boldsymbol{\beta}}-\boldsymbol{\beta})^t]$ を展開しよう．性質1より $E[\hat{\boldsymbol{\beta}}]=\boldsymbol{\beta}$ が成立する．したがって，
$$\hat{\boldsymbol{\beta}}-E[\hat{\boldsymbol{\beta}}]=\hat{\boldsymbol{\beta}}-\boldsymbol{\beta}$$
$$=(\boldsymbol{X}^t\boldsymbol{X})^{-1}\boldsymbol{X}^t\boldsymbol{Y}-(\boldsymbol{X}^t\boldsymbol{X})^{-1}\boldsymbol{X}^t\boldsymbol{X}\boldsymbol{\beta}$$
$$=(\boldsymbol{X}^t\boldsymbol{X})^{-1}\boldsymbol{X}^t(\boldsymbol{Y}-\boldsymbol{X}\boldsymbol{\beta})$$

が成立する．ここで，逆行列 $(X^tX)^{-1}$ は対称行列であり，$\{(X^tX)^{-1}\}^t=(X^tX)^{-1}$ が成立することに留意しよう．また，行列の演算規則より $(AB)^t=B^tA^t$ が成り立つ．したがって，

$$E[(\hat{\boldsymbol{\beta}}-\boldsymbol{\beta})(\hat{\boldsymbol{\beta}}-\boldsymbol{\beta})^t]$$
$$=(X^tX)^{-1}X^tE[(Y-X\boldsymbol{\beta})(Y-X\boldsymbol{\beta})^t]X(X^tX)^{-1}$$

となる．$Y_i(i=1,\cdots,n)$ が無相関で共通の分散 σ^2 をもつことを仮定しているので，$E[(Y-X\boldsymbol{\beta})(Y-X\boldsymbol{\beta})^t]=\sigma^2I$ である．I は単位行列である．これから

$$E[(\hat{\boldsymbol{\beta}}-\boldsymbol{\beta})(\hat{\boldsymbol{\beta}}-\boldsymbol{\beta})^t]=\sigma^2(X^tX)^{-1}X^tX(X^tX)^{-1}$$
$$=\sigma^2(X^tX)^{-1}$$

となる．性質 2 より，σ^2 の値がわかっていれば，推定量 $\boldsymbol{\beta}$ の精度を行列 X^tX より求めることができる．そこで，先の例題においてパラメータ $\hat{\beta}_1$，$\hat{\beta}_2$，$\hat{\beta}_3$ の 95％の信頼区間を求めてみよう．

性質 2 より，各パラメータの分散値は分散共分散行列 $\sigma^2(X^tX)^{-1}$ の対角要素として求まる．逆行列 $(X^tX)^{-1}$ は先の例題の解答の部分ですでに求めている．したがって，各パラメータの分散 $V(\hat{\beta})$ は

$$V(\hat{\beta}_1)=4\sigma^2/9,\quad V(\hat{\beta}_2)=\sigma^2/6,\quad V(\hat{\beta}_3)=\sigma^2/6$$

となることがわかる．Y_i が互いに独立な正規分布に従って分布していると仮定しよう．このとき，式 (6.6) より $\hat{\beta}_j$ は Y_i の 1 次結合であるから正規分布に従うことがわかる．したがって，確率変数 $Z_j(j=1,2,3)$

$$Z_j=\frac{\hat{\beta}_j-\beta_j}{\sqrt{V(\hat{\beta}_j)}}$$

は標準正規分布に従う．$\hat{\beta}_j$ の 95％の信頼区間は $P(|Z_j|\leq Z)=0.95$ となる区間 $|Z_j|\leq Z$ で表される．ここに，P は標準正規分布に従う．標準正規分布表から $P(|Z_j|\leq Z)=0.95$ となる Z を求めれば，1.96 となることがわかる．したがって，$\hat{\beta}_1$ の信頼区間は，

$$\hat{\beta}_1\pm1.96\sigma_{\beta1}=39.73\pm1.96\cdot\frac{2\sigma}{3}$$

となる．同様に，$\hat{\beta}_2$，$\hat{\beta}_3$ の信頼区間は

$$\hat{\beta}_2\pm1.96\sigma_{\beta2}=6.43\pm1.96\cdot\frac{\sigma}{\sqrt{6}}$$

$$\hat{\beta}_3 \pm 1.96\sigma_{\beta 3} = 1.75 \pm 1.96 \cdot \frac{\sigma}{\sqrt{6}}$$

で与えられる．以上では，σ^2 が既知であると考えて議論を進めた．しかし，σ^2 の値が未知の場合には，σ^2 の値をなんらかの方法で推定しなければならない．このように σ^2 が未知の場合におけるパラメータ $\hat{\beta}$ の信頼区間の問題は，後に取り扱うことにする．前に最小二乗推定量は不偏推定量であると述べた．同時に，最小二乗推定量はある種のモデルに対して上で求めた分散値 $V(\beta)$ を最小にすることがわかっている．ここで，対象とする推定量を線形推定量に限定してみよう．線形推定量とは，

$$\hat{\beta} = \sum_i a_i Y_i (a_i は任意定数である)$$

のように推定量が標本観測値の加重線形和で表されるような推定量のことである．式 (6.6) に示すように最小二乗推定量は標本観測値 y に関する線形式となっており，線形推定量となっている．$\hat{\beta}$ が不偏推定量であることにより

$$E[\hat{\beta}] = \sum_i a_i E[Y_i]$$

ここで，任意の線形推定量 $\hat{\hat{\beta}}$ の分散を $V(\hat{\hat{\beta}})$，最小二乗推定量 $\hat{\beta}$ の分散を $V(\hat{\beta})$ とすれば，

$$V(\hat{\hat{\beta}}) \geq V(\hat{\beta})$$

が成立し，最小二乗推定法による推計結果は最小分散不偏推定量を与えることが保証される．ここでは証明を示さないが，これは，有名なガウス・マルコフ定理と呼ばれるものである．この定理が成立するため，他の線形推定量と比べ最小二乗法は非常に望ましい性質をもっていることが保証される．以上では，誤差項がどのような確率分布に従うかについてなにも仮定していなかったが，もし誤差項が正規分布に従っていると仮定すれば，さらに強い結論が導ける．つまり，どのようなパラメータ値に対しても最小二乗推定量は常に分散が最小となることが保証されるわけである．すなわち，最小二乗推定量は一様最小分散不偏推定量となっている．また，最小二乗推定量は同時に後に 7 章で説明するような最尤推定量にもなっている．このように最小二乗法は，統計学的に非常にすばらしい性質をもっている．このため，最小二乗法は土木工学の分野はもとより，多くの分野で幅広く用いられてきたわけである．

6.5 線形回帰モデルの推計精度

公式 (6.6) を用いれば，線形回帰モデルを作成することができる．しかし，モデルを作っただけではなんとなく満足できず，作ったモデルがどの程度よいモデルなのかどうかを調べてみたくなる読者も多いだろう．ここでは，作成したモデルがどの程度現象を再現できているのか検討する方法について述べてみる．そのために，線形モデルの推計精度を検討するときに非常に役に立ついくつかの回帰統計量について説明しよう．

重相関係数とは線形回帰モデルがどの程度，現象（被説明変数の変動）を説明する力をもっているかを示す重要な指標である．大まかにいえば，よい回帰モデルとは被説明変数 Y の分散の大部分を説明ないし考慮するのに役に立つような式である．式 (6.7) に示したように Y は回帰モデルにより説明できる部分 $X\beta$ と誤差項 ε によって構成されている．誤差項とはモデルにより説明できない残差を意味しており，残差が大きいということはモデルのあてはまりが悪いことを意味する．また，残差が小さいことはあてはまりがよいことを意味する．このように考えればモデルのあてはまりのよさを測定する尺度として残差に着目すればいいことに気づくだろう．しかし，ここで残差をそのまま用いた場合，残差の値がモデルが採用している被説明変数の単位に依存するという問題が生じる．また，正負の両方の値をとり得ることも問題であろう．そこで，測定単位や符号とは無関係にモデルの残差の程度をなんらかの方法で計測するような尺度が必要となってくる．直観的に考えれば，残差の二乗和を Y の変動で割ることによってそのような尺度が求まることがわかる．

いま，Y の総変動を二つの部分に分解しよう．すなわち，一つは回帰によって説明される変動を表し，いま一つはモデルによって説明されない変動（すなわち，誤差項による変動）を表す．いま，Y_i とその平均 $\bar{Y}$ との差を

$$Y_i - \bar{Y} = (Y_i - \hat{Y}_i) + (\hat{Y}_i - \bar{Y})$$

と分解しよう．この両辺を二乗し，すべての観測値（ 1 から n ）にわたって合計しよう．$\sum_i (\hat{Y}_i - \bar{Y}) = 0$ であることに注意すれば，

$$\sum_i (Y_i - \bar{Y})^2 = \sum_i (Y_i - \hat{Y}_i)^2 + \sum_i (\hat{Y}_i - \bar{Y})^2$$

となる．ここで左辺はYの変動を，右辺第1項は残差の変動，第2項は回帰によって説明される変動を表す．TSS を二乗の総和，RSS を回帰（説明される）の総和，ESS を残差（説明されない）の総和と表せば，上式は TSS＝RSS＋ESS と表せる．ここで，決定係数 R^2 を

$$R^2 = \frac{\text{RSS}}{\text{TSS}} = \frac{\sum_i (\hat{Y}_i - \bar{Y})^2}{\sum_i (Y_i - \bar{Y})^2} = 1 - \frac{\sum_i \varepsilon_i^2}{\sum_i (Y_i - \bar{Y})^2}$$

を定義しよう．決定係数の正の平方根Rが重相関係数にほかならない．説明変数が1個の場合には，重相関係数はXとYの単なる相関係数に等しくなる．ここで，特に「重」という言葉がついているのは，説明変数が複数個の場合を前提としているからである．相関係数と同様に重相関係数も1を越えることはない．以上の議論から明らかなように重相関係数Rとは，被説明変数の観測値と線形回帰モデルによる被説明変数値の推定値との間の相関係数である．おおまかにいえば，Rの値が大きくなるほど（1に近づくほど）線形回帰モデルのあてはまりの良さに，低いほどあてはまりの悪さに対応する．

　プログラム化のためには行列表示のほうが便利である．ここで，説明変数Yは平均値0に基準化されているとしよう．このとき，$\boldsymbol{Y} = \boldsymbol{X}\hat{\boldsymbol{\beta}} + \boldsymbol{\varepsilon}$ において，$\boldsymbol{X}^t\boldsymbol{\varepsilon} = 0$ および $\boldsymbol{\varepsilon}^t\boldsymbol{X} = 0$ が成立することに着目すれば，

$$\boldsymbol{Y}^t\boldsymbol{Y} = (\boldsymbol{X}\hat{\boldsymbol{\beta}} + \boldsymbol{\varepsilon})^t(\boldsymbol{X}\hat{\boldsymbol{\beta}} + \boldsymbol{\varepsilon})$$
$$= \hat{\boldsymbol{\beta}}\boldsymbol{X}^t\boldsymbol{X}\hat{\boldsymbol{\beta}} + \boldsymbol{\varepsilon}^t\boldsymbol{X}\boldsymbol{\beta} + \boldsymbol{\beta}^t\boldsymbol{X}^t\boldsymbol{\varepsilon} + \boldsymbol{\varepsilon}^t\boldsymbol{\varepsilon} = \hat{\boldsymbol{\beta}}\boldsymbol{X}^t\boldsymbol{X}\hat{\boldsymbol{\beta}} + \boldsymbol{\varepsilon}^t\boldsymbol{\varepsilon}$$

が成立する．したがって，TSS＝$\boldsymbol{Y}^t\boldsymbol{Y}$，RSS＝$\hat{\boldsymbol{\beta}}\boldsymbol{X}^t\boldsymbol{X}\hat{\boldsymbol{\beta}}$，ESS＝$\boldsymbol{\varepsilon}^t\boldsymbol{\varepsilon}$ と表せる．決定係数 R^2 は

$$R^2 = 1 - \frac{\boldsymbol{\varepsilon}^t\boldsymbol{\varepsilon}}{\boldsymbol{Y}^t\boldsymbol{Y}} = \frac{\hat{\boldsymbol{\beta}}\boldsymbol{X}^t\boldsymbol{X}\hat{\boldsymbol{\beta}}}{\boldsymbol{Y}^t\boldsymbol{Y}} \tag{6.11}$$

となる．さらに，従属変数の平均が0でない場合には R^2 の記述方法を若干修正しなければならない．$\boldsymbol{Y} = \boldsymbol{Z} + \bar{Y}\boldsymbol{e} = \boldsymbol{X}\hat{\boldsymbol{\beta}} + \boldsymbol{\varepsilon}$ と表そう．$\boldsymbol{Z}$ は $\boldsymbol{Y}$ の $\bar{Y}\boldsymbol{e}$ からのかい離を表す確率変数である．また，$\boldsymbol{e} = (1, 1, \cdots, 1)^t$ は単位ベクトルである．

$$R^2 = 1 - \frac{\boldsymbol{\varepsilon}^t\boldsymbol{\varepsilon}}{(\boldsymbol{Y} - \bar{Y}\boldsymbol{e})^t(\boldsymbol{Y} - \bar{Y}\boldsymbol{e})} = \frac{\hat{\boldsymbol{\beta}}\boldsymbol{X}^t\boldsymbol{X}\hat{\boldsymbol{\beta}} - n\bar{Y}^2}{(\boldsymbol{Y} - \bar{Y}\boldsymbol{e})^t(\boldsymbol{Y} - \bar{Y}\boldsymbol{e})}$$

が成立する．

　重相関係数Rが低くなっているときは，一つないし複数の要因が原因となっ

ている可能性がある．たとえば，ある変数がその回帰モデルの中でよい説明変数となっていないかも知れない．たとえ，その変数が被説明変数の変動を説明するのに適切な変数であっても，被説明変数の変動を説明するのに十分な力がないのかもしれない．また，大事な説明変数を忘れている場合もあるだろう．また，説明変数間での単位の変動が大きい場合には，モデル自体は満足すべきものであっても，Rの値が小さくなる可能性があることが知られている．いずれにせよ，重相関係数Rは線形回帰モデルのあてはまりのよさを調べるための重要な指標ではあるが，その値の大小だけでモデルのよさを判断できないことを十分理解しておくことが重要である．

なお，Rの使用に関しては，残念ながらまだいくつかの問題があることを指摘しておきたい．一般に，Rは回帰モデルに含まれている説明変数の数に依存している．回帰式に新しい説明変数を追加すると当然のことながらRの値は必ず増加する．つまり，新しい説明変数を追加すると TSS を不変のままにしておいて，RSS が増加するからである．したがって，単にRを大きくすることが目的ならば，方程式に変数をできるだけ多くしたほうがいいという結果になってしまう．そこで，意味のある変数だけを選びながら，なおかつ推計精度の高い回帰モデルを作りたいという欲求がでてきて当然だろう．この場合，自由度で修正された重相関係数 $\bar{R}$ が用いられることとなる．

式（6.11）では，分子には誤差項による変動，分母には被説明変数の変動を用いて重相関係数を定義していた．本来，これらの値は変動ではなく分散値を用いて定義されなければならない．したがって，モデルに含まれる説明変数の数をもとにして，あてはまりの良さの具合を補正しなければならない．なぜなら，分散は変動を自由度で除したものに等しくなるからである．そこで，自由度で修正された決定係数 $\bar{R}^2$ を次のように定義する．

$$\bar{R}^2 = 1 - \frac{\mathrm{Var}(\varepsilon)}{\mathrm{Var}(Y)}$$

ここで，ε および Y の標本分散は次のようにして計算される．

$$V(\varepsilon) = \frac{\sum_i \varepsilon_i^2}{n-k} = \frac{\varepsilon^t \varepsilon}{n-k}$$

$$V(Y) = \frac{\sum_i (Y_i - \bar{Y})^2}{n-1} = \frac{(\boldsymbol{Y} - \bar{Y}\boldsymbol{e})^t (\boldsymbol{Y} - \bar{Y}\boldsymbol{e})}{n-1}$$

ここで，n は標本の数，k は説明変数の数である．したがって，自由度で修正された決定係数 $\bar{R}^2$ を以下のように定義することができる．

$$\bar{R}^2 = 1 - \frac{\boldsymbol{\varepsilon}^t \boldsymbol{\varepsilon}(n-1)}{(\boldsymbol{Y} - \bar{Y}\boldsymbol{e})^t (\boldsymbol{Y} - \bar{Y}\boldsymbol{e})(n-k)} \tag{6.12}$$

さらに，

$$R^2 = 1 - \frac{\boldsymbol{\varepsilon}^t \boldsymbol{\varepsilon}}{(\boldsymbol{Y} - \bar{Y}\boldsymbol{e})^t (\boldsymbol{Y} - \bar{Y}\boldsymbol{e})}$$

であることに着目すれば，R^2 と $\bar{R}^2$ の間に次式に示すような関係が成立することが理解できる．

$$\bar{R}^2 = 1 - (1 - R^2) \frac{n-1}{n-k} \tag{6.13}$$

ここで，先の例題において重相関係数 R，自由度を修正した重相関係数 $\bar{R}$ を求めてみよう．得られた標本観測値を決定係数の定義式

$$\bar{R}^2 = \frac{\hat{\boldsymbol{\beta}} \boldsymbol{X}^t \boldsymbol{X} \hat{\boldsymbol{\beta}} - n\bar{Y}^2}{(\boldsymbol{Y} - \bar{Y})^t (\boldsymbol{Y} - \bar{Y}\boldsymbol{e})}$$

に代入しよう．このとき，$\bar{Y} = 47.91$，$(\boldsymbol{Y} - \bar{Y}\boldsymbol{e})^t (\boldsymbol{Y} - \bar{Y}\boldsymbol{e}) = 280.41$ となる．また，$\hat{Y}_i = 39.73 + 6.43X_{i2} + 1.75X_{i3}$ であることに留意すれば，$\hat{\boldsymbol{\beta}} \boldsymbol{X}^t \boldsymbol{X} \hat{\boldsymbol{\beta}} = 20924$ を得る．したがって，$R^2 = 0.95$ となる．$n = 9$，$k = 3$ なので，公式 (6.13) より自由度を修正した決定係数 $\bar{R}^2$ は，0.93 となる．したがって，重相関係数 $R = 0.975$，自由度修正済み重相関係数 $\bar{R} = 0.964$ となる．R，$\bar{R}$ の上限値が 1 であることに留意すれば，例題 6.2 で得た回帰モデルの精度は非常によいことがわかる．

このように重相関係数は，モデルの推計精度の良し悪しを検討するための格好の判断材料を提供してくれる．重相関係数が大きいほどモデルのあてはまりの程度は良くなる．しかし，重相関係数がどの程度になればよいのかに関しては，残念ながら定説はなく，問題に応じて経験的に判断せざるをえない．本例題のように重相関係数が 0.975 となるような場合には，モデルの精度はかなりの程度よいと判断してさしつかえないだろう．一方，重相関係数が 0.5 にも満たない場合には，説明変数をとりかえることにより，よりよいモデルが得られ

るように工夫することが必要となる．あるいは，モデルの基礎となっている理論や仮説の妥当性についていま一度検討し直すことが要求される場合もあるだろう．

　市販の回帰分析のためのプログラムを利用すれば，F 統計量がコンピュータによって打ち出されてくる．重相関係数 R や自由度修正済み重相関係数 $\bar{R}$ は，用いている説明変数の種類によって影響を受ける．したがって，異なったモデルの間の推計精度を比較する場合に問題が生じる場合も少なくない．この場合，以下で述べる F 統計量は有用な情報を与えてくれる．すなわち，F 統計量は，重回帰モデルにおける R^2 の有意性を検定するために用いられる．F 統計量は次式のように示される．

$$F_{k-1,\,n-k} = \frac{R^2}{1-R^2}\frac{n-k}{k-1}$$

$n-1$ と $n-k$ の自由度をもつ F 統計量は，$\hat{\beta}_2 = \cdots = \hat{\beta}_k = 0$ という帰無仮説を検定するために用いられる．この仮説が正しければ，R^2 が，したがって F が 0 にきわめて近いものと期待する．特に，$R^2 = 0$，すなわち，$F = 0$ の場合は，モデルはまったく説明力をもっていないことになる．また，F 統計量の値が 0 とは有意にかけはなれていない場合には，回帰モデルの説明力は弱いといわざるをえない．このように F 統計量は回帰モデルが被説明変数の変動に対して説明力を有するかどうかを検討する場合に重要な指標となることがわかる．しかし，F 検定でモデルの有意性が棄却されるのは，モデルの説明力が極端に乏しいような特殊な場合に限られる．したがって，F 検定だけでは実用的には不十分である．モデル全体の推計精度だけでなく，とりあげた説明変数のそれぞれについて，被説明変数の変動を説明するのにどれだけ貢献しているのかを検討してみなければならない．

　読者はすでに各パラメータの信頼区間について演習した．この考え方を拡張すれば，従属変数の変動に対する各説明変数の貢献度を容易に検討することができる．誤差項の分散値 σ^2 の値があらかじめわかっていれば，$\hat{\beta}$ の推計精度は容易に検討できる．しかし，通常 σ^2 の値はわからない．したがって，パラメータの分散共分散行列 $E[(\hat{\beta}-\beta)(\hat{\beta}-\beta)^t]$ を計算するためには，スカラー σ^2 の推定値を決定しなければならない．分散共分散行列の推定量に対する自然な選

択は,前述したように $\hat{s}^2 = \boldsymbol{\varepsilon}^t \boldsymbol{\varepsilon}/(n-k)$ である. $\hat{s}^2(\boldsymbol{X}^t \boldsymbol{X})^{-1}$ が $V(\hat{\boldsymbol{\beta}})$ の不偏推定量を与えることを証明することは困難ではないが,ここでは $\hat{s}^2$ が σ^2 の不偏推定量となることだけを指摘しておこう.

　$\hat{\boldsymbol{\beta}}$ は 6.4 で述べたような性質により,平均 $\boldsymbol{\beta}$,分散 $\sigma^2(\boldsymbol{X}^t \boldsymbol{X})^{-1}$ をもつ正規分布に従う確率変数であることがわかる.したがって,

$$\frac{\hat{\beta}_j - \beta_j}{\sigma \sqrt{V_j}}$$

は標準正規分布に従う確率変数であり,σ が既知なら $\hat{\beta}_j$ の信頼区間を調べるために用いることができる.ただし,V_j は分散共分散行列を σ^2 で除した行列 $(\boldsymbol{X}^t \boldsymbol{X})^{-1}$ の第 j 行 j 列の対角要素である.σ が未知の場合,確率変数

$$t_{n-k} = \frac{\hat{\beta}_j - \beta_j}{s \sqrt{V_j}}$$

が自由度 $n-k$ の t 分布に従うことを利用すればよい.ここでは,t 値を仮説 $H_0 : \hat{\beta}_j = \beta_j{}^0$ を検定することに利用しよう.対立仮説として $H_1 : \hat{\beta}_j \neq \beta_j{}^0$ を設定する.ここで,$\hat{\beta}_j$ の値が $\beta_j{}^0$ より大きくかけはなれていれば,この仮設は棄却されると考えてもいいだろう.次に,仮説の信頼性の水準を表す有意水準として α を設定する.$\alpha = 0.95$,あるいは,$\alpha = 0.90$ が採用されることが多い.ここで,t 値の絶対値がある水準以下に収まる確率 $P(|t_{n-k}| \leq t_0)$ がちょうど α となるような臨界的な t_0 値を求める.推定した $\hat{\beta}_j$ の値を用いて算定した t 値の絶対値がこの t_0 値より大きければ,仮説 H_0 を棄却することができる.特に,パラメータ $\hat{\beta}_j$ が十分な説明力を有しているかどうかを検定したい場合には,推定値 $\hat{\beta}_j$ を仮説 $H_0 : \hat{\beta}_j = 0$ に対して検定すればよい.もし,t 値が十分に大きければ,仮説 $H_0 : \hat{\beta}_j = 0$ は棄却される.いま,このことを次の例題で確認してみよう.

　本節の例題で求めた回帰モデルにおいて各説明変数が従属変数の変動を十分に説明しているかどうかを t 検定により検討してみよう.

　$\hat{s}^2 = \boldsymbol{\varepsilon}^t \boldsymbol{\varepsilon}/(n-k) = (\boldsymbol{y} - \boldsymbol{X}\hat{\boldsymbol{\beta}})^t (\boldsymbol{y} - \boldsymbol{X}\hat{\boldsymbol{\beta}})/(n-k)$ であることに着目しよう.これより,$\hat{s} = 1.512$ を得る.ここで,パラメータの推定値 $\hat{\beta}_j (j=1, 2, 3)$ を帰無仮説 $\hat{\beta}_j = 0$ に対して検定しよう.$V(\hat{\beta}_j)$ の値はすでに先の例題で求めている.したがって,各パラメータの t 値は

$$t_1 = \frac{39.73 - 0}{1.512 \cdot 2/3} = 39.414, \quad t_2 = \frac{6.43 - 0}{1.512/\sqrt{6}} = 10.417, \quad t_3 = \frac{1.75 - 0}{1.512/\sqrt{6}} = 2.835$$

となる．一方，自由度 $n - k = 9 - 3 = 6$，有意水準 0.95 に対応する臨界的な t 値はスチューデントの t 分布表を参照することにより 2.447 となる．したがって，いずれのパラメータの t 値も有意水準 0.95 に対応する値よりも大きく，各説明変数の説明力はないという帰無仮説は有意水準 0.95 で棄却される．

6.6　線形回帰モデルの作成方法

　これまでは土木工学の分野で取り扱う現象を，ある線形回帰モデルで記述できることを前提に話を進めてきた．このように作成すべきモデルの形が事前に明らかになっている場合もあるが，多くの場合，先験的にモデルの形を規定できない場合も少なくない．すなわち，モデルでとりあげる必要があると思える変数の候補がいろいろあったり，モデルの形式に関してもいくつかの代案があり，そのうちどれかを選択しなければならないという場合も少なくないだろう．いろいろモデルを作成してみて，その結果を見ながら，最終的にモデルの形式を決定したいと考える場合もあるだろう．いずれにせよ，「真理」は一つしかないのに，現実のデータと矛盾しないモデルは無数に多く存在する．これら複数のモデルの中からいずれを選択するかは，結局のところモデルを作成する人々の主観的な判断やその人間が支持する理論モデルによって決められる．このように最終的なモデル選択は，分析者の主観的な判断にゆだねざるをえない．とはいえ，データにもとづいたモデルの評価方法や，良いモデルとそうでないモデルの区別の仕方，さらにいくつかの複数のモデルの良し悪しを比較する方法について習得しておくことは重要である．

（1）　パラメータの検討

　線形回帰モデルのパラメータの値は，対応する説明変数の値をわずかに増加させたときに，それによって被説明変数の値がどの程度増加するのか，あるいは減少するのかを示している．最小二乗法によって推定されたパラメータ推定値の符号が，われわれの経験的あるいは理論的な常識と一致しないとき，符合

条件が満足されないという．符合条件を満足しないモデルを政策分析や予測に用いるといろいろな問題がでてくることは容易に理解できるだろう．符合条件のほかにも係数の大小関係やその値に対する「おおざっぱな」イメージもモデルの良さを常識に照らし合わせて判断する際に有用である．また，6.5で説明したような検定方法は，作成したモデルの良さを判断するうえで重要な情報を与えてくれる．特に，t値は各説明変数の説明力を検討するうえで重要な統計量である．t値が0に近ければ，そのパラメータの値が0(すなわち，その説明変数は説明力をもたない)という帰無仮説を棄却できなくなる．逆にその変数が符合条件を満足しており，t値が0より隔たっていれば，その変数は説明変数として採択してよいことが明らかになる．

　符合条件やt値検定を満足しないモデルが得られたとしても，それだけでモデルが間違っているとはいいきれないことに注意すべきである．ある説明変数と被説明変数の間に正の相関関係があることがわかっていても，他の説明変数との間の複雑な因果関係が存在するためモデルを作成した結果，両者の間に負の関連関係がみられることも往々にしてある．符合条件が満足されない場合には，他の代替的な説明変数を用いたり，その組合わせを変えたりするなど，代替的なモデルをいくつか作成してみることが重要である．そして，符合条件を満足しより説明力のあるモデルを作成するように努力しなければならない．

（2）残差の検討

　説明変数のパラメータの検討と同時に，説明変数と被説明変数の関係のしかたが十分かどうかを検討してみることも重要である．モデルの形式が十分かどうか（線形回帰モデルで十分かどうか），あるいは，はじめに候補からもれていた変数の中に，十分な説明力がひそんではいないかを検討してみることが重要である．十分な説明力をもったモデルが作成できたかどうかは，6.5で述べたような重相関係数により検討できる．重相関係数があまり高い値を示していない場合には，もう一度モデルの作成方法を検討してみることが必要である．一つには，説明変数，被説明変数の計測の方法が適切であったかを再検討することが必要である．いま一つには，モデルの残差を検討してみることが有用である場合が多い．

いま，被説明変数の標本観測値を y_i，最小二乗回帰モデルにより計算される y_i の推計値を $\hat{y}_i$ としよう．このとき，残差は $e_i = y_i - \hat{y}_i$ として計算される．残差をグラフにプロットしてみることにより，何が原因となってモデルの推計精度が低くなっているかを検討することができる．特に，線形回帰モデルでは不十分で非線形回帰モデルを導入する必要があったり，重要な説明変数が漏れ落ちていたりする場合，残差を検討することにより問題解決の糸口がつかめることが少なくない．また，線形回帰モデルの誤差項が，6.4 で述べたような最小二乗法の理論が前提とするいくつかの仮定を満足しているかどうかを検討するためにも，残差を分析することはきわめて有効である．

観測値の中にいわゆる異常値が存在するとき，推定結果はおおいにゆがめられる可能性がある．このような異常値も残差分析で容易に検出できる．異常値が生ずる原因はいろいろある．第1は，標本値が同一の母集団の中から抽出されたものであるとはいいがたい場合である．たとえば，図6.4 を見てほしい．この図において，横軸は都市の人口規模，縦軸は情報発信量を表している．標本の中で一つだけ他の都市よりずば抜けて人口規模が大きい大都市が存在する．被説明変数として情報発信量を，独立変数として人口規模を採用して，回帰モデルを作成した結果を図に実線で示している．前述したように，最小二乗推定では，標本観測値と回帰直線の間の距離の二乗和を最小にするようにパラ

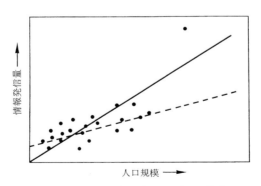

異常値の存在が回帰モデル（実線）の上方向への推計バイアスをもたらす．異常値の削除によりバイアスが除去される．

図6.4 異常値の影響

メータを推定する．したがって，この図のように人口1人あたりの情報発信量が大きい大都市が標本の中にまぎれこんでいると，回帰モデルが上方にずれて推計される結果となる．図中の破線は，大都市を標本から削除して推定した回帰モデルを示している．破線で示した回帰モデルは残りの都市における人口規模と情報発信量の関係をおおむね説明しているように思われる．この例でも示したように，標本の中に明らかに異質な母集団からの標本が混ざっていると考えられる場合には，たとえば地方都市だけの母集団を考えるなど，標本を層別化したり，異常値を削除することにより対処できることがある．

第2の理由としては，統計作成の段階で確率誤差とは思えないような大きな観測誤差が生じている場合がある．最小二乗法は，異常値が存在すればその値に敏感に反応してしまうという欠点をもっている．前述したように，最小二乗法はすべての観測点と直線との垂直方向の距離の二乗和を最小にするように回帰モデルを推計する方法である．したがって，異常値が存在すれば，上で説明したようにそれに不当に高いウエイトを与えてしまうことになる．このように異常値があれば，回帰モデルの推定に大きな誤りがでる可能性があるため，あらかじめ個々の観測値と対応する残差を子細に検討することにより異常値がないかどうかを検討しておかなければならない．異常値が存在する場合，それを標本からとり除いて，改めて回帰モデルを作成するという方針が，単純ではあるが正攻法であると考える．

参 考 文 献

1) 竹内啓：数理統計学，東洋経済新報社，1973.
2) 竹内啓：社会科学における数と量，UP選書，東京大学出版会，1971.
3) 北川敏男：統計学の認識，白楊社，1948.
4) 佐和隆光：数量経済分析の基礎，筑摩書房，1974.
5) 岩田暁一：計量経済学，有斐閣，1982.
6) ウィルクス：数理統計学，東京図書，1971.
7) Takeshi Amemiya：Advanced Econometrics, Basil Blackwell, 1985.

7章

最尤推定法モデル

7.1 最尤推定法の概要

（1） 最尤推定法の考え方

1920年代の初頭にフィッシャーが提案した最尤推定法は応用範囲も広く，最小二乗法と同様に多くの確率・統計モデルの推定に利用されてきた． 6章では，最小二乗法が推定値を求めるルールとして不偏性，一様最小分散性といった非常に望ましい性質をいくつかもっていることを学んだ． 最尤推定法も，最小二乗法とは異なった意味で，望ましいいくつかの性質をもっていることが知られている． 最小二乗法と最尤推定法は，互いに異なった考え方にもとづいた推定方法である． どちらの推定法が望ましいかに関してはこれまでに論争が繰り返されてきており，統計学を専門とする研究者の間でも確固とした答があるわけではない． 二つの推定法の考え方にどのような違いがあるのかを理解することは必ずしも容易ではないが，最尤推定法をより深く理解するためにはその考え方の違いを知っておくことも有用だろう．

前章では，最小二乗推定量は線形回帰モデルのパラメータ値を求めるルールであるといった． さらに，最小二乗法推定量というルールは，それを利用して何回も繰り返し推定値を求めた場合に，推定値の期待値が真の値に近くなるという望ましさをもっていることを示した． その意味で，問題にしたのは具体的な推定値ではなく，推定値を求めるルールあるいは計算方法の望ましさなので

ある．これに対して，「同じ対象について同じ方式でなんども推定値を繰り返し計算することにどのような意味があるのだろうか」，あるいは，「われわれは個々の観測データにもとづいて帰納的にモデルを作成するのであり，具体的なデータに対してなにもいうことができないというのでは，あまり意味がないのではなかろうか」と考える読者もいるだろう．前述の「推定量とはルールである」という考え方を採用する限り，あるルールの妥当性は「平均的」にしか成り立たない．しかし，われわれが求めているのは，個々のデータにもとづいてモデルを作成したり，ある一連の仮説に対して適切な判断を下すことであって，モデルや仮説の妥当性について「平均的に議論する」というような状況はほとんどないのが普通である．そこから，1回の試行における結果の確からしさをある確率によって表現し，与えられた観測データに対してできるだけ望ましいモデルを作成していこうという考え方も成立しうる．すなわち，ある対象から観測データを収集する試行を繰り返すことができるとしよう．そして，たまたま試行した観測によって得られた特定の観測データにもとづいて，できるだけ精度のよいモデルを推定する．観測データの数を多くすればするほど，モデルの精度は向上する．どのくらいの数の標本を抽出すべきかは，観測の手間や費用とモデルの精度とのかねあいをみて決定すればよい．このような考え方に立って，確率・統計モデルを推定する方法として最尤推定法がある．

（2）　最尤推定法の定式化

　最尤推定法の基本的な考え方は，母集団パラメータ θ の推定値として，現在手元にある標本を取り出す確率（あるいは確率密度）を最大にするような θ の値を求める方法である．いま，簡単な図 7.1 を用いて最尤推定法の基本的な考え方を説明しよう．ここで，母集団を支配する確率分布のパラメータ θ が未知であるとしよう．さらに，この母集団に含まれる標本の観測値が条件つき確率密度関数 $f(x|\theta)$ に従って分布すると考えよう．図 7.1 は，二つの異なるパラメータ値 θ_1，θ_2 に対応する確率密度関数を示している．いま，標本観測値として x_1，x_2，x_3 が得られたとしよう．このとき，これら三つの標本観測値は，どちらの確率密度関数に従って分布していると考えるのが妥当だろうか？　読者は，確率密度関数 $f(x|\theta_1)$ のほうが「もっともらしい」と考えるだろう．この「も

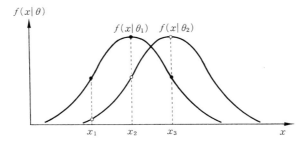

横軸上の三つの点は標本観測値である．尤度は確率密度関数値
の積を表す．可能なθの値がθ₁とθ₂の2個だけなら，一見して
$L(\theta_1) > L(\theta_2)$であることがわかる．この場合，最尤推定値は
θ₁である．

図7.1 最尤法の考え方

っともらしさ」を計測するために，各標本点から確率密度関数までの距離（確率
密度）の積を考えよう．

$$L_1 = f(x_1|\theta_1)f(x_2|\theta_1)f(x_3|\theta_1)$$
$$L_2 = f(x_1|\theta_2)f(x_2|\theta_2)f(x_3|\theta_2)$$

この積 $L_i(i=1, 2)$ は，パラメータの真値がそれぞれ $\theta_i(i=1, 2)$ のときに，標
本観測値の組 (x_1, x_2, x_3) が抽出される条件つき同時確率密度関数を表してい
る．この場合，観測値の組 (x_1, x_2, x_3) は確率密度の積 L_i がもっとも大きくな
るような確率密度関数からの標本サンプルであると考えるのがもっとも妥当で
あろう．

　以上の話を拡張しよう．母集団から n 個の標本をランダムに抽出し，その観
測値が $X_1=x_1$, $X_2=x_2$, $\cdots$, $X_n=x_n$ であったとしよう．ここで，仮りにパラ
メータの真値が θ であった場合，標本観測値の組 $(x_1, x_2, \cdots, x_n)$ が抽出され
る同時確率密度は，

$$f(x_1, \cdots, x_n|\theta) = f(x_1|\theta)f(x_2|\theta)\cdots f(x_n|\theta)$$
$$= \prod_{i=1}^{n} f(x_i|\theta) \tag{7.1}$$

と表される．ここで，見なれない記号 $\prod$ がでてくる．$\prod_{i=1}^{n} f(x_i|\theta)$ は $f(x_i|\theta)$ を

i が1から n まで掛け合わせることを意味している．式 (7.1) において $(x_1,$ $\cdots,$ $x_n)$ は標本観測値の組だからその値は定数である．式 (7.1) の左辺はパラメータ θ だけの関数であり，これを $L(\theta)$ と表現しよう．$L(\theta)$ は現在入手している標本観測値が実現する同時確率密度，すなわち，尤度（もっともらしさの程度）を θ の関数として表現したものであり，尤度関数と呼ばれる．最尤法ではこのような尤度関数を最大にするような $\hat{\theta}$ を求めるわけである．このような $\hat{\theta}$ の値は標本観測値 $(x_1,$ $\cdots,$ $x_n)$ に対してただ一つだけ求められると考えよう．すなわち，$\hat{\theta}$ は標本観測値の関数として表現できるとする．このとき，$\hat{\theta}$ $=g(X_1,$ $\cdots,$ $X_n)$ は大きさ n の標本にもとづく最尤推定量であるという．最尤推定値を求めるためには，尤度をパラメータ θ で偏微分し方程式 $\partial L/\partial\theta=0$ の解を求めればよい．しかし，一般にこの方程式の解を直接求めようとすれば計算が繁雑になることから，対数尤度関数 $\ln L(\theta)$ を偏微分して最尤推定量を求めることが多い．

　[**例題 7.1**]　　X がある試行が成功か失敗かによって1または0の値をとる確率変数であり，ベルヌイ分布に従うと考えよう．ここで，ベルヌイ分布のパラメータ θ の最尤推定量を求めよう．

　[**解　答**]　　ベルヌイ分布の確率密度関数は $f(x|\theta)=\theta^x(1-\theta)^{(1-x)}$ で与えられる．したがって，尤度関数は

$$L(\theta)=\prod_{i=1}^{n}f(x_i|\theta)=\theta^{\sum_i x_i}(1-\theta)^{n-\sum_i x_i}$$

となる．対数尤度関数は

$$\ln L(\theta)=\sum_i x_i\cdot\ln\theta+(n-\sum_i x_i)\cdot\ln(1-\theta)$$

$\partial\ln L(\theta)/\partial\theta$ を求めれば

$$\frac{\partial\ln L(\theta)}{\partial\theta}=\frac{\sum_i x_i}{\hat{\theta}}-\frac{n-\sum_i x_i}{1-\hat{\theta}}$$

右辺を0と置き $\hat{\theta}$ について解くと $\hat{\theta}=\sum_i x_i/n$ を得る．

[**例題 7.2**] 　正規分布から n 個の標本が得られたとしよう．正規分布の分散 σ^2 が既知であるとしよう．このとき，標本観測値から正規分布の平均値を最尤推定せよ．

[**解　答**] 　尤度関数は

$$L(\theta) = \prod_{i=1}^{n} \frac{1}{\sqrt{2\pi}\,\sigma} \exp\left\{-\frac{(x_i-\theta)^2}{2\sigma^2}\right\}$$

$$= \frac{1}{(2\pi)^{n/2}\sigma^n} \exp\left\{-\frac{\sum_i (x_i-\theta)^2}{2\sigma^2}\right\}$$

で与えられる．$L(\theta)$ を最大にするより，$\ln L(\theta)$ を最大にする方が計算がやさしいので，対数尤度関数を最大化しよう．

$$\ln L(\theta) = -\ln(2\pi)^{n/2}\sigma^n - \frac{1}{2\sigma^2}\sum_i (x_i-\theta)^2$$

$\partial \ln L(\theta)/\partial\theta$ を求めれば

$$\frac{\partial \ln L(\theta)}{\partial\theta} = \frac{1}{\sigma^2}\sum_i (x_i-\hat{\theta})$$

となる．右辺を 0 とおき $\hat{\theta}$ について解くと $\hat{\theta} = \sum_i x_i/n = \bar{x}$ を得る．$L(\theta)$ の 2 次の導関数は負で，$\hat{\theta}$ が $\pm\infty$ に近づくと $L(\hat{\theta})$ は 0 に漸近するので，$\bar{x}$ が $\ln L(\theta)$ を最大化することがわかる．すなわち，$\bar{x}$ は正規分布の平均に対する最尤推定量である．

　これまでパラメータが一つのときの最尤推定法について紹介した．しかし，一般には複数のパラメータを同時に推定することが必要になる．この場合も，以上の方法と同様にしてパラメータを推定できる．ここで，確率変数 X が k 個のパラメータ $\theta_1, \cdots, \theta_k$ に依存する分布に従うとし，その密度関数を $f(x|\theta_1, \cdots, \theta_k)$ とする．標本観測値の組 $(x_1, \cdots, x_n)$ に対する尤度関数は

$$L(\theta) = \prod_{i=1}^{n} f(x_i|\theta_1, \cdots, \theta_k)$$

で定義される．ベクトルパラメータ θ の推定値は，$L(\theta)$ を最大にするようなパラメータの集合 $(\hat{\theta}_1, \cdots, \hat{\theta}_k)$ として定義できる．ベクトルパラメータの最尤推定量は大きさ n の標本 $(X_1, \cdots, X_n)$ に依存しており，最尤推定量を

$$\hat{\theta}_1 = d_1(X_1, \cdots, X_n), \cdots, \hat{\theta}_k = d_k(X_1, \cdots, X_n)$$

と表すことができる．パラメータが一つの場合と同様に，ベクトルパラメータの最尤推定量を求めるためには，方程式 $\partial L/\partial \theta_j = 0 (j=1, \cdots, k)$ を同時に満足するパラメータ $\hat{\theta}_j (j=1, \cdots, k)$ を求めればよい．

[**例題 7.3**]　　先の例題において正規分布の平均と分散が未知であると仮定しよう．このとき，n 個の標本観測値から平均，分散の最尤推定値を求めよ．

[**解　答**]　　表記を簡単にするため分散 σ^2 を ϕ と表そう．このとき，n 個の標本観測値にもとづく尤度関数は次式で与えられる．

$$L(\theta, \phi) = \frac{1}{(2\pi\phi)^{n/2}} \exp\left\{-\frac{\sum_i (x_i - \theta)^2}{2\phi}\right\}$$

両辺の対数をとり，θ および ϕ で微分すれば

$$\ln L(\theta, \phi) = -\frac{n}{2}\ln 2\pi - \frac{n}{2}\ln\phi - \frac{1}{2\phi}\sum_i (x_i - \theta)^2$$

$$\frac{\partial \ln L}{\partial \theta} = \frac{1}{\hat{\phi}}\sum_i (x_i - \hat{\theta}), \quad \frac{\partial \ln L}{\partial \phi} = \frac{n}{2\hat{\phi}} - \frac{1}{2\hat{\phi}^2}\sum_i (x_i - \hat{\theta})^2$$

上の導関数を 0 と置き方程式を解くと

$$\hat{\theta} = \bar{x}, \quad \hat{\phi} = \frac{1}{n}\sum_i (x_i - \bar{x})^2$$

を得る．ただし，$\bar{x} = \sum_i x_i/n$ である．

7.2　最尤法による線形回帰モデルの推計

ここでは，線形回帰モデル $\hat{Y}_i = a + bX_i (i=1, \cdots, n)$ のパラメータ a, b を推定する問題を考えよう．いま，$(y_1, \cdots, y_n)$ がそれぞれ同じ分散 σ^2 と平均 $E(Y_i|x_i) = a + bx_i (i=1, \cdots, n)$ をもつ正規分布に従う独立な確率変数 $(Y_1, \cdots, Y_n)$ の標本観測値であると考えよう．これらの変数の組の同時確率密度は次のようになる．

$$\prod_{i=1}^{n} f(y_i|x_i) = \prod_{i=1}^{n} \frac{1}{\sqrt{2\pi}\,\sigma} \exp\left\{-\frac{(y_i - a - bx_i)^2}{2\sigma^2}\right\}$$

$$= \frac{1}{(2\pi)^{n/2}\sigma^n} \exp\left\{ -\frac{\sum_i (y_i - a - bx_i)^2}{2\sigma^2} \right\}$$

となる．最尤推定法によりパラメータ a と b を推定しよう．両辺の対数をとれば

$$\ln \prod_{i=1}^n f(y_i|x_i) = -\ln(2\pi)^{n/2}\sigma^n - \frac{1}{2\sigma^2} \sum_i (y_i - a - bx_i)^2$$

が得られる．a と b について偏微分し，偏導関数を 0 とおいて簡単にすると，連立方程式

$$\sum_i (y_i - \hat{a} - \hat{b}x_i) = 0$$

$$\sum_i (y_i - \hat{a} - \hat{b}x_i)x_i = 0$$

が得られる．この式を整理すれば

$$\hat{a}n + \hat{b}\sum x_i = \sum y_i$$

$$\hat{a}\sum x_i + \hat{b}\sum x_i^2 = \sum x_i y_i$$

となる．読者は上式が最小二乗法により線形回帰モデルを推定する場合に用いる正規方程式と同じであることに気づいたと思う．事実，線形回帰モデルの誤差項が正規分布に従う場合，最小二乗法による推計結果と最尤法による推計結果は一致する．さらに，重線形回帰モデルの場合にも，両者による推定結果は一致する．このように線形回帰モデルの場合には，最小二乗法も最尤法も同一の推計結果を与えるので問題はないが，非線形回帰モデルのような複雑な回帰モデルの場合，両者の推計結果は一般に一致しない．

7.3 最尤推定量の性質

　線形回帰モデルの場合，最尤推定法による推定結果は最小二乗法の推定結果と一致するため，最尤推定値は不偏性と一様最小分散性を満足する．しかし，一般の回帰モデルの場合，最尤推定量は必ずしも不偏ではないし，限られた数の標本サンプルに対して最尤推定量がどのような統計的な性質をもっているかを調べることは容易ではない．最尤推定量の特徴を理解するために，いま一度図 7.1 に戻ろう．図 7.1 では 3 個の標本観測値が得られた場合について，最尤

推定の考え方を説明した．ここで，新しく第4番目の標本観測値が得られたとしよう．新しい標本を追加した4個の観測値にもとづいてパラメータ値を推定すれば，当然のことながら3個の場合とは異なった推定結果を得ることができる．さらに，標本を追加していこう．新しい標本が加わるたびに，最尤推定値は変動していく．この場合，「標本の数を多くしていけば，推定値の変動は小さくなっていくだろうか？」，あるいは，「標本の数が多くなるにつれて，推定値は真の値に近づいていくのだろうか」ということが気掛りになってこよう．

　6章では，ある限られた数の標本が与えられたとして，その下で推計される線形回帰モデルのパラメータ値がどのような統計的な特性をもっているのかを調べた．このように標本の大きさを一定に保ち，標本の統計的な性質を調べるアプローチは小標本理論 (small-sample theory) と呼ばれる．また，標本の大きさが有限の場合における推定量の性質を，小標本特性という．先に述べた不偏性，最小分散性などは，いずれも小標本特性である．これに対して，標本の数が無限大になっていったとき，推定量がどのような性質をもつのかを調べるアプローチがある．このようなアプローチのことを，小標本理論に対して，大標本理論または漸近理論という．ここで，大標本理論の立場から，推定法が満足すべきいくつかの基準を説明してみよう．

　大標本理論の立場からすれば，標本の大きさが増加するにつれてパラメータ

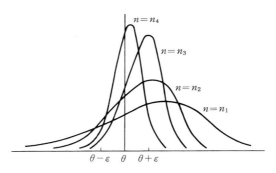

標本のサイズを $n_1 < n_2 < n_3 < n_4$ と大きくしていくと推定値は次第に真値 θ のまわりに集中してくる．この推定量はバイアスを持っており不偏推定量ではないが，標本のサイズが大きくなるとバイアスの程度は減少し，推定量の分散も小さくなっていく．

図7.2　最尤推定量の漸近特性

の推定値が真のパラメータ値に近づいていくことが望ましい．もっとはっきりと表現すれば，標本の大きさが非常に大きくなるときに，パラメータ値の推定値 $\hat{\theta}$ と真のパラメータ値 θ との間に大きなかい離が生じる確率が非常に小さくなることが望ましい．いま，この考え方を図 7.2 に示している．標本の大きさが小さいとき，推定量は非常に分散して分布している．その分布状況がある偏りをもつ場合も少なくない．しかし，標本のサイズが大きくなれば，推定量は真値のまわりに集中して分布してくる．また，分布の偏りも小さくなってくる．このことを数学的に記述するために，大きさ n の標本にもとづく推定量を $\hat{\theta}_n = d(X_1, \cdots, X_n)$ と書くことにしよう．いま，任意の正の定数 ε に対して，$\hat{\theta}_n$ が条件

$$\lim_{n \to \infty} \mathrm{Pr}\{|\hat{\theta}_n - \theta| > \varepsilon\} = 0 \tag{7.2}$$

あるいは，これと等価な条件

$$\lim_{n \to \infty} \mathrm{Pr}\{|\hat{\theta}_n - \theta| \le \varepsilon\} = 1$$

を満足するとき，$\hat{\theta}_n$ は一致推定量と呼ばれる．このことは，標本の数を増やすことによって，推定値が真の値の近傍の外側にはずれる（推定値のずれが一定の範囲を越える）確率を，いくらでも小さくできることを意味している．ここで，$\hat{\theta}$ の確率極限を意味する $p \lim \hat{\theta}$ という記号を定義しよう．この記号を用いれば，式 (7.2) に示す一致性は

$$p \lim \hat{\theta}_n = \theta$$

と表現できる．

　このように一致性は，推定量が満足すべき性質を示す一つの基準であるが，この考え方だけではもっとも望ましい推定量を一つに絞りこむことはできない．一致性は，無限大の大きさをもつ標本を対象とした基準である．しかし，実際には無限の大きさをもつ標本を獲得することは不可能であり，確率・統計モデルはある有限の大きさの標本にもとづいて推定せざるをえない．この場合，一致推定量の中でも，標本のサイズを大きくしていったとき，推定量の分散ができるだけ早く真値のまわりに収束するような推定量が望ましいだろう．最尤法はこのような分散の収束性に関してもすぐれた性質をもっていることが知られている．このような推定量の漸近性に関する議論は，本書のレベルを越える

のでここでは簡単に結果のみを示すことにする．興味のある読者は章末に示している参考文献に果敢に取り組んでもらいたい．

　最尤法は，標本サイズが十分に大きければ，以下で述べるような望ましい漸近特性をもつことが知られている．すなわち，標本のサイズが十分に大きければ，最尤推定量の分散は

$$\left\{ nE\left[\frac{\partial}{\partial\theta}\ln f(X|\theta)\right]^2 \right\}^{-1}$$

によって十分近似できることが知られている．$f(X|\theta)$ は母集団分布の密度関数である．また，最尤推定量を $\hat{\theta}_n$ とすれば，$\sqrt{n}(\hat{\theta}_n - \theta)$ は n が大きくなると正規分布

$$N\left(0, \left\{ E\left[\frac{\partial}{\partial\theta}\ln f(X|\theta)\right]^2 \right\}^{-1}\right)$$

に従って分布するようになることがわかっている．さらに，標本のサイズが有限の場合でも，標本のサイズが十分に大きければ最尤推定量の分散は考えられる推定量の中で最小であることが保証される．

　一般の回帰モデルの場合，最尤推定量は不偏性の条件を満足しないことがあるけれども，標本が大きくなるにつれて真のパラメータに近づいていくことが保証される．すなわち，標本観測値の数をふやす努力を重ねるほど，その努力は報われ，より真値に近い推定値が得られる．このような性質は，実際的な見地からみて安心がいくものだろう．このように最尤推定法は実際的な見地から非常に優れた性質を有しており，きわめて適用性の高い推定法である．しかし，このような最尤推定法もいくつかの問題をもっている．まず，標本のサイズが（無限に）大きいことを前提とする大標本理論が，有限個の標本を対象とした現実の問題に対してどこまで有効なのだろうかという疑問が生じる．標本のサイズを大きくするほど，より真値に近いパラメータ値が得られるといっても，現実の問題として標本のサイズを大きくすることが非常に困難な場合も少なくない．標本が「十分に大きい」場合，最尤推定量は望ましい性質をもっているといっても，どの程度の大きさであればよいのかということが問題になってくる．残念ながら，この問題に対して一義的に答えることは不可能である．また，一般に最尤推定量は不偏性を満足しないため，標本数がそれほど多くないときに

は推定値に系統的なバイアスが生じる可能性がある．このように考えれば，6
章で述べた最小二乗法と最尤推定法のいずれが望ましいかについて一般的な結
論を導くことは不可能であろう．個々の問題に対して，臨機応変に対応してい
かざるをえないというほかない．なお，最尤推定量を求める場合，計算が繁雑
になるという一面があるが，今日のコンピュータとソフトウェアの発達を考え
合わせれば，この点はもはや最尤法の問題点ではないだろう．

7.4　最尤法の適用例—ポアソングラビティモデル

（1）　ポアソングラビティモデルの概要

　交通需要予測のプロセスの中に分布交通量の推計というサブプロセスがあ
る．分布交通量の推計とは，ある地域をいくつかのゾーンに分割し「どのゾー
ンからどのゾーンへどれくらいの交通量が移動するか」を予測するものである．
分布交通量の予測モデルとしては多くの手法が開発されている．その中でも代
表的なモデルはグラビティモデルと呼ばれるモデルである．グラビティモデル
とは，もともとゾーン間を移動する交通量を物理学の万有引力の法則とのアナ
ロジーで表現しようとするものであった．その後，グラビティモデルが何を意
味しているのかについて研究が進展し，いろいろなモデルが提案されてきた．
ここでは，標準的なグラビティモデル

$$\hat{X}_{ij} = \frac{\beta_1 G_i^{\beta_2} A_j^{\beta_3}}{d_{ij}^{\beta_4}}$$

をとりあげよう．ここに，X_{ij}：ゾーン $i(i=1, \cdots, n)$ からゾーン $j(j=1, \cdots, n)$ への分布交通量，G_i：ゾーン i の発生交通量，A_j：ゾーン j の集中交通量，
d_{ij}：ゾーン間所要時間，$\beta_k(k=1, \cdots, 4)$：パラメータである．この式は一見非
線形モデルのように見えるが，工夫をすれば線形モデルに変換できる．上式の
両辺を対数変換しよう．さらに，分布交通量の観測値を x_{ij}，誤差項を ε_{ij} とす
れば，確率モデル

$$\ln x_{ij} = \ln\beta_1 + \beta_2 \ln G_i + \beta_3 \ln A_j - \beta_4 \ln d_{ij} + \varepsilon_{ij} \tag{7.3}$$

を得る．グラビティモデルのパラメータ β_1，β_2，β_3，β_4 は最小二乗法を用いて
推計できる．この場合，やっかいな問題がでてくる．分布交通量の実測値 x_{ij} の

データとしては，既存の OD 表を用いる場合が多いが，現実の OD 表では分布
交通量が 0 となっている OD ペアが少なからず見出せる．x_{ij} が 0 であれば，式
(7.3) の左辺が定義できず，このままではグラビティモデルを推計できない．こ
の場合，OD 表から分布交通量が 0 となる OD ペアを削除したり，0 値を取る
OD ペアに仮想的に小さな値を割り付けたりすることによりモデルを推計する
方法が通常取られる．しかし，この方法だと分布交通量が 0 であるというせっ
かくの情報をモデル推計になんら用いていない．特に，地方中小都市圏の OD
表のように 0 要素が非常に多く含まれるような場合，0 要素を削除せずその情
報をグラビティモデルの推計に有効に活用できるような手法が望まれる．ここ
では，このような手法としてポアソングラビティモデルを取り上げよう．

　ポアソングラビティモデルは，分布交通量の観測値がポアソン分布からの標
本であると考える点に特徴がある．すなわち，分布交通量の観測値 $x=(x_{11}, x_{12},$
$\cdots, x_{1n}, x_{21}, \cdots, x_{nn})$ がポアソン分布

$$p(x) = \prod_{i=1}^{n} \prod_{j=1}^{n} \frac{\lambda_{ij}^{x_{ij}} \exp(-\lambda_{ij})}{x_{ij}!}$$

に従って分布すると考える．ただし，λ_{ij} はゾーン ij 間の分布交通量の期待値で
あり未知母数，x_{ij} は分布交通量の観測値である．ここで，分布交通量の期待値
λ_{ij} が，

$$\lambda_{ij} = \exp(\beta_1 + \beta_2 \ln G_i + \beta_3 \ln A_j + \beta_4 \ln d_{ij}) \tag{7.4}$$

と表せると仮定する．この式を展開すれば，式 (7.3) と同様のグラビティモデ
ルを得る．式 (7.4) はポアソングラビティモデルと呼ばれる．モデルの形式は
既存のグラビティモデルと同じであるが，分布交通量の観測値がポワソン分布
に従って分布すると仮定する点が従来のモデルとは異なっている．ここで最尤
法を用いてパラメータ $\beta_1, \beta_2, \beta_3, \beta_4$ を推定してみよう．いま，分布交通量の観
測値 $x_{ij}(i, j=1, \cdots, n)$ が与えられたとしよう．このとき，尤度関数は

$$L = \prod_i \prod_j \frac{\lambda_{ij}^{x_{ij}} \exp(-\lambda_{ij})}{x_{ij}!}$$

$$= \exp\{-\sum_i \sum_j \lambda_{ij} + \beta_1 \sum_i \sum_j x_{ij} + \beta_2 \sum_i \ln G_i \sum_j x_{ij}$$

$$+ \beta_3 \sum_j \ln A_j \sum_i x_{ij} + \beta_4 \sum_i \sum_j \ln d_{ij} x_{ij}\}\{\prod_i \prod_j x_{ij}!\}^{-1}$$

となる．ここで，尤度関数 $L^* = \ln L$ を求めれば，

$$L^* = -\sum_i \sum_j \lambda_{ij} + \beta_1 \sum_i \sum_j x_{ij} + \beta_2 \sum_i \ln G_i \sum_j x_{ij}$$

$$+ \beta_3 \sum_j \ln A_j \sum_i x_{ij} + \beta_4 \sum_i \sum_j \ln d_{ij} x_{ij} - \sum_i \sum_j \ln x_{ij}!$$

となる．ここで，最尤推定量を求めるために，1階の最適化条件

$$\partial L^*/\partial \beta_1 = 0, \qquad \partial L^*/\partial \beta_2 = 0$$

$$\partial L^*/\partial \beta_3 = 0, \qquad \partial L^*/\partial \beta_4 = 0$$

を具体的に導出してみよう．すなわち，

$$\sum_i \sum_j (x_{ij} - \widehat{\lambda}_{ij}) = 0$$

$$\sum_i \ln G_i \sum_j (x_{ij} - \widehat{\lambda}_{ij}) = 0$$

$$\sum_j \ln A_j \sum_i (x_{ij} - \widehat{\lambda}_{ij}) = 0 \tag{7.5}$$

$$\sum_i \sum_j \ln d_{ij} (x_{ij} - \widehat{\lambda}_{ij}) = 0$$

を得る．最尤推定量は上式を同時に満足するような $\widehat{\beta} = \{\widehat{\beta}_1, \widehat{\beta}_2, \widehat{\beta}_3, \widehat{\beta}_4\}$ として求まる．ただし，上式において

$$\widehat{\lambda}_{ij} = \exp(\widehat{\beta}_1 + \widehat{\beta}_2 \ln G_i + \widehat{\beta}_3 \ln A_j + \widehat{\beta}_4 \ln d_{ij})$$

である．式 (7.5) はパラメータ $\widehat{\beta}_1$，$\widehat{\beta}_2$，$\widehat{\beta}_3$，$\widehat{\beta}_4$ に関して非線形連立方程式になっており，解析的に解を求めることは不可能である．このように最尤推定量を求める問題の多くは，最終的に非線形連立方程式を解く問題になってしまう．具体的なパラメータ値を求めるためには，コンピュータの力を借りなければならない場合が少なくない．

（2） 解　法

上に示した非線形連立方程式を具体的に解いてみよう．多くの最尤推定問題では非線形連立方程式を解かなければならないが，以下で述べる考え方を理解してしまえば，多くの問題の解法を理解することはそれほど難しくはない．非線形連立方程式を解くアルゴリズムを説明する前に，このままでは記号が繁雑になってしまうので，行列表示を導入しよう．通常，OD 表はマトリックスの形で与えられるが，これを列ベクトル

$$\boldsymbol{y}=\begin{bmatrix} x_{11} \\ \vdots \\ x_{1n} \\ x_{21} \\ \vdots \\ x_{nn} \end{bmatrix}$$

で表現しよう．$\boldsymbol{y}$ は OD 表の各要素を一列に並べ直したベクトルである．さらに，説明変数の観測値を表す行列 $\boldsymbol{X}$ を次のように定義する．

$$\boldsymbol{X}=\begin{bmatrix} 1 & \ln G_1 & \ln A_1 & \ln d_{11} \\ 1 & \ln G_1 & \ln A_2 & \ln d_{12} \\ \vdots & \vdots & \vdots & \vdots \\ 1 & \ln G_1 & \ln A_n & \ln d_{1n} \\ 1 & \ln G_2 & \ln A_1 & \ln d_{21} \\ \vdots & \vdots & \vdots & \vdots \\ 1 & \ln G_n & \ln A_n & \ln d_{nn} \end{bmatrix}$$

すなわち，第 1 列は定数項，第 2 列は発生交通量，第 3 列は集中交通量，第 4 列にはゾーン間に時間距離を示すデータが並んでいる．さらに，ベクトル

$$\boldsymbol{\beta}=\begin{bmatrix} \beta_1 \\ \beta_2 \\ \beta_3 \\ \beta_4 \end{bmatrix} \quad \boldsymbol{\lambda}=\begin{bmatrix} \lambda_{11} \\ \lambda_{12} \\ \vdots \\ \lambda_{1n} \\ \lambda_{21} \\ \vdots \\ \lambda_{nn} \end{bmatrix} \quad \boldsymbol{\lambda}^*=\begin{bmatrix} \ln\lambda_{11} \\ \ln\lambda_{12} \\ \vdots \\ \ln\lambda_{1n} \\ \ln\lambda_{21} \\ \vdots \\ \ln\lambda_{nn} \end{bmatrix}$$

を定義すれば，ポアソングラビティモデル（7.4）は

$$\boldsymbol{\lambda}^*=\boldsymbol{X}\boldsymbol{\beta}$$

と表すことができる．また，式（7.5）は，

$$\boldsymbol{X}_1{}^t(\boldsymbol{y}-\hat{\boldsymbol{\lambda}}(\hat{\boldsymbol{\beta}}))=0$$
$$\boldsymbol{X}_2{}^t(\boldsymbol{y}-\hat{\boldsymbol{\lambda}}(\hat{\boldsymbol{\beta}}))=0$$
$$\boldsymbol{X}_3{}^t(\boldsymbol{y}-\hat{\boldsymbol{\lambda}}(\hat{\boldsymbol{\beta}}))=0$$

$$X_4{}^t(\boldsymbol{y}-\boldsymbol{\lambda}(\hat{\boldsymbol{\beta}}))=0$$

と書き換えることができる．ここに，$X_r(r=1, \cdots, 4)$ は，実測値行列の第 r 列ベクトルを，記号 t は転置を示している．ここで，尤度に関する2階の偏導関数を表すヘシアン行列

$$\nabla^2 \boldsymbol{L} = \begin{bmatrix} H_{11} & H_{12} & H_{13} & H_{14} \\ H_{21} & H_{22} & H_{23} & H_{24} \\ H_{31} & H_{32} & H_{33} & H_{34} \\ H_{41} & H_{42} & H_{43} & H_{44} \end{bmatrix}$$

を導出しよう．ここに，$H_{rs}=\partial L^*/\partial\beta_r\partial\beta_s(r, s=1, 2, 3, 4)$ を示しておりその各要素を求めてみよう．若干の計算により

$$H_{rs} = -\sum_i\sum_j\lambda_{ij}x_{ir}x_{js} \quad (r, s=1, 2, 3, 4)$$

を得ることができる．すなわち，対角行列 $\boldsymbol{\Omega}$

$$\boldsymbol{\Omega} = \begin{bmatrix} \lambda_{11} & & & 0 \\ & \lambda_{12} & & \\ & & \ddots & \\ 0 & & & \lambda_{nn} \end{bmatrix}$$

と定義すれば，ヘシアン行列 $\nabla^2 \boldsymbol{L}^*$ は

$$\nabla^2 \boldsymbol{L}^* = -\boldsymbol{X}^t\boldsymbol{\Omega}\boldsymbol{X}$$

と表せる．ここで，ニュートン-ラフソン法を用いて式（7.5）を同時に満足するような $\boldsymbol{\beta}$ を求めてみよう．このため，$\nabla \boldsymbol{L}^t=(q_1, q_2, q_3, q_4)$ の各要素を

$$q_1=\partial L^*/\partial\beta_1=X_1{}^t(\boldsymbol{y}-\boldsymbol{\lambda}(\boldsymbol{\beta}))$$
$$q_2=\partial L^*/\partial\beta_2=X_2{}^t(\boldsymbol{y}-\boldsymbol{\lambda}(\boldsymbol{\beta}))$$
$$q_3=\partial L^*/\partial\beta_3=X_3{}^t(\boldsymbol{y}-\boldsymbol{\lambda}(\boldsymbol{\beta}))$$
$$q_4=\partial L^*/\partial\beta_4=X_4{}^t(\boldsymbol{y}-\boldsymbol{\lambda}(\boldsymbol{\beta}))$$

と定義しよう．ここで，$\boldsymbol{\lambda}$ は式（7.4）に示すようなパラメータ $\boldsymbol{\beta}$ の関数である．$q_i(i=1, \cdots, 4)$ が $\boldsymbol{\beta}$ の関数であることを示すため，$q_i(\boldsymbol{\beta})$ と表そう．われわれの課題は式（7.5），すなわち，

$$\nabla \boldsymbol{L}^*(\boldsymbol{\beta})=0$$

を満足するような $\boldsymbol{\beta}$ を求めることにある．いま，あるパラメータの初期値 $\boldsymbol{\beta}^0$ に

おいて $q_i(\boldsymbol{\beta})(i=1, \cdots, 4)$ をテイラー展開しよう．このとき，$\boldsymbol{\beta}^0$ の近傍で

$$q_i(\boldsymbol{\beta})=q_i(\boldsymbol{\beta}^0)+\sum_j \partial q_i(\boldsymbol{\beta}^0)/\partial\beta_j \cdot (\beta_j-\beta_j^0)$$

が成立する．$q_i=\partial L^*/\partial\beta_i$，$\partial q_i(\boldsymbol{\beta}^0)/\partial\beta_j=\partial^2 L^*/\partial\beta_i\partial\beta_j$ であることに着目しよう．このとき，上式は

$$\partial L^*(\boldsymbol{\beta})/\partial\beta_i=\partial L^*(\boldsymbol{\beta}^0)/\partial\beta_i+\sum_j \partial^2 L^*(\boldsymbol{\beta}^0)/\partial\beta_i\partial\beta_j \cdot (\beta_j-\beta_j^0)$$

と書き換えることができる．ここで，$\partial^2 L^*(\boldsymbol{\beta}^0)/\partial\beta_i\partial\beta_j$ は先に述べたヘシアン行列 $\nabla^2 \boldsymbol{L}^*(\boldsymbol{\beta}^0)$ の第 i 行第 j 列の要素 H_{ij} になっている．そこで，上式を行列表示すれば，次のようになる．

$$\nabla L^*(\boldsymbol{\beta})=\nabla L^*(\boldsymbol{\beta}^0)+\nabla^2 \boldsymbol{L}^*(\boldsymbol{\beta}^0)(\boldsymbol{\beta}-\boldsymbol{\beta}^0)$$

なお，$\nabla \boldsymbol{L}^*(\boldsymbol{\beta})=(q_1(\boldsymbol{\beta}), q_2(\boldsymbol{\beta}), q_3(\boldsymbol{\beta}), q_4(\boldsymbol{\beta}))^t$ である．このとき，式 (7.5) を用いて，$\nabla \boldsymbol{L}^*(\boldsymbol{\beta})=\boldsymbol{0}$ を満足するような新しいパラメータ値 $\boldsymbol{\beta}^1$ を求めることにしよう．上式の左辺を $\boldsymbol{0}$ と置けば，新しいパラメータ値 $\boldsymbol{\beta}^1$ は，

$$\boldsymbol{\beta}^1=\boldsymbol{\beta}^0-\nabla^2 \boldsymbol{L}^*(\boldsymbol{\beta}^0)^{-1}\nabla \boldsymbol{L}^*(\boldsymbol{\beta}^0)$$

となる．この式を用いて逐次パラメータ値を更新していこう．$\boldsymbol{\beta}^s$ を第 s ステップ目に求まったパラメータ値であるとすると，新しいパラメータ値 $\boldsymbol{\beta}^{s+1}$ は

$$\boldsymbol{\beta}^{s+1}=\boldsymbol{\beta}^s-\nabla^2 \boldsymbol{L}^*(\boldsymbol{\beta}^s)^{-1}\nabla \boldsymbol{L}(\boldsymbol{\beta}) \tag{7.6}$$

となる．そして，上記の手順をパラメータ値が十分収束するまで繰り返せばよい．

以上の手順をとりまとめよう．いま，s ステップ目において $\boldsymbol{\beta}^s$ が求まっているとしよう．このとき，以下の手順でパラメータを更新すればよい．

1） 手順1：($\boldsymbol{\lambda}^s$ の更新)

s ステップ目での $\boldsymbol{\lambda}$ の推定値 $\boldsymbol{\lambda}^s=\{\lambda_{11}{}^s, \lambda_{12}{}^s, \cdots, \lambda_{nn}{}^s\}^t$ は，$\boldsymbol{\beta}^s$ を式 (7.4) に代入することにより求まる．式 (7.4) より

$$\boldsymbol{\lambda}^{*s}=\boldsymbol{X}\boldsymbol{\beta}^s$$

が成立する．ここで，$\boldsymbol{\lambda}^{*s}=\{\ln\lambda_{11}{}^s, \ln\lambda_{12}{}^s, \cdots, \ln\lambda_{nn}{}^s\}^t$ であることに注意すれば，ベクトル $\boldsymbol{\lambda}^{*s}$ の各要素を指数変換すれば $\boldsymbol{\lambda}^s$ を得る．

2） 手順2：(グラジエントベクトル $\nabla \boldsymbol{L}^*(\boldsymbol{\beta}^s)$ の更新)

新しい推計値 $\boldsymbol{\lambda}^s$ を $\nabla \boldsymbol{L}^*(\boldsymbol{\beta}^s)=\boldsymbol{X}^t(\boldsymbol{y}-\boldsymbol{\lambda}^s)$ に代入すれば，$\nabla \boldsymbol{L}^*(\boldsymbol{\beta}^s)$ が求まる．

3） **手順3**：（ヘシアン行列 $\nabla^2 L^*(\boldsymbol{\beta}^s)$ の更新）

新しい推計値 $\boldsymbol{\lambda}^s$ を $\nabla^2 L^*(\boldsymbol{\beta}^s) = -X^t \boldsymbol{\Omega}^s X$ に代入すれば，$\nabla^2 L^*(\boldsymbol{\beta}^s)$ を得る．なお，$\boldsymbol{\Omega}^s$ は手順1で求めた $\boldsymbol{\lambda}^{*s} = \{\ln\lambda_{11}{}^s, \ln\lambda_{12}{}^s, \cdots, \ln\lambda_{ij}{}^s, \cdots, \ln\lambda_{nn}{}^s\}^t$ の各要素を対角成分とする対角行列である．

4） **手順4**：（パラメータ値 β^s の更新）

公式 $\boldsymbol{\beta}^{s+1} = \boldsymbol{\beta}^s - \nabla^2 L^*(\boldsymbol{\beta}^s)^{-1} \nabla L^*(\boldsymbol{\beta}^s)$ によりパラメータ値 $\boldsymbol{\beta}^s$ を更新する．パラメータ値 $\boldsymbol{\beta}^s$ が十分収束したと判断できれば，以上の手順を終了する．

以上で説明した手順を簡単な例題に適用してみよう．

[**例題7.4**]　　下記のような OD 表とゾーン間時間距離が与えられたとしよう．これらのデータにもとづいてポアソングラビティモデルを推計せよ．

OD 表					ゾーン間時間距離表				
OD	1	2	3	4	OD	1	2	3	4
1	—	500	150	180	1	—	10	35	25
2	500	—	50	0	2	10	—	45	50
3	150	50	—	0	3	35	45	—	70
4	180	0	0	—	4	25	50	70	—

[**解　答**]　　上記の OD 表は三角 OD（OD 表が対角線に対して対称）となっており，対角要素のデータを取り除いてある．三角 OD 表の特徴を考慮してポアソングラビティモデルを若干修正しよう．

$$\lambda_{ij} = \exp\{\beta_1 + \beta_2(\ln G_i + \ln A_j) + \beta_3\ln d_{ij}\}$$

すなわち，OD 表が対称であることにより，$\ln G_i$ と $\ln A_j$ にかかるパラメータが同一の値 β_2 をとると考える．また，モデル推計にあたっては，OD 表の右上方に位置する OD ペアだけをとりあげる．なお，発生交通量は OD 表の行和，集中交通量は列和で表される．まず，分布交通量の実測値を示す列ベクトル $\boldsymbol{y}$ を OD 表の各行を逐次連結することにより作成する．

$$\boldsymbol{y}^t = \{y_{12}, y_{13}, y_{14}, y_{23}, y_{24}, y_{34}\}$$
$$= \{500, 150, 180, 50, 0, 0\}$$

となる．また説明変数の観測値ベクトルは次のようになる．

$$X = \begin{bmatrix} 1 & \ln830+\ln550 & \ln10 \\ 1 & \ln830+\ln200 & \ln35 \\ 1 & \ln830+\ln180 & \ln25 \\ 1 & \ln550+\ln200 & \ln45 \\ 1 & \ln550+\ln180 & \ln50 \\ 1 & \ln200+\ln180 & \ln70 \end{bmatrix} = \begin{bmatrix} 1 & 13.03 & 2.30 \\ 1 & 12.02 & 3.56 \\ 1 & 11.91 & 3.22 \\ 1 & 11.61 & 3.81 \\ 1 & 11.50 & 3.91 \\ 1 & 10.49 & 4.25 \end{bmatrix}$$

1） 手順1：（λ^0 の計算）

期待分布交通量に関する初期値 λ^0 として，グラビティモデルの推計結果を用いよう．グラビティモデルを最小二乗法で推定する場合，OD ペア（2-4），（3-4）が 0 値となっており，このままでは最小二乗法を適用できない．したがって，この二つの OD ペアに対して仮想的に 1 という値を与えることにする．グラビティモデルの両辺を対数変換しよう．

$$\ln x_{ij} = \ln\beta_1 + \beta_2(\ln G_i + \ln A_j) + \beta_3 \ln d_{ij} + \varepsilon_{ij}$$

ここで，対数変換した被説明変数の観測値ベクトルを

$$y^* = \begin{bmatrix} \ln x_{12} \\ \ln x_{13} \\ \ln x_{14} \\ \ln x_{23} \\ \ln x_{24} \\ \ln x_{34} \end{bmatrix} = \begin{bmatrix} \ln500 \\ \ln150 \\ \ln180 \\ \ln50 \\ \ln1 \\ \ln1 \end{bmatrix} = \begin{bmatrix} 6.21 \\ 5.01 \\ 5.19 \\ 3.91 \\ 0.0 \\ 0.0 \end{bmatrix}$$

と定義する．一方，説明変数の観測値行列は上で定義した X を用いればいい．パラメータの最小二乗推定値は $\beta = (X^tX)^{-1}X^ty$ より $\ln\beta_1 = -16.85(\beta_1 = 4.810 \times 10^{-10})$，$\beta_2 = 2.001$，$\beta_3 = -0.961$ となる．グラビティモデルにより分布交通量の推計値を求め，この値を λ^0 の初期値としよう．

$$\lambda^0 = \begin{bmatrix} \exp(-16.9+2.00\times13.03-0.96\times2.30) \\ \exp(-16.9+2.00\times12.02-0.96\times3.56) \\ \exp(-16.9+2.00\times11.91-0.96\times3.22) \\ \exp(-16.9+2.00\times11.61-0.96\times3.81) \\ \exp(-16.9+2.00\times11.50-0.96\times3.91) \\ \exp(-16.9+2.00\times10.49-0.96\times4.25) \end{bmatrix} = \begin{bmatrix} 1208.2 \\ 47.7 \\ 52.9 \\ 16.5 \\ 11.9 \\ 1.1 \end{bmatrix}$$

2）　手順2：（グラジエントベクトル $\nabla L^*(\beta^0)$ の計算）

手順1で求めた λ^0 を公式 $\nabla L^*(\beta^0) = X^t(y - \lambda^0)$ に代入すれば，グラジエントベクトル $\nabla L^*(\beta^s)$ の初期値を得る．$y - \lambda^0$ を具体的に求めれば，

$$y - \lambda^0 = \begin{bmatrix} 500-1208 \\ 150-48 \\ 180-53 \\ 50-16 \\ 0-12 \\ 0-0 \end{bmatrix} = \begin{bmatrix} -708 \\ 102 \\ 127 \\ 34 \\ -12 \\ -1 \end{bmatrix}$$

となる．したがって，

$$\nabla L^*(\beta^0) = \begin{bmatrix} 1 & 1 & 1 & 1 & 1 & 1 \\ 13.03 & 12.02 & 11.91 & 11.61 & 11.50 & 10.49 \\ 2.30 & 3.56 & 3.22 & 3.81 & 3.91 & 4.25 \end{bmatrix} \begin{bmatrix} -708 \\ 102 \\ 127 \\ 34 \\ -12 \\ -1 \end{bmatrix}$$

$$= \begin{bmatrix} -458 \\ -6240 \\ -778 \end{bmatrix}$$

3）　手順3：（ヘシアン行列 $\nabla^2 L^*(\beta^0)$ の作成）

ヘシアン行列 $\nabla^2 L^*(\beta^0)$ を公式 $\nabla^2 L^*(\beta^0) = -X^t \Omega^0 X$ により求めよう．なお，Ω^0 は手順1で求めた $\lambda^0 = (1045,\ 41,\ 46,\ 14,\ 10,\ 0)^t$ の各要素を対角成分とする対角行列である．したがって，$X^t \Omega^0 X$ を具体的に求めれば，次のようになる．

$$X^t \Omega^0 X = 10^7 \times \begin{bmatrix} 0.147 & 1.909 & 0.338 \\ 1.909 & 24.862 & 4.402 \\ 0.338 & 4.402 & 0.780 \end{bmatrix}$$

4）　手順4：（パラメータ値 β^s の更新）

以下のデータにもとづいて，パラメータ値 β を更新しよう．パラメータ更新の公式より

$$\boldsymbol{\beta}^1 = \boldsymbol{\beta}^0 - \nabla^2 L^*(\boldsymbol{\beta}^0)^{-1} \nabla L^*(\boldsymbol{\beta}^0) = \boldsymbol{\beta}^0 + [X^t \boldsymbol{\Omega}^0 X]^{-1} X^t (\boldsymbol{y} - \boldsymbol{\lambda}^0)$$

である.まず,逆行列 $\nabla^2 L^*(\boldsymbol{\beta}^0)^{-1}$ を求めよう.

$$\nabla^2 L^*(\boldsymbol{\beta}^0) = -[X^t \boldsymbol{\Omega}^0 X]^{-1} = 10^{-2} \times \begin{bmatrix} 100.60 & -6.59 & -6.41 \\ -6.59 & 0.43 & 0.42 \\ -6.41 & 0.42 & 0.42 \end{bmatrix}$$

したがって,ステップ1におけるパラメータ値 $\boldsymbol{\beta}^1$ は,

$$\boldsymbol{\beta}_1 = \begin{bmatrix} -16.85 \\ 2.001 \\ -0.961 \end{bmatrix} + 10^{-2} \times \begin{bmatrix} 100.60 & -6.59 & -6.41 \\ -6.59 & 0.43 & 0.42 \\ -6.41 & 0.42 & 0.42 \end{bmatrix} \begin{bmatrix} -458 \\ -6240 \\ -778 \end{bmatrix}$$

$$= \begin{bmatrix} -16.51 \\ 2.084 \\ -1.079 \end{bmatrix}$$

となる.ステップを $s=1$ に更新しよう.まず,$\boldsymbol{\beta}_1$ を用いて新しい推計値 $\boldsymbol{\lambda}^1$ を求める.さらに,更新された $\boldsymbol{\lambda}^1$ を用いれば,$\boldsymbol{\Omega}^1$,$\nabla L^*(\boldsymbol{\beta}^1)$,$\nabla^2 L^*(\boldsymbol{\beta}^1)$ を上の手順と同様に求めることができる.以下,これまでに述べた方法を逐次繰り返していくことにより,最尤推定値 $\hat{\boldsymbol{\beta}}$ を求めることができる.ここで,収束条件として $\max_j |\beta_j^{s+1} - \beta_j^s| \leq 0.01$ を採用しよう.以上のようにして求めたポアソングラビティモデルを以下に示す.

$$\hat{\lambda}_{ij} = \exp\{-8.348 + 1.324(\ln G_i + \ln A_j) - 0.816 \ln d_{ij}\}$$

ポアソングラビティモデルとグラビティモデルの推計精度を分布交通量の推計値 $\hat{\lambda}_{ij}$ と観測値 x_{ij} との相関係数 ρ

$$\rho^2 = \frac{\sum (\hat{\lambda}_{ij} - \bar{\lambda})(x_{ij} - \bar{x})/6}{\sqrt{\sum (\hat{\lambda}_{ij} - \bar{\lambda})^2/6} \sqrt{\sum (x_{ij} - \bar{x})^2/6}}$$

により比較してみよう.ただし,$\bar{\lambda} = \sum_{ij} \hat{\lambda}_{ij}/6 = 243$,$\bar{x} = \sum_{ij} x_{ij}/6 = 147$ である.

ポアソングラビティモデルの場合 $\rho = 0.975$,グラビティモデルの場合 $\rho = 0.966$ となり,ポアソングラビティモデルのほうが精度が良くなっている.このように OD 表が 0 要素を対称的に多く含む場合,ポアソングラビティモデルは有効であることがわかる.

7.5 最尤法の適用例―二項ロジットモデル

（1） 二項ロジットモデルの概要

　われわれは，たとえば「通勤にマイカーを利用するかマストラを利用するか」，「住宅を購入するか否か」，購入するとすれば，「一戸建住宅かマンションか」といったように，二つまたはいくつかの選択肢の中からどれを選択するかといった問題に直面することがしばしばある．ロジットモデルは，このように複数個の選択肢からある特定の選択肢を選択するような行動を記述したり，分析するためによく用いられるモデルである．このような人間の選択行動を表現するモデルとしては，ロジットモデルの他にもプロビットモデルなどいろいろなモデルが開発されている．ロジットモデルは他の選択行動モデルと比較して操作性が高く，交通計画や都市・地域計画など各種の土木計画の問題で広く利用されている．ロジットモデル自体に興味のある読者は章末に示している参考文献を参照されたい．本書では，選択肢が二つだけの場合を対象とした二項ロジットモデルをとりあげ，それを最尤推定する方法について述べてみよう．

　いま，勤労者が通勤手段としてマイカーを利用するか，あるいはマストラを利用するかという選択問題に直面しているとしよう．通勤に要する時間，費用，道路やマストラの混雑度，勤務先での駐車場の有無，自転車保有の有無など，通勤手段の選択に影響を及ぼす要因はいろいろあろう．ここでは簡単のために，マストラあるいはマイカーを利用した際に要する時間および費用だけに着目してみよう．ある個人 $i(i=1, \cdots, n)$ がマストラを選択したときに得られる効用を $U_a{}^i$，マイカーを選択したときの効用を $U_b{}^i$ と表そう．効用関数を

$$U_a{}^i = \beta_1 x_{1a}{}^i(\text{マストラの場合の通勤時間})$$
$$+ \beta_2 x_{2a}{}^i(\text{マストラの場合の通勤費用}) + \varepsilon_a{}^i$$
$$U_b{}^i = \beta_1 x_{1b}{}^i(\text{マイカーの場合の通勤時間})$$
$$+ \beta_2 x_{2b}{}^i(\text{マイカーの場合の通勤費用}) + \varepsilon_b{}^i \quad (7.7)$$

と表そう．β_1，β_2 はこれから推計しようとするパラメータである．$x_{1a}{}^i$，$x_{2a}{}^i$ はそれぞれ個人 i がマストラを利用した場合に要する通勤時間，通勤費用を表している．同じように，$x_{1b}{}^i$，$x_{2b}{}^i$ はマイカーを利用した場合の通勤時間，通勤費用を表している．$\varepsilon_a{}^i$，$\varepsilon_b{}^i$ は誤差項である．式 (7.7) は，一見これまでに述べ

てきた線形回帰モデルとよく似ている．ところが，問題は式 (7.7) の左辺の効用水準 $U_a{}^i$, $U_b{}^i$ を直接観察することが非常に困難であるところにある．われわれは，対象とした勤労者がマストラを利用したか，あるいはマイカーを利用したかということは容易に観測できる．対象とする勤労者がマストラを利用したとしよう．このとき，彼がマストラを利用することによって得られる効用は，マイカーを利用した場合の効用よりも大きかったと考えても問題はなかろう．すなわち，$U_a{}^i \geq U_b{}^i$ が成立していたと考えるわけである．このようにロジットモデルの妙味は，式 (7.7) に示す効用水準がわからなくとも，個人の選択行動の結果にもとづいて間接的にパラメータ β_1, β_2 を推定することができる点にある．

　二項ロジットモデルの理論によれば，式 (7.7) の誤差項 $\varepsilon_a{}^i$, $\varepsilon_b{}^i$ がそれぞれ独立なワイブル分布に従って分布しているとき，勤労者がマストラ，マイカーという選択肢を選ぶ確率は次式により与えられる．まず，マストラを選択する確率 $p_a{}^i$ は

$$p_a{}^i = \frac{\exp(\lambda U_a{}^i)}{\exp(\lambda U_a{}^i) + \exp(\lambda U_b{}^i)}$$

$$= \frac{1}{1 + \exp\{\lambda(U_b{}^i - U_a{}^i)\}}$$

$$= \frac{1}{1 + \exp\{\lambda[\beta_1(x_{1b}{}^i - x_{1a}{}^i) + \beta_2(x_{2b}{}^i - x_{2a}{}^i)]\}}$$

となる．同じように，マイカーを選択する確率は

$$p_b{}^i = \frac{\exp\{\lambda[\beta_1(x_{1b}{}^i - x_{1a}{}^i) + \beta_2(x_{2b}{}^i - x_{2a}{}^i)]\}}{1 + \exp\{\lambda[\beta_1(x_{1b}{}^i - x_{1a}{}^i) + \beta_2(x_{2b}{}^i - x_{2a}{}^i)]\}}$$

となる．ここで，$p_a{}^i$, $p_b{}^i$ は，それぞれ個人 i が選択肢 a(マストラ)，b(マイカー) を選択する確率，$U_a{}^i$, $U_b{}^i$ はそれぞれ個人 i が選択肢 a, b を選択することにより得られる確定的な効用，λ は誤差項のばらつきを示すパラメータである．なお，これらの選択確率の誘導方法については，章末の参考文献を参考にしてほしい．以上では，効用関数に含まれる変数が二つだけの場合をとりあげていたが，m 変数の場合にも二項ロジットモデルを容易に拡張できる．いま，個人 i が選択肢 a に対する効用が m 個の変数 $x_{ka}{}^i(k=1, \cdots, m)$ で表現できるとしよう．このとき，二項ロジットモデルは

$$p_a{}^i = \frac{\exp\{\sum_k \beta_k x_{ka}{}^i\}}{\exp\{\sum_k \beta_k x_{ka}{}^i\} + \exp\{\sum_k \beta_k x_{kb}{}^i\}}$$

$$p_b{}^i = \frac{\exp\{\sum_k \beta_k x_{kb}{}^i\}}{\exp\{\sum_k \beta_k x_{ka}{}^i\} + \exp\{\sum_k \beta_k x_{kb}{}^i\}} \tag{7.8}$$

となる．さらに，選択肢が3個以上ある場合を対象としたロジットモデルは多項ロジットモデルと呼ばれる．このような多項ロジットモデルの詳細と適用に関しては，たとえば章末の参考文献を参照してほしい．

（2）　尤 度 の 定 義

　二項ロジットモデル推定のためのデータを収集するために，各被験者（調査対象となる勤労者）にアンケート調査を実施しよう．モデル推計にあたって必要なデータとしては，ある調査時点において，通勤にマストラあるいはマイカーのいずれかを用いたかという利用手段に関する情報，マストラ，マイカーのそれぞれを利用した場合の通勤時間，通勤費用である．いま，勤労者は必ずマストラかマイカーのうち，どちらか一方を利用していると考える．ここで，n人に関するデータを収集したと考え，個人 i の選択結果を示す 0-1 変数 $\delta_a{}^i, \delta_b{}^i$ を導入する．

$$\delta_a{}^i = \begin{cases} 0：マイカーを利用したとき \\ 1：マストラを利用したとき \end{cases}$$

$$\delta_b{}^i = \begin{cases} 0：マストラを利用したとき \\ 1：マイカーを利用したとき \end{cases}$$

　式 (7.8) の選択確率 $p_a{}^i$ は $\delta_a{}^i = 1$ となる確率を示している．いま，個人1の選択結果を $(\delta_a{}^1, \delta_b{}^1)$ と表そう．0-1 変数 δ の定義より，$\delta_a{}^1, \delta_b{}^1$ のいずれか一方が1をとれば，他方は0をとる．たとえば，個人1がマストラを選択していれば，$(\delta_a{}^1, \delta_b{}^1) = (1, 0)$ となる．n 人の選択結果をひとまとめにして $\delta = \{(\delta_a{}^1, \delta_b{}^1), (\delta_a{}^2, \delta_b{}^2), \cdots, (\delta_a{}^i, \delta_b{}^i), \cdots, (\delta_a{}^n, \delta_b{}^n)\}$ と表そう．これとは別に，各個人が選んだ選択肢を表すベクトル $k = (k_1, k_2, \cdots, k_i, \cdots, k_n)$ を定義しよう．ここで，k_i は個人 i が選択した通勤手段（a か b か）を示している．ベクトル k の一例として，$k = (a, b, a, \cdots, a)$ を考えよう．この場合には，個

人 1 はマストラ（$k_1=a$），個人 2 はマイカー（$k_2=a$）…というように通勤手段を選択していることになる．ここで，選択結果 k が与えられたとしよう．いま，各個人が互いに無関係に（独立に）通勤手段を選択する場合，選択パターン k が出現する尤度（同時確率密度）L は

$$L=p_{k1}^{\ 1}p_{k2}^{\ 2}p_{k3}^{\ 3}\cdots p_{ki}^{\ i}\cdots p_{kn}^{\ n} \tag{7.9}$$

$$=p_a^{\ 1}p_b^{\ 2}p_a^{\ 3}\cdots p_a^{\ n} \tag{7.10}$$

と表すことができる．この尤度関数を 0-1 変数 δ を用いて表現してみよう．個人 i の選択パターン k_i が出現する確率 $p_{ki}^{\ i}$ は

$$p_{ki}^{\ i}=p_a^{\ i^{\delta_a^i}}p_b^{\ i^{\delta_b^i}}$$

と表せる．ここで，δ が 0-1 変数であることに着目しよう．たとえば $\delta_a^i=1$, $\delta_b^i=0$ の場合には，個人 i が選択した通勤手段を選択する確率 $p_{ki}^{\ i}$ は，個人 i がマストラ（$k_i=a$）を選択する確率 $p_a^{\ i}$ によって表すことができる．すなわち，

$$p_{ki}^{\ i}=p_a^{\ i^{\delta_a^i(=1)}}p_b^{\ i^{\delta_b^i(=0)}}=p_a^{\ i}$$

が成立する．したがって，n 人の個人が全体として選択パターン k を選択する尤度（同時密度確率関数）L は

$$L=\prod_{i=1}^n p_{ki}^{\ i}=\prod_{i=1}^n p_a^{\ i^{\delta_a^i}}p_b^{\ i^{\delta_b^i}}$$

と表せる．この式は，ロジットモデルのパラメータ $\boldsymbol{\beta}=(\beta_1,\ \beta_2)$ が与えられたときに選択パターン k が出現する確率を与えている．このことを明示的に表すために，尤度関数を $\boldsymbol{\beta}$ の関数として $L(\boldsymbol{\beta})$ と表そう．前述したように，最尤推定量は尤度関数 $L(\boldsymbol{\beta})$ を最大にするようなパラメータ $\boldsymbol{\beta}$ として求まる．尤度関数 $L(\boldsymbol{\beta})$ を最大化することは，対数尤度関数 $L^*=\ln L(\boldsymbol{\beta})$ を最大化することと同値である．対数尤度関数は，

$$L^*=\ln L(\boldsymbol{\beta})=\sum_{i=1}^n\{\delta_a^i\ln p_a^{\ i}+\delta_b^i\ln p_b^{\ i}\} \tag{7.11}$$

となる．ここで，ロジットモデルの選択確率（7.11）を上式に代入すれば，対数尤度関数は次式のようになる．

$$L^*=\sum_{i=1}^n\delta_a^i\ln\frac{\exp\{\sum_k\beta_k x_{ka}^{\ i}\}}{\exp\{\sum_k\beta_k x_{ka}^{\ i}\}+\exp\{\sum_k\beta_k x_{kb}^{\ i}\}}$$

$$+\sum_{i=1}^{n}\delta_{b}{}^{i}\ln\frac{\exp\{\sum_{k}\beta_{k}x_{kb}{}^{i}\}}{\exp\{\sum_{k}\beta_{k}x_{ka}{}^{i}\}+\exp\{\sum_{k}\beta_{k}x_{kb}{}^{i}\}}$$

本式では，誤差項のばらつきを表すパラメータ λ が現れていない．ロジットモデルを推定する際，λ と β の値を分離して推計できない．つまり，$\lambda\beta_{k}(k=1,$ $\cdots,\ m)$ として掛算の形で一緒に推定されることになる．そこで，上式では表記上の繁雑さを避けるために λ を省略している．

（3） 推 計 方 法

対数尤度関数 (7.11) を最大にするような推定量 $\widehat{\boldsymbol{\beta}}$ は，

$$\frac{\partial L^{*}(\widehat{\boldsymbol{\beta}})}{\partial\beta_{k}}=0 \qquad (k=1,\ \cdots,\ m)$$

を同時に満足するような解として求めることができる．ここで，最適条件を示す連立非線形方程式を具体的に誘導してみよう．計算は若干手間がかかるが，注意深く式を展開すれば次のような式を得る．

$$\frac{\partial L^{*}(\widehat{\boldsymbol{\beta}})}{\partial\beta_{k}}=\sum_{i}(\delta_{a}{}^{i}p_{b}{}^{i}-\delta_{b}{}^{i}p_{a}{}^{i})(x_{ka}{}^{i}-x_{kb}{}^{i})=0 \qquad (k=1,\ \cdots,\ m)$$

さらに，$\delta_{b}{}^{i}=1-\delta_{a}{}^{i}$，$p_{b}{}^{i}=1-p_{ai}$ であることに留意すれば，最適条件は

$$\sum_{i}(\delta_{a}{}^{i}-p_{a}{}^{i})(x_{ka}{}^{i}-x_{kb}{}^{i})=0 \qquad (k=1,\ \cdots,\ m)$$

と簡略化できる．ここで，$p_{a}{}^{i}$ は二項ロジットモデルによる選択確率を示しており，上式はパラメータ $\widehat{\boldsymbol{\beta}}$ に関する連立非線形方程式となっている．

次に，式 (7.4) と同様にヘシアン行列 $\nabla^{2}\boldsymbol{L}$ を求めよう．いま，最適化条件を利用すれば，2 階の微係数 $\partial^{2}L^{*}/\partial\beta_{k}\partial\beta_{j}$ は

$$\frac{\partial^{2}L^{*}(\boldsymbol{\beta})}{\partial\beta_{k}\partial\beta_{j}}=-\sum_{i}\frac{\partial p_{a}{}^{i}}{\partial\beta_{j}}(x_{ka}{}^{i}-x_{kb}{}^{i})$$

となる．ここで，$\partial p_{a}{}^{i}/\partial\beta_{j}=p_{a}{}^{i}p_{b}{}^{i}(x_{ja}{}^{i}-x_{jb}{}^{i})$ となることに留意すれば，2 階の微係数は次式のようになる．

$$\frac{\partial^{2}L^{*}(\boldsymbol{\beta})}{\partial\beta_{k}\partial\beta_{j}}=-\sum_{i}p_{a}{}^{i}p_{b}{}^{i}(x_{ka}{}^{i}-x_{kb}{}^{i})(x_{ja}{}^{i}-x_{jb}{}^{i})$$

以上の結果を，行列表示しよう．

$$\nabla L = \begin{bmatrix} \sum_i (\delta_a{}^i - p_a{}^i)(x_{ia}{}^i - x_{ib}{}^i) \\ \vdots \\ \sum_i (\delta_a{}^i - p_a{}^i)(x_{ka}{}^i - x_{kb}{}^i) \\ \vdots \\ \sum_i (\delta_a{}^i - p_a{}^i)(x_{ma}{}^i - x_{mb}{}^i) \end{bmatrix}$$

$$\nabla^2 L = \begin{bmatrix} -\partial^2 L^*/\partial\beta_1\partial\beta_1 & \cdots & -\partial^2 L^*/\partial\beta_1\partial\beta_m \\ \vdots & -\partial^2 L^*/\partial\beta_k\partial\beta_j & \vdots \\ -\partial^2 L^*/\partial\beta_m\partial\beta_1 & \cdots & -\partial^2 L^*/\partial\beta_m\partial\beta_m \end{bmatrix}$$

式 (7.4) で述べた方法と同様の手順により，最尤推定量 $\hat{\boldsymbol{\beta}}$ を求めることができる．すなわち，かりに s ステップ目のパラメータ値を $\boldsymbol{\beta}^s$ としよう．このパラメータ値をもとにして，$s+1$ ステップ目のパラメータ値を

$$\boldsymbol{\beta}^{s+1} = \boldsymbol{\beta}^s - (\nabla^2 L^*(\boldsymbol{\beta}^s))^{-1}\nabla L^*(\boldsymbol{\beta}^s)$$

により更新しよう．このようなプロセスを，パラメータ値が十分に収束したと判断されるまで繰り返せばよい．初期パラメータ値として，たとえば $\boldsymbol{\beta}^0 = (\beta_1^0, \cdots, \beta_m^0) = (0, \cdots, 0)$ を用いることができる．

[例題 7.5]　　10 人の通勤者に対してアンケート調査を行った結果，マスト

被験者 i	利用手段		交通手段別特性値			
	マストラ (a) $\delta_a{}^i$	マイカー (b) $\delta_b{}^i$	マストラ (a)		マイカー (b)	
			時間（分）(x_{1a}^i)	費用（円）(x_{2a}^i)	時間（分）(x_{1b}^i)	費用（円）(x_{2b}^i)
1	1	0	60	100	50	120
2	1	0	75	100	80	100
3	1	0	60	90	70	50
4	1	0	50	100	50	80
5	1	0	90	90	90	100
6	0	1	100	80	120	40
7	0	1	120	90	90	100
8	0	1	80	80	70	80
9	0	1	90	90	80	90
10	0	1	100	80	70	60

ラ，マイカー利用の有無とそれぞれの手段を用いた場合に要する通勤時間と通勤費用に関する以下のデータを得た．このデータにもとづいて通勤手段選択に関する二項ロジットモデルを作成せよ．

［解 答］ ステップを $s=0$ と設定しよう．パラメータの初期値として $(\beta_1^0, \beta_2^0)=(0, 0)$ を採用する．

1） 手順1：（選択確率 p_a^{i0}, p_b^{i0} の計算）

各被験者のマストラ，マイカーの選択確率を二項ロジットモデル

$$p_a^i=\frac{\exp(\beta_1 x_{1a}^i+\beta_2 x_{2a}^i)}{\exp(\beta_1 x_{1a}^i+\beta_2 x_{2a}^i)+\exp(\beta_1 x_{1b}^i+\beta_2 x_{2b}^i)}$$

$$p_b^i=\frac{\exp(\beta_1 x_{1b}^i+\beta_2 x_{2b}^i)}{\exp(\beta_1 x_{1a}^i+\beta_2 x_{2a}^i)+\exp(\beta_1 x_{1b}^i+\beta_2 x_{2b}^i)}$$

により求めよう．パラメータの初期値 $(\beta_1^0, \beta_2^0)=(0, 0)$ を上式に代入し，各被験者の交通手段別選択確率を求めれば $p_a^i=0.5, p_b^i=0.5(i=1, \cdots, 10)$ となる．

i	$\delta_a^i-p_a^i$		$x_{1a}^i-x_{1b}^i$	$x_{2a}^i-x_{2b}^i$
1	$1-0.5=$	0.5	$60-50=\ \ 10$	$100-120=-20$
2	$1-0.5=$	0.5	$75-80=\ -5$	$100-100=\ \ \ 0$
3	$1-0.5=$	0.5	$60-70=-10$	$90-50=\ \ 40$
4	$1-0.5=$	0.5	$50-50=\ \ \ 0$	$100-80=\ \ 20$
5	$1-0.5=$	0.5	$90-90=\ \ \ 0$	$90-100=-10$
6	$0-0.5=$	-0.5	$100-120=-20$	$80-40=\ \ 40$
7	$0-0.5=$	-0.5	$120-90=\ \ 30$	$90-100=-10$
8	$0-0.5=$	-0.5	$80-70=\ \ 10$	$80-80=\ \ \ 0$
9	$0-0.5=$	-0.5	$90-80=\ \ 10$	$90-90=\ \ \ 0$
10	$0-0.5=$	-0.5	$100-70=\ \ 30$	$80-60=\ \ 20$

2） 手順2：（グラジエントベクトル $\nabla L^*(\boldsymbol{\beta}^0)$ の計算）

グラジエントベクトル $\nabla L^*(\boldsymbol{\beta}^0)$ の計算の便宜を図るために，次のような表を作成しよう．

次に，$\nabla L^*(\boldsymbol{\beta}^0)$ の各要素は次式で計算される．

$$\frac{\partial L^*(\boldsymbol{\beta}^0)}{\partial \beta_k}=\sum_i(\delta_a^i-p_a^{i0})(x_{ka}^i-x_{kb}^i) \qquad (k=1, 2)$$

したがって，

$$\nabla L^*(\boldsymbol{\beta}^0) = \begin{bmatrix} 5-2.5-5+0+0+10-15-5-5-15 \\ -10+0+20+10-5-20+5+0+0-10 \end{bmatrix}$$

$$= \begin{bmatrix} -32.5 \\ -10.0 \end{bmatrix}$$

3）　手順3：（ヘシアン行列 $\nabla^2 L^*(\boldsymbol{\beta}^0)$ の計算）

ヘシアン行列 $\nabla^2 L^*(\boldsymbol{\beta}^0)$ の各要素は

$$\frac{\partial^2 L^*(\boldsymbol{\beta}^0)}{\partial \beta_k \partial \beta_j} = -\sum_i p_a{}^{i0} p_b{}^{i0} (x_{ka}{}^i - x_{kb}{}^i)(x_{ja}{}^i - x_{jb}{}^i)$$

によって与えられる．したがって，上記の表より次式が求まる．

$$\nabla^2 L^*(\boldsymbol{\beta}^0) = \begin{bmatrix} -656.25 & 275.00 \\ 275.00 & -1150.00 \end{bmatrix}$$

さらに，逆行列 $\nabla^2 L^*(\boldsymbol{\beta}^0)^{-1}$ を求めれば

$$\nabla^2 L^*(\boldsymbol{\beta}^0)^{-1} = \begin{bmatrix} -0.1694 \times 10^{-2} & -0.0405 \times 10^{-2} \\ -0.0405 \times 10^{-2} & -0.0966 \times 10^{-2} \end{bmatrix}$$

となる．

4）　手順4：（パラメータ値の更新）

パラメータ値を次式を用いて更新しよう．

$$\boldsymbol{\beta}^1 = \boldsymbol{\beta}^0 - (\nabla^2 L^*(\boldsymbol{\beta}^0))^{-1} \nabla L^*(\boldsymbol{\beta}^0)$$

したがって，

$$\boldsymbol{\beta}^1 = \begin{bmatrix} 0 \\ 0 \end{bmatrix} - \begin{bmatrix} -0.1694 \times 10^{-2} & -0.0405 \times 10^{-2} \\ -0.0405 \times 10^{-2} & -0.0966 \times 10^{-2} \end{bmatrix} \begin{bmatrix} -32.5 \\ -10.0 \end{bmatrix}$$

$$= \begin{bmatrix} 0.05910 \\ 0.02282 \end{bmatrix}$$

を得る．ここで，ステップを更新し $s=1$ と設定する．まず，手順1に戻って新しいパラメータ値 $\boldsymbol{\beta}^1$ を用いて選択確率 $p_a{}^{i1}$, $p_b{}^{i1}$ を求め直す．以下，パラメータ値が十分収束したと判断されるまで，これまでの計算方法を繰り返せばよい．ここで，収束条件として $\max_j |\beta_j{}^{s+1} - \beta_j{}^s| \le 0.01$ を採用しよう．以上の計算を手順を繰り返すことにより，最終的にパラメータ $\boldsymbol{\beta}$ の最尤値 $\hat{\beta}_1 = -0.0910$, $\hat{\beta}_2 = -0.0359$ を得ることができる．

（4）　ロジットモデルの推計精度

　最後に，ロジットモデルの推計精度を判定するいくつかの統計量について簡単に述べておこう．まず，モデル全体の推計精度を検討するためによく用いられる統計量として，尤度比があげられる．尤度比 ρ^2 は

$$\rho^2 = 1 - \frac{L^*(\hat{\boldsymbol{\beta}})}{L^*(0)}$$

により定義される．ここに，$L^*(\hat{\boldsymbol{\beta}})$ は最尤推定値 $\hat{\boldsymbol{\beta}}$ を用いた場合の対数尤度であり，次式のように表されることを思いだして欲しい．

$$L^*(\hat{\boldsymbol{\beta}}) = \sum \{\delta_a{}^i \ln p_a{}^i(\hat{\boldsymbol{\beta}}) + \delta_b{}^i \ln p_b{}^i(\hat{\boldsymbol{\beta}})\}$$

ここに，確率 $p_a{}^i(\hat{\boldsymbol{\beta}}), p_b{}^i(\hat{\boldsymbol{\beta}})$ は最尤推定値 $\hat{\boldsymbol{\beta}}$ を用いた場合の選択確率を示している．一方，$L(0)$ は二項ロジットモデルのパラメータ β をすべて 0 とした場合の対数尤度であり，$L^*(0) = \sum \{\delta_a{}^i \ln(0.5) + \delta_b{}^i \ln(0.5)\} = -n \ln 2$ となる．n はサンプルの数を表す．いいかえれば，$L(0)$ はモデルにまったく説明力がなかった場合の対数尤度を表している．したがって，尤度比の定義における $L^*(\hat{\boldsymbol{\beta}})/L^*(0)$ は，モデルを作成することによりどの程度説明力を獲得できたかを示している．重相関係数と同じように ρ^2 の値は 0 と 1 の間にあり，1 に近いほうがモデルの精度はよくなる．しかし，重相関係数とは異なり，尤度比が 0.2〜0.4 程度でモデルは十分高い適合度をもっていると判断していいことが知られている．尤度比に関しても，重相関係数と同様に自由度を修正する必要が生じる場合がある．自由度を修正した尤度比 $\bar{\rho}^2$ は $\bar{\rho}^2 = (n-k)\rho^2/n$ によって与えられる．

　このように，尤度比はモデル全体の適合度を判定するのに有用な指標である．しかし，それだけでは不十分であり，最小二乗法と同じように各パラメータの t 値を求め，個々の説明変数の説明力を調べる必要がある．各パラメータの t 値を求めるため，まず最尤推定値 $\hat{\boldsymbol{\beta}}$ の分散共分散を求めてみよう．ロジットモデルの理論によれば，標本の数が十分に多いときには，推定量 $\hat{\boldsymbol{\beta}}$ の分布は平均値 β，分散共分散行列 $-\nabla^2 L^*(\beta)^{-1}$ をもつ多変量正規分布に近づいていくことが知られている．ここで，$\nabla^2 L^*(\beta)$ は，対数尤度に関するヘシアン行列であることに気づくだろう．いいかえれば，標本の数を多くすることによって，推定量 $\hat{\boldsymbol{\beta}}$ は真の値 β に近づいていく．すなわち，最尤推定量 $\hat{\boldsymbol{\beta}}$ は一致推定量であることがわかる．また，最尤推定量は，分散共分散行列 $-\nabla^2 \boldsymbol{L}^*(\beta)^{-1}$ をもつ最

小分散推定量になっているのである．ここで，各パラメータの t 値を求めよう．6.5で述べたように t 値は次のようになる．

$$t_j = \frac{\hat{\beta}_j - \beta_j}{\sqrt{V(\hat{\beta}_j)}} \qquad (j=1, \cdots, m)$$

なお，$V(\hat{\beta}_j)$ の推定値は，分散共分散行列 $-\nabla^2 L^*(\hat{\boldsymbol{\beta}})^{-1}$ の第 j 行第 j 列の対角要素として求まる．各説明変数の説明力について検定したいときには，最小二乗法の場合と同様に $\beta_j = 0$ と置いて，帰無仮説 $H_0: \hat{\beta}_j = 0$ を仮説検定すればいい．このことを，次の例題で確認してみよう．

［例題7.6］　　前の例題で求めた二項ロジットモデルの尤度比，t 値を求めて，得られたモデルの推計精度について検討せよ．

［解　答］　　例題で得られた二項ロジットモデルを用いて $L(\hat{\boldsymbol{\beta}})$ を求めよう．対数尤度の定義より $L^*(\hat{\boldsymbol{\beta}}) = \sum \{\delta_a{}^i \ln p_a{}^i(\hat{\boldsymbol{\beta}}) + \delta_b{}^i \ln p_b{}^i(\hat{\boldsymbol{\beta}})\}$ となる．ここで，10人の被験者について $p_a{}^i(\hat{\boldsymbol{\beta}})$，$p_b{}^i(\hat{\boldsymbol{\beta}})$ を求めれば次表を得る．

i	$\delta_a{}^i$	p_a	$\delta_b{}^i$	p_b	$x_{1a}{}^i - x_{1b}{}^i$	$x_{2a}{}^i - x_{2b}{}^i$
1	1	0.4563	0	0.5437	10	-20
2	1	0.6029	0	0.3971	-5	0
3	1	0.3812	0	0.6188	-10	40
4	1	0.3408	0	0.6592	0	20
5	1	0.5817	0	0.4183	0	-10
6	0	0.5867	1	0.4133	-20	40
7	0	0.1020	1	0.8980	30	-10
8	0	0.3026	1	0.6974	10	0
9	0	0.3026	1	0.6974	10	0
10	0	0.0405	1	0.9595	30	20

したがって，$L^*(\hat{\boldsymbol{\beta}}) = -5.6266$ となる．尤度比は $\rho^2 = 1 - 5.6266/(10 \cdot \ln 2) = 0.1883$ となる．次に，$\nabla^2 L^*(\hat{\boldsymbol{\beta}})$ の各要素は $\partial^2 L^*(\hat{\boldsymbol{\beta}})/\partial \beta_k \partial \beta_j = -\sum_i p_a{}^i p_b{}^i (x_{ka}{}^i - x_{kb}{}^i)(x_{ja}{}^i - x_{jb}{}^i)$ により求まる．したがって，分散共分散行列は

$$\nabla^2 L^*(\widehat{\boldsymbol{\beta}}) = \begin{bmatrix} -2.885 \times 10^2 & 3.412 \times 10^2 \\ 3.412 \times 10^2 & -9.903 \times 10^2 \end{bmatrix}$$

となる．この逆行列 $\nabla^2 L^*(\widehat{\boldsymbol{\beta}})^{-1}$ を求めれば

$$\nabla^2 L^*(\widehat{\boldsymbol{\beta}})^{-1} = \begin{bmatrix} -5.8 \times 10^{-3} & -2.0 \times 10^{-3} \\ -2.0 \times 10^{-5} & -1.7 \times 10^{-3} \end{bmatrix}$$

となる．パラメータ $\widehat{\beta}_j$ の分散の推定値は行列 $-\nabla^2 L^*(\widehat{\boldsymbol{\beta}})^{-1}$ の第 j 行第 j 列要素として求まる．したがって，パラメータ $\widehat{\beta}_1$，$\widehat{\beta}_2$ の t 値を求めると，$t_{\widehat{\beta}_1} = -0.0910 / \sqrt{5.8 \times 10^{-3}} = -1.1900$，$t_{\widehat{\beta}_2} = -0.0359 / \sqrt{1.7 \times 10^{-3}} = -0.8702$ となる．

　なお，例題では，わずか 10 個のサンプルだけをとりあげて，二項ロジットモデルを作成した．最尤推定値の統計的な性質は，標本の数が十分大きくなったときに議論できるものが多く，本例題のようにわずかの標本に対して得られた統計量を用いてモデルの精度を議論することには問題がないとはいえない．本例題ではあくまでもモデルの推計精度の検討方法を演習することを目的としたものであり，読者が実際に二項ロジットモデルを使って分析を行う際には，この点に十分注意して欲しい．

参 考 文 献

1)　佐和隆光：数量経済分析の基礎，筑摩書房，1974.
2)　岩田暁一：計量経済学，有斐閣，1982.
3)　Takeshi Amemiya : Advanced Econometrics, Basil Blackwell, 1985.
4)　フィッシャー：統計的方法と科学的推論，岩波書店，1962.
5)　Cramer, J.S. : Econometric Applications of Maximum Likelihood Methods, Cambridge University Press, 1986.
6)　土木学会編：交通需要予測ハンドブック，技報堂出版，1981.
7)　森地茂他：交通計画，新体系土木工学第 60 巻，技報堂出版，1992.

8章

時系列予測モデル

8.1 時系列予測の概念

　土木計画は本来ある時点，通常現在において，それ以後のわれわれの行為を最も合理的にするために作成されるものである．すなわち，計画とは現地点を起点として不確実性の広がっている未来に向かって描かれた目標であり，不確実な将来に対するわれわれの行動に対して一つの指針を与えるものである．計画を作成する際には，将来の問題を取り扱うことによって生じる不確実性の効果的な処理が求められる．したがって，計画が現在の意志決定にその本質があるとしても，すべて未来の予測がその基調とならざるをえない．

　予測という言葉は，広くいえば将来の状態についての見方をすべて含む言葉であろうが，特に予測といわれるためには，過去の経験を利用することにより，将来の状態をある科学的な手続きでとらえることが必要となる．予測問題とは，過去の経験，観測データを最大限に利用し，しかも内容は可能な限り定量的あるいは数量的にとらえることを基本として，将来の社会・経済システムの状態や各種の政策の効果を現時点で思考実験的に把握する問題にほかならない．予測期間は，対象とする予測問題に応じて数時間先とか数年先とか多様に異なってくる．洪水時のダム操作や交通制御の問題では対象とする予測期間はきわめて近い将来となろう．一方，地域計画や都市計画において求められる将来予測は，5年あるいは10年先といった中・長期的な将来が対象となろう．また，こ

のような予測期間の長短と対応して予測に用いられる手法も多様に異なってくる．予測とは，統計学的には現時点 t までに得られたデータにもとづき $t+r(r>0)$ での値を推定することを意味する．この場合，予測方法は大きく2種類の方法に大別できる．一つは，前節までに述べた確率・統計モデルを用いる方法である．いま，一つの方法が以下で学習する時系列モデルと呼ばれる方法である．

　確率・統計モデルは現象の背後にある一つの安定的な関係を表現しており，その関係は現在までと同様に将来時点においても成立すると考える方法である．これらの確率・統計モデルには「時間」という要素が明示的には含まれておらず，被説明変数の値は説明変数の水準のみに依存している．将来時点において，説明変数の値に変化が生じたときに被説明変数の値に変動が生じると考えるわけである．このように変数が日付をもたない（静学的な）確率・統計モデルは，現象のある局面を表現しているが，たとえば需要の成長といった時間と密接に関連した問題を扱うことはできない．いま，特定の2時点をとりあげてみたところ説明変数の値がまったく等しいと仮定しよう．時間の要素の入らない静学モデルでは，この二つの時点における被説明変数の値は同じになる．しかし，現実には説明変数の値がたとえ同じであっても過去からのすう勢で被説明変数は異なった値をとるかも知れない．あるいは，逆に説明変数の値が急に変化しても被説明変数の値は急には変化しないことも起こりうるだろう．また，静学的な確率・統計モデルを用いて被説明変数の予測値を得るためには，それに先だって説明変数の予測をしなければならないが，このことが被説明変数を予測することよりも難しいかもしれない．この場合，時系列データに示される過去の動きから，その将来の動きを直接予測していこうとする考え方も成り立つ．たとえば，時系列の過去の動きの中に見られ将来にもあてはまるような変数の上昇トレンドや周期的な動きがある場合がある．もし，このような体系的な動きを発見できれば，他の変数によって当該変数の動きを構造的に説明するという形をとらずに，時系列のモデルを作成することができる．このように当該変数の過去の動きを説明し，それと同時にその情報を利用して変数の将来の動きを予測するモデルのことを時系列モデルと呼ぶ．

　過去のある時点に同一の集団に属するいくつかの観測個体の特性を観測した

データのことをクロスセクションデータという．クロスセクションデータに対して，過去の一定期間にわたりある観測個体の特性を多くの時間断面にわたって継時的に集めたデータを時系列データと呼ぶ．時系列データとしては，たとえば特定の地域の経済活動の水準を時間（年度，四半期，月，週，日）別に記録した観測値系列が該当する．時系列データを解析する場合に，その変動が以下のような変動要因によって構成されていると考えると便利なことが多い．**傾向変動**（トレンド）とは時系列の平均傾向が長期にわたって一方的に増加したり減少したりする変動のことをいう．問題によっては周期の非常に長い長期変動もしばしば傾向変動として現れるので注意を要する必要がある．時系列データの中には，たとえば気温のように1年間を通じてある周期的な変化をみせるものがある．このような規則的で反復的な変動を**周期的変動**という．さらに，時系列データの中には，不規則偶然的な変動で，一般に他の規則的な変動の攪乱因子と考えることができる**偶然変動**と呼ばれるものがある．現実の時系列データには，このような種々の変動パターンをみせる各種の変動が合成されたものとみなすことができる．したがって，時系列モデルを作成する際には，現実のデータがどのような変動パターンが合成されたものであるかを見きわめることが非常に重要となる．時系列データの分析や時系列モデルの作成は長い研究の歴史がある．一方，ボックス–ジェンキンズによるシステム的な時系列モデルの作成方法が提案されて以来，近年急速に研究が進展している分野でもある．もちろん，本書では時系列モデルについて詳細に述べることはできないが，時系列モデルの基本的な考え方を学習してもらいたい．

8.2　簡単な外挿モデル

　時系列モデルは，時系列を外挿する際に便利な手法を提供する．「外挿する」とは，時系列の過去のすう勢的な動きにもとづいてその将来の動きを予測することをいう．時系列モデルを説明するに先だって，従来からよく用いられてきた簡便な外挿モデルについて紹介しよう．これらのモデルはその時系列がもっている確率過程としての性格を考慮していないので，決定論的モデルともいえる．

ある変数 y の t 時点における値を，y_t として表現しよう．一定の観測時点 $\{t=0,\ 1,\ 2,\ \cdots,\ T\}$ における y_t の変動に，単調な増加または減少の傾向がすう勢的に観察されるとすれば，時系列 y_t はトレンドをもつという．トレンドをもつ時系列の変動は t の単調な関数によってうまく近似できることが多い．もっとも簡単な外挿モデルは線形トレンドモデルである．もし，系列 y_t が各期ごとに一定量で増大するとすれば傾向線は

$$y_t = c_1 + c_2 t$$

ここで，t は時間，y_t は時点 t における y の値である．この直線を時系列データにあてはめることによって将来における y_t を予測することができる．これに対して y_t が一定量で増大するよりも，一定の比率で成長すると仮定すれば指数型成長曲線

$$y_t = c_1 \exp(c_2 t) \tag{8.1}$$

が得られる．この直線を現実のデータにあてはめる場合には，両辺の対数をとり対数線形回帰方程式 $\log y_t = c_1' + c_2 t$ を推計すればよい．ただし，$c_1' = \log c_1$ である．

線形トレンドモデルも指数型成長曲線も時間とともに説明変数の値が無限に大きくなっていくという特徴をもつ．現実的にはある一定の飽和水準に時間とともに漸近していく場合も少なくない．このようなトレンドを表現するモデルとしてロジスティック曲線がある．ロジスティック曲線は

$$y_t = \frac{\gamma}{1 + \alpha \exp(-\beta t)} \qquad \alpha,\ \beta,\ \gamma > 0$$

と表せる．y_t の極限値 γ は飽和水準と呼ばれる．このような簡単な外挿方法は，たとえば GNP や人口といった変数の粗っぽい長期予測を行う際，しばしば基礎とされるものである．また，6 章で学習した最小二乗法を用いて簡便に推計できるという利点がある．ただし，これらの方法は将来予測を短時間で行う場合の方法としては有用であるが，予測精度の面からは通常望ましいものとはいえない場合が少なくない．外挿モデルを推定する場合，少なくとも 6 章で示したような方法に従って予測の標準誤差や予測信頼区間を計算しておくべきであろう．

予測の目的で用いられる，いま一つの決定論的モデルは移動平均を使用する

モデルである．簡単な例として月別時系列を予測する場合を考えよう．すなわち，

$$y_t = \frac{1}{12}(y_{t-1} + y_{t-2} + \cdots + y_{t-12})$$

というモデルである．このモデルでは y_t の値を予測するのに1期前から12期前までの y の値（$y_{t-1}, \cdots, y_{t-12}$）を用いている．この移動平均モデルは，ある月の系列の値が過去12か月の単純平均に近いものであると考えられるならば有効であろう．しかし，現地点に近い y_t のほうがそれ以前の値に比べて，より大きな影響力をもつと考えた方が合理的である場合がしばしば見受けられる．この場合には，現時点に近い値には移動平均において大きな重みをつけるべきであろう．これを考慮した決定論的モデルが指数的加重移動平均モデル

$$y_t = \alpha y_{t-1} + \alpha(1-\alpha)y_{t-2} + \alpha(1-\alpha)^2 y_{t-3} + \cdots$$
$$= \alpha \sum_{r=0}^{\infty} (1-\alpha)^r y_{t-r-1}$$

である．移動平均モデルは確かに役に立つモデルであるが，予測の信頼性に関する情報を与えてくれない．その理由はモデルの推定に回帰が行われていないためである．したがって，時系列の確率的要因について議論することができない．この確率的要因こそが予測の際の誤差を生み出す原因であり，モデル作成において十分に検討すべきことがらである．そこで，以下では確率的時系列に目を向けることにする．

8.3 時系列モデル

　時系列データは，等間隔にとらえた時間 $\{1, 2, \cdots, T-1, T\}$ に対応して観測された変数 y の観測値の集まり $\{y_1, y_2, \cdots, y_{T-1}, y_T\}$ から成り立っている．ここで，添え字は時間を示している．図8.1は平均値 μ のまわりに変動する観測値の系列を示している．もし観測値が互いに独立であるならば，時系列の次の観測値 y_{T+1} の予測は単純に μ であろう．もしそれが未知であれば，標本平均のような μ に関する推定値を用いればよい．しかし，この図の場合，観測値は明らかに独立でなく，それぞれ遠く離れたものよりも隣接したものどうし

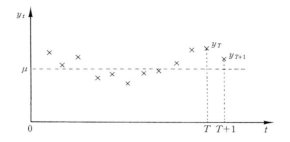

図 8.1 系列相関をもつ時系列

の方が似通った値を示している．また，周期的な変動も読み取れる．このような構造は系列相関と呼ばれる．このような系列相関は，時系列観測値の特徴的な性質であり，系列相関の形を考慮することによって将来の観測値についてよりよい予測値をえることができる．図 8.1 のように連続する観測値間の関係が与えられたときには，予測値を単純に μ とするよりも，y_T と μ の間のどこかにあると考える方が妥当であろう．

　時系列モデルは問題となっている観測値の時系列データの背後にある確率メカニズムをモデル化しようとするものである．すなわち，観測値の組はあるモデルで表現する確率法則に従って生起すると考える．時系列の変動の中には測定や観測法に依存する変動因子とともに，一般には偶然に支配される因子が含まれている．したがって，現実に得られた時系列は一つの標本である．その母集団にあたるものが確率過程 $X(t)$ である．一般に，確率過程は $-\infty$ から ∞ までの期間について定義されている．時系列データとはたまたまそのうちの第 1 期から第 t 期に対応する確率変数について観測値が得られたものとみなすことができる．

　時系列とは，確率過程からの標本と考えることができる．時系列 y_1, y_2, $\cdots$, y_t に対しては確率過程についての以下の三つの特性量が重要となる．

$$E(y_t)$$
$$V(y_t)=E[(y_t-E(y_t))^2]$$
$$\mathrm{cov}(y_t, \ y_{t-s})=E[(y_t-E(y_t))(y_{t-s}-E(y_{t-s}))]$$

　上に示した特性値はそれぞれ y_t の平均値，y_t の分散，y_t と y_{t-s} の共分散で

ある．また，このような同一の確率過程の異なる時点間の観測値の共分散は，特に自己共分散と呼ばれる．時系列データでは各確率変数 y_t に対して一つの観測値 $\bar{y}_t$ が与えられている．したがって，このままでは観測値の数が少なすぎて分散，自己共分散を推定できない．6章，7章で説明してきた確率モデルではある確率変数に対して多数の観測値が存在し，それらの観測値を用いて確率モデルを推計した．しかし，時系列データの場合，一つの確率変数に対して一つの観測値しか与えられない．そこで，与えられた1組の時系列データを用いて確率過程の統計的な性質を分析するためには発想を転換する必要がある．すなわち，調べたい特性値に対して観測値が不足しているのであるから，逆に対象とする特性値の数自体を少なくすることを考える．このために，確率過程に対して定常性という性質を想定することにより特性値の数を減らすことができる．すなわち，以下の性質をとりあげよう．

$$E(y_t) = \mu < \infty$$
$$V(y_t) = \gamma(0) < \infty$$
$$\text{cov}(y_t, \ y_{t-s}) = \gamma(s), \ (s = \cdots, \ -1, \ 0, \ 1, \ 2, \ \cdots)$$

重要な性質は各特性値が時刻 t に依存していないことである．すなわち，平均と分散はすべての y_t について共通であり，自己共分散は2時点の時刻差 s にのみ依存している．確率過程がこのような性質をもっている場合，もとの確率過程は定常性をもっているといわれ，そこからサンプリングされた時系列データは定常な時系列データと呼ばれる．一方，時系列データが上で述べたような条件を満足しない場合，確率過程は非定常であると呼ぶ．たとえば，時系列データにあるトレンドが見出せる場合，この時系列データは上の条件を満足しえないことから，非定常な確率過程であるとみなすことができる．一般に，非定常確率過程を分析することは非常に難しいが，トレンドあるいは周期性といったようなある種の規則性が時系列データに見出せる場合には，非定常確率過程も時系列モデルにより表現することができる．

　定常な時系列データ $\{\bar{y}_1, \bar{y}_2, \cdots, \bar{y}_t\}$ が与えられたときは，そのデータを生み出したもとの確率過程の平均，分散，自己共分散を推定することができる．その推定量は，それぞれ，

$$\hat{\mu} = \frac{\sum_{i=1}^{t} \bar{y}_i}{t}$$

$$\hat{\gamma}(0) = \frac{\sum_{i=1}^{t} (\bar{y}_i - \hat{\mu})^2}{t}$$

$$\hat{\gamma}(s) = \frac{\sum_{i=s+1}^{t} (\bar{y}_i - \hat{\mu})(\bar{y}_{i-s} - \hat{\mu})}{t}$$

と表せる．自己共分散は観測値の大きさ自体の影響を受けるので，このままでは不便である．そこで，自己共分散を分散で除することにより基準化してみよう．

$$\rho(s) = \gamma(s) / \gamma(0)$$

このように自己共分散を分散で基準化した値を自己相関（あるいは，コレログラム）と呼び，以下のような性質をもつことがわかっている．

$$\rho(0) = 1$$

$$-1 < \rho(s) < 1, \quad (s = \cdots, \ -1, \ 0, \ 1, \ 2, \ \cdots)$$

また，自己共分散の定義より $\rho(s) = \rho(-s)$ が成立することは明らかであろう．6章では2変数の関係の強さを表す相関係数について説明したが，自己相関は時系列データを対象とした相関係数と考えることができる．すなわち，自己相関は s 期離れた変数間の関係の強さを表している．このように s 期離れた

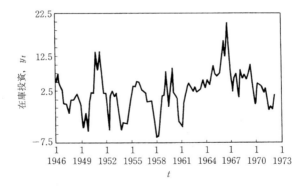

図 8.2　在庫投資の時系列データ

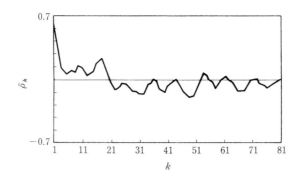

図8.3　在庫投資–標本自己相関関数

変数に着目するとき，二つの変数の間にラグが s あると呼ぶ．したがって，$\rho(s)$ は，着目している変数とラグ s の変数の間の相関係数と考えることができる．自己相関は系列相関と呼ばれることもある．$\rho(s)$ の値が1に近いとき，その時系列は系列相関が高いと呼ぶ．なお，平均がゼロ，分散が σ^2 であり，すべての自己相関がゼロであるような確率過程をホワイトノイズと呼ぶ．

　定常的な時系列データに対して推定された自己相関関数の例として，在庫投資の四半期データをとりあげてみよう．在庫投資の四半期データを図8.2に自己相関関数を図8.3に示している．ラグ s が大きくなるにつれて自己相関係数の値が急速に減少していることがわかる．このように定常過程では，ラグが大きくなるにつれて自己相関係数の値が急速に減少するのが特徴的である．このように自己相関関数は，対象とする時系列データが定常確率過程からのサンプルかどうかをチェックするのにきわめて有効である．ラグが大きくなっても自己相関係数がなかなか減少しない場合には，対象とする時系列データは非定常的であると判断せざるをえない．このような非定常な確率過程を対象とした時系列モデルも作成することができる．非定常状態を対象とした時系列モデルに関しては，のちに改めて説明することとし，まず定常過程を対象とした時系列モデルについて説明しよう．

8.4 定常過程を対象とした時系列モデル

（1） AR モ デ ル

これまでは，時系列データを発生する確率過程の性質について述べてきた．また，確率過程に定常性という制約を課すことにより確率過程の平均，分散，自己共分散を推定できることを知った．通常，時系列データはなんらかの規則性をもっており，異時点データ y_t と y_{t-s} の間にはなんらかの規則性をもっている．このような異時点間のデータの間にある規則性を表現するモデルを時系列モデルと呼ぶ．このような時系列モデルには種々のモデルが開発されているが，ここでは代表的モデルである自己回帰（AR）モデルと自己回帰移動平均（ARMA）モデルをとりあげることにしよう．

　時系列モデルの中で最も頻繁に用いられる自己回帰モデルをとりあげよう．ここで，1階の自己回帰モデルと呼ばれるモデルをとりあげよう．

$$y_t = \mu' + \phi y_{t-1} + \varepsilon_t \tag{8.2}$$

変数 ε_t は不確実性を表す．これは平均がゼロ，分散が σ^2 である互いに独立な攪乱項であるので異時点間における相関がゼロである．モデルのその他の性質は母数 μ と ϕ によって決定される．もし，$|\phi|<1$ であれば，観測値は平均である μ のまわりを変動する．時系列データ（y_1, …, y_T）が得られれば，母数 μ, ϕ は6章で述べた最小二乗法によって求めることができる．推定値 $\hat{\mu}'$, $\hat{\phi}$ が得られれば，この時系列の次の観測値は次式によって予測できる．

$$\hat{y}_{T+1} = \hat{\mu}' + \hat{\phi} y_T$$

　AR モデルの場合，常に定常性の条件が満足されているわけではなく，意味ある分析を行うためには新たに定常性の条件を付加しなければならない．この式で，$\hat{\phi}$ が -1 から1の間にあるということは，その確率過程が定常であることを意味している．観測値の時系列が定常過程から生成されている場合には，それらはある一定の水準のまわりに変動し，時間とともに散らばり方が増大したり減少したりする傾向はない．もちろん，定常過程はこのような性質だけをもっているのではないが，非常にわかりやすい性質であろう．

　AR モデルは実用的によく用いられる．すなわち，AR モデルは通常の回帰モデルと同様の構造をもっており直観的に非常に理解しやすいものである．すな

わち，外生変数がない遅れのある従属変数のみを説明変数とする回帰モデルであるとみなすことができる．一般に時系列モデルは誤差項の系列相関の問題を解決するために複雑な推計方法を適用しなければならないが，AR モデルの場合には通常の最小二乗法を用いて母数を推計できるという利点がある．

ここで，AR 過程の平均，分散，自己共分散を求めよう．いま，式の右辺 y_{t-1} を書き直すと

$$y_t = \mu' + \phi(\mu' + \phi y_{t-2} + \varepsilon_{t-1}) + \varepsilon_t$$
$$= \mu' + \phi\mu' + \phi^2 y_{t-2} + \varepsilon_t + \phi\varepsilon_{t-1}$$

と書き表せる．さらに，代入を繰り返すことにより，一般的に次式のように書き表せる．

$$y_t = \mu' \sum_{i=0}^{k} \phi^i + \sum_{i=0}^{k} \phi^i \varepsilon_{t-i} + \phi^{k+1} y_{t-k-1}$$

ここで，定常性の条件 $|\phi| < 1$ が成立するとしよう．k を次第に大きくすれば，最終項 $\phi^{k+1} y_{t-k-1}$ はゼロに収束する．したがって，

$$y_t = \mu' \sum_{i=0}^{\infty} \phi^i + \sum_{i=0}^{\infty} \phi^i \varepsilon_{t-i}$$
$$= \mu'/(1-\phi) + \sum_{i=0}^{\infty} \phi^i \varepsilon_{t-i}$$

となる．この関係を用いてこの過程の平均，分散，自己共分散を求めてみよう．

各 t に関して $E(\varepsilon) = 0$ であるので，

$$\mu = E(y_t) = \mu'/(1-\phi) + \sum_{i=0}^{\infty} E(\varepsilon_{t-i})$$
$$= \mu'/(1-\phi)$$

となる．また，$E(\varepsilon_t \varepsilon_s) = 0$，$E[\varepsilon_t{}^2] = \sigma^2$ と仮定されているので，

$$\gamma(0) = E[(y_t - \mu)^2] = E[(\sum_{i=0}^{\infty} \phi^i \varepsilon_{t-i})^2]$$
$$= \sum_{i=0}^{\infty} \phi^{2i} E(\varepsilon_{t-i}{}^2) = \sigma^2/(1-\phi^2)$$

となる．同様に，自己共分散は

$$\gamma(s) = \mathrm{cov}(y_t,\ y_{t-s}) = E[(\sum_{i=0}^{\infty} \phi^i \varepsilon_{t-i})(\sum_{i=0}^{\infty} \phi^i \varepsilon_{t-s-i})]$$
$$= \phi^s/(1-\phi^2) = \phi^s \gamma(0) \quad (s=1,\ 2,\ \cdots)$$

となる．したがって，自己相関は

$$\rho(s) = \phi^s$$

となる．1 次の自己回帰過程の一例として方程式

$$y_t = 0.9y_{t-1} + 1 + \varepsilon_t$$

を考えてみよう．この過程の自己相関関数は上の結果より，ただちに $\rho(s) = 0.9^s$ となることが理解できよう．この例の過程では，各観測値がその前後の観測値と高度の相関関係にあることがわかる．

さらに，AR モデルを p 次までのラグ変数 $(y_{t-1}, \cdots, y_{t-p})$ を含むように一般化することができる．このような AR モデルを p 次の自己回帰モデルと呼び，AR(p) モデルと表す．AR(p) モデルは以下のように表せる．

$$y_t = \mu' + \phi_1 y_{t-1} + \phi_2 y_{t-2} + \cdots + \phi_p y_{t-p} + \varepsilon_t \tag{8.3}$$

ただし，μ, ϕ_1, ϕ_2, $\cdots$, ϕ_p は母数である．ε_t は誤差項であり，ホワイトノイズである．AR(p) モデルが定常性をもつためには AR(1) モデルと同様に母数 $\phi_1, \cdots, \phi_p$ がある条件を満足しなければならないことが知られている．ここでは，結果だけを示しておこう．母数を係数とする p 次の方程式

$$1 - \phi_1 z - \phi_2 z^2 - \cdots - \phi_p z^p = 0$$

のすべての根が絶対値で 1 より大きくなければならないことが定常性の条件である．AR(p) モデルに関しても，AR(1) モデルと同様に平均，分散，自己共分散を求めることができる．

まず，平均に関しては式 (8.3) の両辺の期待値をとることにより，

$$\mu = E(y_t) = \mu' + \phi_1 \mu + \phi_2 \mu + \cdots + \phi_p \mu \tag{8.4}$$

を得る．したがって，平均 μ は

$$\mu = \mu' / (1 - \phi_1 - \phi_2 - \phi_3 - \cdots - \phi_p)$$

となる．次に，分散・自己共分散を求めてみよう．式 (8.3) から式 (8.4) を辺々引くことにより

$$y_t - \mu = \phi_1(y_{t-1} - \mu) + \phi_2(y_{t-2} - \mu) + \cdots + \phi_p(y_{t-p} - \mu) + \varepsilon_t$$

を得る．$E[(y_t - \mu)\varepsilon_t] = \sigma^2$ になることに着目しながら，上式の両辺に $(y_t - \mu)$ を掛けて期待値をとると以下の表現を得る．

$$\gamma(0) = \phi_1 \gamma(1) + \phi_2 \gamma(2) + \cdots + \phi_p \gamma(p) + \sigma^2$$

両辺を $\gamma(0)$ で割れば

$$1 = \phi_1 \rho(1) + \phi_2 \rho(2) + \cdots + \phi_p \rho(p) + \sigma^2 / \gamma(0)$$

となる．したがって

$$\gamma(0) = \sigma^2 / (1 - \phi_1\rho(1) - \phi_2\rho(2) - \cdots - \phi_p\rho(p))$$

となる．自己共分散については，上と同様の方法で $(y_{t-1}-\mu)$ を両辺に掛けて期待値をとったもの，$(y_{t-2}-\mu)$ を掛けて期待値をとったもの，と順次求めていく．さらに，$s>0$ について $E[(y_{t-s}-\mu)\varepsilon_t]=0$ であることに注意すれば，以下の方程式体系を得ることができる．

$$\gamma(1) = \phi_1\gamma(0) + \phi_2\gamma(1) + \cdots + \phi_p\gamma(p-1)$$
$$\gamma(2) = \phi_1\gamma(1) + \phi_2\gamma(0) + \cdots + \phi_p\gamma(p-2)$$
$$\vdots$$
$$\gamma(p) = \phi_1\gamma(p-1) + \phi_2\gamma(p-2) + \cdots + \phi_p\gamma(0)$$

上記の式は無限に続きうるが，ここでは最初の p 本だけ示している．なお，上の体系の両辺を分散 $\gamma(0)$ で除して自己相関に関して表現したものはユール-ウォーカー方程式と呼ばれている．

$$\rho(1) = \phi_1 + \phi_2\rho(1) + \cdots + \phi_p\rho(p-1)$$
$$\rho(2) = \phi_1\rho(1) + \phi_2 + \cdots + \phi_p\rho(p-2)$$
$$\vdots$$
$$\rho(p) = \phi_1\rho(p-1) + \phi_2\rho(p-2) + \cdots + \phi_p$$

この方程式は，AR モデルの母数 ϕ_k と確率過程の自己相関または自己共分散を結びつけるきわめて重要な関係を示している．また，自己相関係数を求めれば，この方程式より AR モデルの母数を容易に推定できることが理解できよう．

一例として 2 次自己回帰過程

$$y_t = 0.9y_{t-1} - 0.7t_{t-2} + \varepsilon_t$$

をとりあげてみよう．ユール-ウォーカー方程式を求めれば

$$\rho(1) = \frac{\phi_1}{1-\phi_2} = \frac{0.9}{1.7} \fallingdotseq 0.529$$

$$\rho(2) = \phi_2 + \frac{\phi_1{}^2}{1-\phi_2} = -0.7 + \frac{0.9^2}{1.7} \fallingdotseq -0.224$$

$$\vdots$$

$$\rho(s) = \phi_1\rho(s-1) + \phi_2\rho(s-2) = 0.9\rho(s-1) - 0.7\rho(s-2)$$

この過程の自己相関関数は図に示すように幾何級数的に減衰振動する関数として与えられる．2次以上の自己回帰過程はそのパラメータ値 ϕ_k の値いかんによって循環的な変動を示したり示さなかったりする．

（2） ARMA モデル

AR(1) モデルでは今期の観測値 y_t は1期前の観測値 y_{t-1} にのみ影響を受ける構造になっている．AR(p) モデルは，さらに離れた過去の観測値（y_{t-2}, $\cdots$, y_{t-p}）などの項を追加することにより，より複雑な時間的依存関係を表現することができる．モデルにより多くの遅れを導入すれば，複雑な時系列の状況を表現できるようになる．しかし，モデルに多くの変数を導入すれば推計すべき母数の数も多くなり，安定した推計結果を得ることが難しくなる．そこで，モデルに含まれる変数の数をできるだけ節約して複雑な時間的依存関係を表現する工夫が必要となる．その一つの方法はモデルのクラスを拡張して誤差項 ε_t の遅れを導入することである．観測される変数のラグ変数と誤差項のラグ変数の双方を含むモデルは自己回帰移動平均（autoregressive-moving average：ARMA）モデルと呼ばれる．ARMA 過程は比較的少数の母数で複雑な時間依存関係を表現できるという便利な特性をもっており，動学モデルづくりにおいて中心的な役割を果たすこととなる．

AR(1) モデル（式 (8.2)）を修正して誤差項 ε_t についての1期のラグ変数を導入すると

$$y_t = \mu' + \phi y_{t-1} + \varepsilon_t + \theta \varepsilon_{t-1} \tag{8.5}$$

となる．ここで，θ は誤差項についた重みであり，移動平均母数と呼ばれる．このモデルは次数 (1, 1) の ARMA 過程である．さらに，高次のラグ変数を用いた ARMA モデルも考えられる．

$$y_t = \mu' + \phi_1 y_{t-1} + \phi_2 y_{t-2} + \cdots + \phi_p y_{t-p} + \varepsilon_t + \theta_1 \varepsilon_{t-1} + \theta_2 \varepsilon_{t-2} + \cdots + \theta_q \varepsilon_{t-q} \tag{8.6}$$

ただし，μ', ϕ_1, ϕ_2, $\cdots$, ϕ_p, θ_1, θ_2, $\cdots$, θ_q は母数である．変数 y_t のラグ次数が p，誤差項 ε_t のラグ次数が q なので ARMA(p, q) モデルと呼ぶ．上でも述べたように ARMA モデルの存在価値は比較的低い次数の p，q を用いて複雑な時系列を表現できる点にある．

ARMA モデルを作成する場合，ラグ作用素と呼ばれるものを用いると分析が容易になる．ラグ作用素 L は変換

$$Ly_t = y_{t-1}$$

によって定義される．この記号を用いると，時系列分析における種々の演算が便利になる．ラグ作用素 L を逐次作用させることにより，$L^2 y_t = L(Ly_t) = y_{t-2}$ となる．したがって，一般には

$$L^r y_t = y_{t-r}$$

と表すことができる．確率過程はラグ作用素を用いれば完結に表現できる．たとえば，1次自己回帰過程をラグ作用素を用いて表現すれば，$y_t = \phi L y_t + \varepsilon_t$ となる．任意の ARMA 過程についてはラグ作用素を使った随伴多項式を定義することにより縮約して表現することができる．ここで，

$$\phi(L) = 1 - \phi_1 - \cdots - \phi_p L^p$$
$$\theta(L) = 1 + \theta_1 L + \cdots + \theta_q L^q$$

とおけば，ARMA(p, q) 過程（式 (8.6)）は

$$\phi(L) y_t = \theta(L) \varepsilon_t \tag{8.7}$$

と表現できる．ラグ作用素を用いればいくつかの演算上の便利さが得られる．たとえば，自己回帰的最終形は式 (8.7) の両辺に $\phi(L)^{-1}$ を左から乗ずることにより

$$y_t = \phi(L)^{-1} \theta(L) \varepsilon_t$$

と表現できる．たとえば，ARMA(1, 1) 過程の自己回帰表現を求めてみよう．ARMA(1, 1) 過程

$$y_t = \phi y_{t-1} + \varepsilon_t + \theta \varepsilon_{t-1}$$

をラグ作用素を用いて表現すれば，

$$(1 - \phi L) y_t = (1 + \theta L) \varepsilon_t$$

となる．両辺を $(1 - \phi L)$ で割れば

$$y_t = \frac{\varepsilon_t}{1 - \phi L} + \frac{\theta \varepsilon_{t-1}}{1 - \phi L}$$

となる．条件 $|\phi| < 1$ を満たすと仮定し，$1/(1 - \phi L)$ を $\phi L, (\phi L)^2, \cdots$ の無限級数の和と考えれば，次式を得る．

$$y_t = \sum_{j=0}^{\infty}(\phi L)^j \varepsilon_t + \theta \sum_{j=0}^{\infty}(\phi L)^j \varepsilon_{t-1} = \sum_{j=0}^{\infty}\phi^j \varepsilon_{t-j} + \theta \sum_{j=0}^{\infty}\phi^j \varepsilon_{t-j-1}$$

$$= \varepsilon_t + \sum_{j=0}^{\infty}(\phi^{j-1} + \theta\phi^j)\varepsilon_{t-j-1}$$

次に，以下のような ARMA(2，1) モデルを考えよう．

$$y_t = -0.2y_{t-1} + 0.08y_{t-2} + \varepsilon_t + 0.4\varepsilon_{t-1}$$

自己回帰表現を求めることにより，このモデルが AR(1) 過程に簡略化できることを示してみよう．ラグ作用素を用いて上式を書き換えれば

$$(1+0.2L-0.08L^2)y_t = (1+0.4)\varepsilon_t$$

となる．左辺の随伴多項式は因数分解でき，$(1+0.2L-0.08L^2) = (1-0.2L)(1+0.4L)$ となる．したがって，モデルを書き換えれば

$$y_t = \phi(L)^{-1}\theta(L)\varepsilon_t = \frac{(1+0.4L)}{(1-0.2L)(1+0.4L)}\varepsilon_t$$

となり，例題の ARMA(2，1) 過程は AR(1) モデル

$$y_t = 0.2y_{t-1} + \varepsilon_t$$

と同じ自己回帰表現をもつことがわかる．

8.5 非定常過程を対象とした時系列予測モデル

　多くの時系列はある一定の水準のまわりを変動するわけではなく，傾向的に上昇または下降の動きを示す．おそらく実際に見受けられるほとんどの時系列は定常ではないだろう．実際の時系列が定常であることは非常に少ないが，定常性の仮定は時系列分析にとって基本的なものである．ただ，幸運なことに多くの非定常な時系列データに対して，ある操作を施すことによって非定常な時系列データを定常な時系列データに変換することができる場合が少なくない．その際，これまでに学んできた ARMA 過程は，より複雑な時系列をモデル化する際に重要な役割を果たすことになる．

　通常の時系列モデルでは前提である定常性の仮定をくずす平均値の変動をトレンドと考える．時系列データの多くはトレンドをもっているため定常過程とはいえず，系列の前年比変化率，あるいは単純なトレンドを除去した系列を近似的に定常過程とみなして扱うことができる場合がある．前年度比という考え

方が簡単であり，このような方法が決して非現実的でない場合が少なからずある．実際，時系列分析が問題となる場合は，トレンドのまわりの短期的な動きが問題となることが多いため，このような簡単なトレンド処理が有効な場合が少なくない．さらに，何がトレンドを引き起こしているかを決めることが実際には明瞭でないために実用的な方法としてこのような単純なトレンドを想定する場合もある．特に，サンプル期間がそれほど長くない場合には，このような方法によって十分に意味のある結果が得られる場合が多い．

　また，非定常とみられる時系列データについても，変数間の関係自体はあまり変化していないと考えられる場合もある．このような場合には定常化した時系列データを用いて有効なモデルが得られることもありえる．たとえば，GNPや企業の販売数量は，時間とともに平均が増加しており，非定常な時系列データと考えることができる．しかし，ある時点のGNPと次の時点のGNPの差をとっていくと，この差の系列はおそらく定常的なふるまいを示すことになろう．もしGNPを予測するために時系列モデルを構築しようとするならば，時系列の階差を数回とり，これにより生み出された新たな時系列についてモデルを作成し予測を行う．そののちに，階差の影響を取り除いてGNPの原系列を再現するという方法を用いることができる．

　複雑な非定常の確率過程もその1回あるいは複数回の階差をとることにより定常系列に変形できることがある．1階，2階の階差は階差作用素 Δ を用いて

$$\Delta y_t = y_t - y_{t-1}$$
$$\Delta^2 y_t = \Delta y_t - \Delta y_{t-1}$$

と定義できる．同様に d 次の階差も $\Delta^d y_t = \Delta^{d-1} y_t - \Delta^{d-1} y_{t-1}$ と定義できる．ここで，ラグ作用素 L を用いれば

$$\Delta = 1 - L$$

と表現できることに留意しよう．さらに，高階の階差作用素は

$$\Delta^2 y_t = (1-L)^2 y_t = y_t - 2y_{t-1} + y_{t-2}$$
$$\Delta^3 y_t = (1-L)^3 y_t$$
$$\vdots$$
$$\Delta^d y_t = (1-L)^d y_t$$

このようにして定義される d 次の階差が定常系列をとるとき，y_t は d 次の同質

的に非定常な系列と呼ぶ．いま，d 次の階差による差分の系列 ω_t が与えられれば，逆に ω_t を全部で d 回和分することによって y_t の系列に戻すことができる．実際の時系列に対してこの和分を計算するときには，まずもとの差分されていない系列観測値の初期値 y_0 に対して，差分された系列の値を次々に加えていけばいい．たとえば，1 階の差分（ω_1, ω_2, $\cdots$）が得られたとしよう．このとき，y_t は $y_t = y_0 + \omega_1 + \cdots + \omega_t$ と計算できる．もし，y_t が 2 階差分されていれば，$\omega_t = \Delta^2 y_t$ となり，y_t は ω_t を 2 回和分することによって計算される．すなわち，まず 1 階の和分をとることにより，Δy_t は，$\Delta y_t = \Delta y_0 + \omega_1 + \omega_2 + \cdots + \omega_t$ となる．さらに，もう 1 階和分をとることにしよう．すなわち，y_t は

$$y_t = y_0 + \Delta y_1 + \Delta y_2 + \cdots + \Delta y_t$$
$$= y_0 + (\Delta y_0 + \omega_1) + (\Delta y_0 + \omega_1) + (\Delta y_0 + \omega_1 + \omega_2) + \cdots$$
$$+ (\Delta y_0 + \omega_1 + \omega_2 + \cdots + \omega_t)$$

と表すことができる．

　上記の確率過程は，自己回帰和分移動平均（Autoregressive-integrated-moving average：ARIMA）過程と呼ばれる．ARIMA(p, d, q) 過程においては，観測値の d 階の差分が ARMA 過程としてモデル化される．いま，$\omega_t = \Delta^d y_t$ であり，ω_t が過程 ARMA(p, q) に従うとしよう．このような ARIMA(p, d, q) は

$$\phi(L)\Delta^d y_t = \delta + \theta(L)\varepsilon_t$$

と表せる．ただし，$\phi(L) = 1 - \phi_1 L - \cdots - \phi_p L^p$, $\theta(L) = 1 + \theta_1 L + \cdots + \theta_q L^q$ である．$\phi(L)$ は自己回帰演算子，$\theta(L)$ は移動平均演算子と呼ばれる．$\omega_t = \Delta^d y_t$ の平均は

$$\mu_\omega = \frac{\delta}{1 - \phi_1 - \cdots - \phi_p}$$

と表せる．したがって，もし δ がゼロでなければ，このような ARIMA(p, d, q) 過程は確定的なトレンドを組み込んでいることになる．たとえば，$d = 1$，$\delta > 0$ であれば，もとの時系列には各期ごとに上方へ δ ずつ増加していく直線的なトレンドを含んでいることになる．

　ARIMA 過程は，季節変動やトレンドを伴った時系列データに有効に用いることができる．ARIMA 過程の理解を助けるために，非定常でかつ季節性をも

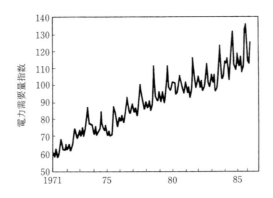

図 8.4　大口電力需要量指数（1980＝100）

つデータについて時系列モデルを作成した事例について紹介しよう．山本は大
口電力需要指数（1980＝100）の 1971 年 1 月から 1984 年 12 月でデータを用い
て ARIMA モデルを作成している．対象とするデータは，図 8.4 に示すように
明らかな正のトレンドを有している．また，各年において 7 月，8 月に需要の
ピークがあり，データの季節性が読み取れる．需要量に正のトレンドが存在す
るところから需要量の 1 階の階差を考えることにしよう．このような 1 階の階
差を考えることにより，全体として線形的に増加するトレンドを表現すること
ができる．需要量に季節変動が存在するところから，連続する二つの期間の間
の需要量の階差をとるのでなく，1 年（12 次のラグ）前の同一月の需要量との
間の階差を求めた系列を作成することとしよう．すなわち，12 次の季節階差の
系列 $\omega_t = \varDelta_{12} y_t$ をとることにしよう．ただし，作用素 $\varDelta_{12}$ は，季節的階差を表し，
$\varDelta_{12} = 1 - L^{12}$ と定義される．したがって，$\omega_t = (1 - L^{12}) y_t = y_t - y_{t-12}$ と表すこと
ができる．そこで，系列 ω_t を ARMA 過程によりモデル化しよう．まず，不規
則な変動の季節性について考えよう．自己相関を求めたところ，図 8.5 に示す
ように 12 次で高く他の次数で低く表れることがわかった．そこで，誤差項の季
節変動を

$$(1 + \theta_{12} L^{12}) \varepsilon_t = e_t \tag{8.8}$$

により表現することとする．一方，連続した月々の観測値の間の関係を示すた
めに自己回帰モデルを考える．季節変動以外の自己相関は，図 8.5 に示すよう

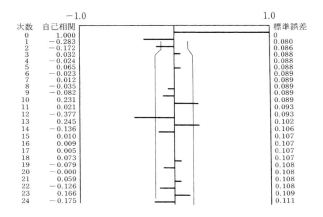

図 8.5 $\Delta_{12}y_t$ の自己相関

に3次までで十分小さくなることが判明した．そこで，2次までの自己回帰モデル AR(2)

$$(1-\phi_1 L-\phi_2 L^2)\omega_t=e_t$$

を考えることとする．この二つの式から e_t を除去すると

$$(1-\phi_1 L-\phi_2 L^2)\Delta_{12}y_t=(1+\theta_{12}L^{12})\varepsilon_t$$

を得る．この式は

$$y_t=\phi_1 y_{t-1}+\phi_2 y_{t-2}+y_{t-12}-\phi_1 y_{t-13}-\phi_2 y_{t-14}+\varepsilon_t+\theta_{12}\varepsilon_{t-12}$$

と書き換えることもできる．この式は結果的には ARMA モデルであるが，この時系列モデルには観測値がもつ複雑なトレンド，季節的関係および非季節的な変動が織り込まれている．なお，山本は実際に ARIMA モデルの母数を推計し

$$(1+0.274L+0.201L^2)\Delta_{12}y_t=(1-0.678L^{12})\varepsilon_t$$

を得ている．

　上の例で示したように，ARIMA モデルはトレンドや周期変動を統一的にモデル化できるという便利なものである．ARIMA 過程による時系列データのモデル化は，1970 年代に入ってボックス–ジェンキンズによって体系化された比較的新しい手法である．ARIMA 過程を用いることにより，従来非定常だと考えられてきた確率過程に対しても，それを定常過程としてモデル化することができるようになった．ボックス–ジェンキンズは，ARIMA 過程を用いて時系列

モデルをシステム的にモデル化する方法を提案している．その考え方を，ここで簡単に説明してみよう．まず，第1段階では，観測された時系列データに対して変数変換を行ったり，適当な階差をとることにより，近似的に定常であると考える系列を作成する．定常的な系列が得られたかどうかに関しては，先に説明した自己相関関数を作成してみて，自己相関値がラグ s が大きくなるほど急激に減少するかどうかを確かめればいい．第2段階では作成した時系列データに対して，その特性を分析することにより，適切な ARMA モデルを選択する．そして，このモデルを時系列データにあてはめ，残差を検証して，もし満足のいくモデルが得られたらそれを予測に用いる．残差を検討してモデルの定式化に不適切な部分が発見できれば再び第1段階へフィードバックするという方法である．ボックス–ジェンキンズが提案した方法は，必ずしも簡便ではなく，適切なモデルを作成するためにはかなりの熟練を要することが指摘されている．しかしながら，非定常性を有する多様な時系列データに対して，システム的な方法でモデル化できることの有利さは否定できない．ARIMA 過程による方法は，現在土木計画学の分野以外にも，たとえば水文学など土木工学各分野において広範囲に用いられている．これらの適用事例に興味のある読者は，それぞれの分野における成書を参照して頂きたい．なお，一般に ARMA モデル，ARIMA モデルのパラメータ ϕ_k，$\theta_j (k=1, \cdots, p, j=1, \cdots, q)$ を推計するためには，非線形の最小二乗法をはじめとして，高度な推計手法を適用することが必要となる．このような推計手法に関しても既存の統計パッケージが適用可能である．パラメータの推計方法についてより詳細に学習したい読者は，時系列モデルの専門書を参考にしていただきたい．

参　考　文　献

1)　ヴァンデール：時系列入門，多賀出版，1988.
2)　ハーベイ：時系列モデル入門，東京大学出版会，1985.
3)　山本拓：経済の時系列分析，創文社，1988.
4)　神田徹，藤田睦博：水文学，確率論的手法とその応用，新体系土木工学，技報堂出版，1982.

$\boldsymbol{9}$章

多変量解析モデル

9.1 多変量解析法の概要

　土木計画の分野では，具体的な計画立案作業の前段階として，既存統計資料や現地観測，アンケート調査などをもとにして，相互に関連すると思われる多変量のデータを統計的に分析することが多い．このように多変量間の関係を明らかにして，将来の予測や変量の分類・合成，サンプルの分類などを行うための手法を多変量解析法 (multivariate analysis) と呼ぶ．しかし一口に多変量解析といっても，分析目的や分析対象となるデータの特性などによって数多くの分析モデルが開発されている．ところがこのような多変量解析法を利用する側にとってみれば，自分の分析目的に対してどのようなモデルが適しているのか，そのモデルの数学的構造は別としても，どのような仮定・前提のうえに成り立つモデルなのか，さらには分析結果から何をどのように読みとればよいのか，等々の疑問が生じ，まだまだ多変量解析法が十分に利用されているとはいいがたい．また実際に実務レベルで多変量解析法を利用しようとすれば，大型計算機用のソフトウェア・パッケージを利用せざるをえなかったことも利用率が低かった原因の一つであろう．しかし近年はパソコンのハード技術の進展に伴って，多変量解析法に関しても数多くのソフトウェア・パッケージが市販されるようになったため，手軽に多変量解析法によるデータ分析が可能となった．

　多変量解析法を理解するうえでは，まず分析対象データを表 9.1 のように表

表9.1 多変量解析法適用のためのデータ行列

サンプル ＼ 変量	1 x_1	2 x_2	$\cdots$	j x_j	$\cdots$	P x_p
1	x_{11}	x_{12}	$\cdots$	x_{1j}	$\cdots$	x_{1p}
2	x_{21}	x_{22}	$\cdots$	x_{2j}	$\cdots$	x_{2p}
$\vdots$	$\vdots$	$\vdots$				
i	x_{i1}	x_{i2}	$\cdots$	x_{ij}	$\cdots$	x_{ip}
$\vdots$	$\vdots$	$\vdots$				
n	x_{n1}	x_{n2}	$\cdots$	x_{nj}	$\cdots$	x_{np}

記するとよい．たとえば，この表がわが国の各空港の特性を表すものとすれば，サンプルとは新東京国際空港（成田），東京国際空港（羽田）などそれぞれの空港を指し，変量としては空港所在地，空港整備法でのランク（たとえば第1種空港など），航空騒音レベル，年間離発着回数，年間利用客数（さらに国際航空旅客，国内航空旅客などと細分化してもよい），滑走路数などをイメージすればよい．多変量解析法では複数の変量を用いてサンプル特性を総合的に表現したり，変量間に存在しているであろうデータ特性を分析することが目的となるため，なんらかの考え方にもとづく変量の合成が必要である．これは，一般には，

$$f = \omega_1 x_1 + \omega_2 x_2 + \cdots + \omega_p x_p \tag{9.1}$$

のように各変量の線形1次結合で表される．ここに，f は合成変量，$\omega_1 \sim \omega_p$ は重みと呼ばれている．いうまでもなく，この式において $x_1 \sim x_p$ は分析対象となっている与件データ群であり，f および $\omega_1 \sim \omega_p$ は未知変量となる．したがって，重み $\omega_1 \sim \omega_p$ の設定方法によって合成変量 f の特性は変化するし，一度このような構造式を作っておけば，新しいサンプル（たとえば新空港建設）に対する変量 $x_1 \sim x_p$ が与えられたとき，そのサンプルに対する合成変量 f の値を予測することが可能となる．

いま合成変量 f について考えると，変量 $x_1 \sim x_p$ 以外に別の変量 y が存在し，この値によってサンプル特性を総合的に比較したい場合と，各サンプルは $x_1 \sim x_p$ 以外に変量をもたず，むしろ変量 $x_1 \sim x_p$ 相互間の関係を分析したい場合とに大別される．前者の場合には，この変量 y の値によって合成変量 f の妥当性が検証でき，このような変量 y のことを外的基準と呼ぶ．逆にいえば，各サ

ンプルの外的基準 y の特性をできるだけ正確に表現するように，式 (9.1) によって合成変量 f の値が求められなければならないことになる．

ところで，変量 $x_1 \sim x_p$ にしろ，外的基準 y にしろ，各サンプルの特性を表現する指標としては，空港所在地や空港ランクのように「質」を対象とするものと，年間離発着回数や滑走路数のように「量」を対象とするものがある．多変量解析法ではどちらの場合も取り扱うことができ，このような変数特性や分析目的に応じていろいろな手法が開発されてきたともいえよう．なお，もう少し厳密にいえば，「質」を対象とする質的データは名義尺度と序数尺度のいずれかで表現されるデータであり，「量」を対象とする量的データは比例尺度もしくは距離尺度で表現されるデータといえる．

名義尺度： 測定対象の質的相違を直接表現するもの．四則演算には意味がない．（例．空港の所在地に識別番号をつけたもの）

序数尺度： 測定対象になんらかの基準で順序づけするもの．順序関係のみが意味をもち，四則演算には意味がない．（例．空港ランク）

距離尺度： 一定の測定単位で測定されているが，尺度の原点が任意に設定されているもの．数値としての差の等価性は保証されるため，加・減算は可能であるが，乗・除算は意味がない．（例．WECPNLで測定される航空騒音レベル）

比例尺度： 距離尺度の性質に加えて，尺度の原点が一意的に決まっているもの．加減乗除の四則演算が可能．（例．年間離発着回数）

すでに述べたように，多変量解析法は量的データのみを対象とするか，質的データも対象とできるかによって各手法を分類することができるが，後者の場合には，質的データの数量化という処理が必要となる（このことについては数量化理論のところで触れる）．また，多変量解析法は，外的基準をもつかどうかによっても分類することができるが，この外的基準をもつか否かは，分析目的にも関連するため，ここでは分析目的について考えてみよう．

表 9.2　多変量解析モデルとその概要

分析モデル	分析の目的	分析に使うデータの特性			マネジメントにおける適用分野または適用例
		データ行列 内部変量	データ行列 外的基準変量	関連行列	
重回帰分析	内部変量 $x_1 \sim x_n$ と外的基準変量（予測変量）y との因果関係の分析による y の予測	$x_1 \sim x_n$ 量的	y 量的	なし	・需要予測，販売予測などの予測 ・需要構造の分析など
判別分析	内部変量 $x_1 \sim x_n$ と外的基準変量（分類）y との因果関係分析による y の判別（分類）	$x_1 \sim x_n$ 量的	y 質的分類	なし	・需要者の判別分類など ・チェーン店の立地条件分析など
数量化理論 I 類	重回帰分析と同じ（質的データによる因果関係の分析と予測およびデータの数量化）	$x_1 \sim x_n$ 質的	y 量的	なし	・質的データによる需要予測，販売予測など ・質的データによる需要構造の分析など
数量化理論 II 類	判別分析と同じ（質的データによる外的基準変量の判別・分類とデータの数量化）	$x_1 \sim x_n$ 質的	y 質的分類	なし	・質的データによる需要者の判別分類など
正準相関分析	内部基準変量 $x_1 \sim x_n$ と複数個の外的基準変量 $y_1 \sim y_m$ との相関関係の分析による外的基準変量の総合的予測（重回帰分析の拡張）	$(x_1 \sim x_n$ 量的$)^*$	$(y_1 \sim y_m$ 量的$)^*$	相関行列	・財務診断，店舗診断などにおける評価と診断など
主成分分析	内部変量（主成分）の抽出とそれによる内部構造の解明	$(x_1 \sim x_n$ 量的$)^*$	なし	相関行列 共分散行列	・販売力指標，品質指標などの諸指標の作成など

手法	目的	外的基準	データ	行列	適用例
因子分析	内部変量 $x_1 \sim x_n$ の背後にある因子 $f_1 \sim f_p$ の抽出とそれによる内部構造の解明	なし	$\begin{pmatrix} x_1 \sim x_n \\ 量・質的 \end{pmatrix}^*$	相関行列	・需要構造の分析，需要者の分類など ・人事データの解析，人事テストの作成など
潜在構造分析	内部変量 $x_1 \sim x_n$ の背後に潜在する潜在クラスなどの抽出とそれによる測定対象の分類	なし	$x_1 \sim x_n$ 質的（二値反応）	類似度行列（同時反応行列）	・世論調査，意見調査の分析
数量化理論III類	内部変量 $x_1 \sim x_n$ の相互関連による測定対象と変量の同時数量化とそれぞれの空間の構成	なし	$x_1 \sim x_n$ 質的	類似度行列（同時反応行列）	・商品あるいは需要者の分類など ・新製品開発評価
数量化理論IV類	測定対象あるいは変量の数量（尺度）化とそれらを配置する空間の構成	なし	$\begin{pmatrix} x_1 \sim x_n \\ 量・質的 \end{pmatrix}^*$	類似度行列	・同上
クラスター分析	測定対象のクラスター化（セグメント分類あるいは系統分類）	なし	$\begin{pmatrix} x_1 \sim x_n \\ 量・質的 \end{pmatrix}^*$	類似度行列 距離行列	・需要者のセグメンテーション ・住民のセグメント化
展開法	評価者と評価対象を同時に布置できる空間（尺度）の構成とそれによる数量化	なし	$x_1 \sim x_n$ 質的（順序尺度）	（類似度行列）*	・人事評価，行政施策の評価，プロジェクト評価などの評価データの解析

（注）＊印は必ずしも存在しなくてもよいデータを示す.

　多変量解析法を分析目的から大別すると，変量間の因果関係（本来，因果関係と相関関係は同義ではない．すなわち相関関係が存在する変量間のうち，原因と結果の関係が存在する場合に因果関係が成立するという）を分析し，その結果をもとにして未知の事象を予測することを主たる目的とする「予測モデル」と，多変量相互間の特性を要約し，変量やサンプルを分類したり，変量の背後にある現象の構造を明らかにすることを主たる目的とする「記述モデル」とがある．このことから明らかなように，予測モデルは外的基準をもつ手法であり，記述モデルはそれがない手法と考えることができる．

　予測モデルには，重回帰分析，判別分析，数量化理論Ⅰ類，同Ⅱ類などが開発されており，記述モデルには主成分分析，因子分析，数量化理論Ⅲ類，同Ⅳ類，クラスター分析などがある．

　多変量解析法の主なものを，外的基準の有無，変量の特性，分析目的とともに示したのが表 9.2 である．本書ではこれらのうち，重回帰分析（モデル）についてはすでに 6.1 で簡単に触れているため，ここではその他の手法のうち比較的利用されることが多い主成分分析，判別分析ならびに数量化理論Ⅰ類，同Ⅱ類およびクラスター分析をとりあげることにする．なお，多変量解析法を学習するためには，分析の対象とする変量に関する平均値，分散，標準偏差，共分散，相関係数，データの標準化などの統計知識や，固有値，固有ベクトル，固有方程式などの数学的知識も必要となるので，これらに関する事前の学習が望ましい．

　最後に，多変量解析法を含む統計手法のコンピュータプログラム・パッケージとしては，SPSS(Statistical Package for Social Science) や SAS(Statistical Analysis System) などが有名である．しかしこれら以外にも，幅広い統計解析機能のほかに，レポート・ライティング機能，グラフィック出力機能，データ管理機能をもったパソコンレベルの汎用統計パッケージが比較的安価に提供されている．

9.2　主 成 分 分 析

（1）　主成分分析の考え方

　いま n 個のサンプルの属性が p 個の量的データ変量 $x_1 \sim x_p$ で表されており，これら p 個の変量には互いに関連して生じるなんらかの主要な変動が内蔵されているものと仮定する．このとき，p 個の変量相互間の関連性を主要な変動に要約することにより，サンプルの属性を効率よく表すための統計的手法が主成分分析である．

　n 個のサンプルの属性は，p 個の変量相互に関連のある変動を示すと仮定したことから，その変動を説明する新たな変量 z を導入し，

$$z = l_1 x_1 + l_2 x_2 + \cdots + l_p x_p \tag{9.2}$$

という 1 次結合を定義しよう．すでに述べたように，z は合成変量と考えられ，重み $l_j (j=1, 2, \cdots, p)$ の決め方によって z の値も変化する．そこでいま，

$$\sum_{j=1}^{p} l_j^2 = 1 \tag{9.3}$$

という条件のもとで，z の分散が最大になるときの z を第 1 主成分と呼ぶことにする．このときの重みを l_{1j} で表すと，第 1 主成分 z_1 は，

$$z_1 = l_{11} x_1 + l_{12} x_2 + \cdots + l_{1p} x_p \tag{9.4}$$

と表すことができる．次に z_1 とは無相関（この意味はあとで説明する）な z のなかで，式 (9.3) の条件を満足し，かつ分散が最大となるものを z_2 とすると，

$$z_2 = l_{21} x_1 + l_{22} x_2 + \cdots + l_{2p} x_p \tag{9.5}$$

と表すことができ，以下同様にして，$z_m (m < p)$ までで全変動の大部分が説明されるときは，そのような z_m までを求めることにする．

$$z_m = l_{m1} x_1 + l_{m2} x_2 + \cdots + l_{mp} x_p \tag{9.6}$$

このとき，各重みの係数は，

$$l_{i1}^2 + l_{i2}^2 + \cdots + l_{ip}^2 = \sum_{j=1}^{p} l_{ij}^2 = 1 \quad (i=1, 2, \cdots, m) \tag{9.7}$$

を満足しなければならない．もし，仮に $p=50, m=2$ という場合を想定すると，50 種類の変量で表されている各サンプルの属性を，わずか 2 種類の主成分で効率よく表現できることになる．これによって，第 1 主成分を横軸に，第 2 主成

分を縦軸にとり，各サンプルの主成分得点を2次元座標に布置すれば，サンプルの相対的な関連関係が把握でき，グルーピングも可能となる．

（2）　主成分を求める計算手順

　以下では2変量の場合について，実際に主成分を求めていく方法を説明する．いまn個のサンプルの属性を表す二つの変量の値が表9.3のように示されているとする．まず，変量1と変量2の偏差積和行列Aを求め，これをもとに分散共分散行列Σ，さらに相関行列Rを求める*．

$$A = \begin{bmatrix} a_{11} & a_{12} \\ a_{21} & a_{22} \end{bmatrix}$$

$$\Sigma = \begin{bmatrix} s_{11} & s_{12} \\ s_{21} & s_{22} \end{bmatrix}$$

$$R = \begin{bmatrix} 1 & r_{21} \\ r_{12} & 1 \end{bmatrix}$$

表9.3　主成分分析のための簡単なデータ行列

変量 サンプル	1 x_1	2 x_2
1	x_{11}	x_{21}
2	x_{12}	x_{22}
⋮	⋮	⋮
n	x_{1n}	x_{2n}

　以上の準備のもとに第1主成分を求めてみよう．いま変量の数pが2であるから，第1主成分は式（9.4）より，

$$z_1 = l_{11}x_1 + l_{12}x_2 \tag{9.8}$$

となる．いま変量x_1, x_2をベクトルxで，重みl_{11}, l_{12}もベクトルl_1で表すことにすると式（9.8）は，

$$z_1 = l_1'x \qquad （l_1' \text{は転置ベクトル}） \tag{9.9}$$

ここに，

$$x = \begin{bmatrix} x_1 \\ x_2 \end{bmatrix}, \quad l_1 = \begin{bmatrix} l_{11} \\ l_{12} \end{bmatrix}$$

---

　*　変量iと変量jの偏差積和a_{ij}は，
$$a_{ij} = \sum (x_{ik} - \overline{x}_i)(x_{jk} - \overline{x}_j)$$
同じく分散共分散の不偏推定量s_{ij}は，
$$s_{ij} = \frac{1}{N-1} a_{ij}$$
相関係数r_{ij}は，
$$r_{ij} = \frac{s_{ij}}{\sqrt{s_{ii}}\sqrt{s_{jj}}}$$

と表せる．ここで，重み l_{11}, l_{12} に関する条件 (9.7) は重みベクトル l_1 を用いることによって，

$$l_1' l_1 = 1 \tag{9.10}$$

となり，l_1 は単位ベクトルになることがわかる．

これまでの説明から，第 1 主成分を求めることは，式 (9.10) の条件のもとに式 (9.9) の z_1 の分散を最大にするような l_1 を求めることに帰着される．

ここで z_1 の分散 $\nu\{z_1\}$ は，

$$\nu\{z_1\} = \nu\{l_1' x\} = l_1' \nu\{x\} l_1 = l_1' \Sigma l_1 \tag{9.11}$$

となることから，式 (9.10) の条件のもとで式 (9.11) を最大化するためには，ラグランジェの未定乗数 λ を導入し，

$$\nu = l_1' \Sigma l_1 - \lambda(l_1' l_1 - 1) \tag{9.12}$$

を最大にすればよい．そこで式 (9.12) の両辺を l_1 で微分し，0 とおくことにしよう．

$$\frac{\partial \nu}{\partial l_1} = 2\Sigma l_1 - 2\lambda l_1 = 0 \tag{9.13}$$

が得られる．この式をさらに変形すると，

$$(\Sigma - \lambda I) l_1 = 0 \tag{9.14}$$

となる．

この l_1 に関する連立方程式が 0 以外の解をもつためには，

$$|\Sigma - \lambda I| = 0 \tag{9.15}$$

が成立しなければならない．

この式 (9.15) は分散共分散 Σ の固有方程式であり，この方程式を満足する λ のことを固有値という．ここで，式 (9.15) は，

$$\begin{vmatrix} s_{11} - \lambda & s_{12} \\ s_{21} & s_{22} - \lambda \end{vmatrix} = 0 \tag{9.15$'$}$$

となり，2 次の正方行列であることから，これを展開すると λ に関する 2 次方程式が得られる．そして行列 Σ は非負の対称行列であることから（$\because s_{12} = s_{21}$），固有方程式の 2 根，すなわち二つの固有値は非負の実数となる．いまそれらを λ_1, $\lambda_2 (\lambda_1 \geqq \lambda_2 \geqq 0)$ とおく．（λ が重根をもつときは，以下の方法で第 1 主成分を求めることができないが，これはすべての変量が互いに独立な場合である．し

たがって，主成分分析を行う場合は特に問題としなくてもよいであろう．)

一方，式 (9.14) を変形して，

$$\Sigma l_1 = \lambda l_1 \tag{9.16}$$

とし，両辺に左側から l_1' をかけると，

$$l_1' \Sigma l_1 = \lambda l_1' l_1 = \lambda \tag{9.17}$$

となる．これを式 (9.11) と比較すると，z_1 の分散が λ となることがわかり，式 (9.11) が最大となるのは式 (9.15) から求まる二つの固有値のうちの大きい方，すなわち λ_1 となるときである．

以上のことから式 (9.9) の重み係数ベクトル l_1 は，最大固有値 λ_1 に対応する固有ベクトルとして式 (9.10) の条件のもとに算出することができる．このようにして第 1 主成分 z_1 が明らかとなった．

次に第 2 主成分 z_2 を求めてみよう．第 1 主成分を導出するための手順を参考にすると，

$$z_2 = l_{21} x_1 + l_{22} x_2 \tag{9.18}$$

すなわち，

$$z_2 = l_2' x_2 \tag{9.19}$$

ここに，$l_2 = \begin{bmatrix} l_{21} \\ l_{22} \end{bmatrix}$

$$l_2' l_2 = 1 \tag{9.20}$$

が行われる．

ところで，二つの主成分 z_1 と z_2 は無相関であるという条件が存在したが，これは，

$$\mathrm{Cov}\{z_1, \ z_2\} = 0 \tag{9.21}$$

として表現できる．式 (9.21) を計算すると，

$$\mathrm{Cov}\{z_1, \ z_2\} = \mathrm{Cov}\{l_1' x, \ l_2' x\}$$
$$= l_1' \mathrm{Cov}\{x, \ x\} l_2 = l_1' \Sigma l_2 = \lambda_1 l_1' l_2 = 0$$

となることから，$\lambda_1 \neq 0$ である限り，

$$l_1' l_2 = 0 \tag{9.22}$$

でなければならない．このことから，主成分 z_1 と z_2 が無相関であるという条件は，重み係数ベクトル l_1 と l_2 が直交することを意味することがわかる．

　さて，z_2 の分散 $\nu\{z_2\}$ を最大にする固有値 λ を求めるためには，式 (9.14) と同じく，

$$(\Sigma - \lambda I)l_2 = 0 \tag{9.23}$$

という l_2 に関する連立 1 次方程式を，式 (9.20)，式 (9.22) の条件のもとに解くことになる．ところで，相異なる固有値の固有ベクトルは互いに直交するという性質があることから，すでに式 (9.15) で求めた固有値 λ_1 と λ_2 が $\lambda_1 \neq \lambda_2$ であるならば，式 (9.23) で求めようとする重み係数ベクトル l_2 は，固有値 λ_2 に対応する固有ベクトルになっているわけである．このことは，式 (9.23) の λ を λ_2 と置くことによって，

$$\Sigma l_2 = \lambda_2 l_2 \tag{9.24}$$

とすれば，

$$\nu\{z_2\} = l_2' \Sigma l_2 = \lambda_2 l_2' l_2 = \lambda_2 \tag{9.25}$$

となることからも説明がつく．

　2 変量の場合には，第 1 主成分 z_1 に直交するものは第 2 主成分 z_2 しかなく，$\nu\{z_2\}$ を最大にする固有値も λ_2 しかないことから，これに対応する重み係数ベクトル l_2 が算出されることになる．

　さて，$s_{12} = s_{21}$ であることに注意して固有方程式 (9.15)′ を書き直すと，

$$\lambda^2 - (s_{11} + s_{22})\lambda + s_{11}s_{22} - s_{12}{}^2 = 0 \tag{9.26}$$

となる．ここで，この方程式の 2 根を λ_1，λ_2 とおくと，根と係数の関係によって，

$$\lambda_1 + \lambda_2 = s_{11} + s_{22} \tag{9.27}$$

であることに気づく．これは主成分分析にとって重要な性質で，主成分 z_1 と z_2 の分散の和がもとの変量 x_1，x_2 の分散の和に等しいことを示している．

　このことから，いまあるサンプル群の属性が p 個の変数で説明されているとき，p 個の主成分 z_1，z_2，$\cdots$，z_p を求めると，各主成分の分散の和がもとの変量 x_1，x_2，$\cdots$，x_p の分散の和に等しいことを類推することができよう．

　さて，ここで変量 x_1，x_2 を 2 軸とする平面上に各サンプル l の x_1，x_2 の値 $P_l(x_{l1}, x_{l2})$ を布置し，その上に第 1 主成分 z_1 を例示すると図 9.1 のようになる．（説明を簡単にするために，z_1 が原点を通る場合を考える．）第 1 主成分 z_1 は各サンプルの座標 (x_{l1}, x_{l2}) をこの直線上に移した点 $Q_l(x_{l1}{}^1, x_{l2}{}^1)$ の分散が

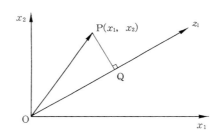

図9.1　第1主成分の概念図

最大となるように求めたものである.

いうまでもなく，$\triangle \mathrm{OP}_l\mathrm{Q}_l$ において，

$$\mathrm{OP}_l{}^2 = \mathrm{OQ}_l{}^2 + \mathrm{PQ}_l{}^2 \tag{9.28}$$

という関係が成立し，OP^2 はQの位置にかかわらず，すなわち第1主成分を表す直線 z_1 にかかわらず一定であることから，$\sum_{l=1}^{n}\mathrm{OQ}_l{}^2$ の最大化を考えることは，$\sum_{l=1}^{n}\mathrm{PQ}_l{}^2$ の最小化を考えることと同義である．ところで，すでに 6.1 で説明した回帰分析では，点 P_l から x_2 軸に平行に下ろした直線と直線 z_1 との交点と，点 P_l との長さの分散を最小化するよう回帰直線 z_1 を求めることであったことを思い出してほしい．

以上のことから，主成分分析と回帰分析とは幾何学的にはよく似た手法であることが理解できるであろう．

ところで，ここでの説明では変量 x_1，x_2 の値をそのまま用いて主成分を決定したが，このままでは変量 x_1，x_2 の計測単位の取り方や値域の大きさが分散共分散行列 Σ に直接影響してしまうため，固有値や固有ベクトルの値，したがって最終的には主成分そのものにも影響を及ぼしてしまうことになる．

このような場合には変量 x_{1k}，$x_{2k}(k=1, 2, \cdots, n)$ を，

$$x_{1k}{}^* = \frac{x_{1k} - \overline{x}_1}{\sqrt{S_{11}}}, \quad x_{2k}{}^* = \frac{x_{2k} - \overline{x}_2}{\sqrt{S_{22}}} \tag{9.29}$$

と変換し，各変量をそれぞれ平均0，分散1となるようにデータの標準化をしておけばよい．このように変換された標準変量 $x_{1k}{}^*$，$x_{2k}{}^*$ に対してこれまで述

べてきた手順をそのまま用いると，主成分 z_1^*，z_2^* が求まる．なお，標準変量 x_{1k}^*，x_{2k}^* から求まる分散共分散行列は，相関行列 R となるため，R の固有方程式

$$|R-\lambda I|=0 \tag{9.30}$$

から固有値 λ_1^*，$\lambda_2^*(\lambda_1^* \geqq \lambda_2^* \geqq 0)$ を求め，これをもとに主成分 z_1^*，z_2^* が得られる．一般的には分散共分散行列 Σ から求まる主成分 z_1，z_2 と相関行列 R から求まる主成分 z_1^*，z_2^* は異なることに注意しなければならない．

（3） 寄与率と因子負荷量

以上においては，説明をわかりやすくするため 2 変量の場合について主成分の求め方を説明したが，p 変量 $(p>2)$ の場合についてもまったく同様の方法で主成分 z_1，z_2，…，$z_m(m \leqq p)$ を求めていくことができる．なお式 (9.15) で示した固有方程式はパワー法，ヤコビ法などによって解くことができるが，$p \geqq 3$ の範囲では手計算での解析は困難である．

ところで，主成分分析を実際の問題に適用する場合，主成分をいくつまで求めていけばよいのだろうか．主成分分析の主たる目的は，p 個の変量で表していたサンプル群の特性をできるだけ少ない主成分 z_1，z_2，…，z_m で効率よく表現しようとすることにあった．この目的からすれば，主成分は少ない方がよいことになるが，少なすぎてサンプル群の特性が適切に説明できなければ意味がない．

そこで，このための基準として各主成分 z_i の寄与率 C_i が定義される．これは各主成分 z_i の分散が固有値 λ_i に等しいことを利用したもので，

$$C_i=\frac{\lambda_i}{t_r(\Sigma)} \qquad ここに，\quad t_r(\Sigma)=\sum_{j=1}^{p}s_{jj} \tag{9.31}$$

と表される．すなわち寄与率 C_i は p 変量 x_1，x_2，…，x_p の分散和に対する主成分 z_i の分散の割合を意味し，通常は％で表示される．さらに第 m 主成分までの累積寄与率が，

$$P_m=\sum_{i=1}^{m}C_i \tag{9.32}$$

と定義される．この累積寄与率 P_m の値は，p 変量のデータに内在する関係をど

の程度まで表現できたかを判断する基準と考えられるため，P_m の値によって主成分をいくつまで求めておけばよいかを判断することができる．しかし，理論的にそれを定めることはできず，通常は P_m の値として 80％くらいが必要と考えられている．

このようにして主成分 z_1, z_2, $\cdots$, z_m が得られると，次の課題は各主成分がどのような特性を表現しているかを検討しなければならない．しかしながら，いままでの議論では主成分の解釈を行うための指標が得られていない．そこで，以下のように因子負荷量を定義する．

因子負荷量 r_{ij} とは各主成分 z_i と各変量 x_j との相関係数をいい，

$$r_{ij} = \frac{\text{Cov}\{z_i,\ x_j\}}{\nu\{z_i \cdot \nu\{x_j\}} = \frac{\lambda_i \cdot l_{ij}}{\sigma_{jj}} \tag{9.33}$$

と表される．r_{ij} の値が大きければ，主成分 z_i と変量 x_j の関連性が強いことを意味するため，主成分 z_i の解釈に際しては，$r_{ij}(j=1,\ 2,\ \cdots,\ p)$ が大きい変量のもつ特性を検討すればよいことになる．いうまでもなく，

$$|r_{ij}| \leqq 1 \tag{9.34}$$

である．また変量 x_j を式（9.29）のように標準化した場合，すなわち相関行列 R から主成分 z_i を求める場合も因子負荷量 r_{ij} は式（9.33）を利用して，

$$r_{ij}^* = \frac{\text{Cov}\{z_i,\ x_j^*\}}{\nu\{z_i\} \cdot \nu\{x_j\}^*} = \lambda_i \cdot l_{ij} \tag{9.33}'$$

と求められる．この因子負荷量は主成分 z_i と変量 x_j との関係を示す重要な指標となることから，構造係数と呼ばれることもある．

（4） 主成分得点によるサンプルの分類

因子負荷量 r_{ij} を用いて各主成分 z_i の解釈を終えると，各サンプル $k(k=1 \sim n)$ に対する主成分 z_i の得点，すなわち主成分得点 z_i^k を求めることを考える．たとえば第1主成分 z_1 に対する主成分得点 z_1^k を数直線上に布置すれば，各サンプルがもつ第1主成分の意義の程度を判断することが可能となる．さらに第1主成分得点 z_1^k を横軸に，第2主成分得点 z_2^k を縦軸にとって，2次元座標上にサンプルを布置すれば，サンプル間の類似性を分析することができる．このことを利用すれば，理論的とはいえないまでも，試行錯誤的に n 個のサン

プルをいくつかのグループに分類することが可能となる.

（5） 主成分分析の適用例

いま世界の 12 主要空港の属性が七つの指標によって表 9.4 のように整理されているとき，主成分分析によって各空港の特徴を把握できるか検討してみよう.

表 9.4 主成分分析のためのデータ行列

空 港 名	空港面積 (1000ha)	都心からの 距離(10km)	都市人口 (百万人)	離発着回数 (10万回/年)	乗降旅客数 (千万人/年)	取扱貨物量 (百万トン/年)	滑走路 本数(本)
1 成　　　田	1.065	6.6	8.390	0.734	0.894	0.718	1
2 香　　　港	0.215	1.5	5.313	0.703	0.885	0.368	1
3 チャンギ	0.283	1.1	2.517	0.715	0.838	0.294	2
4 J.F.ケネディ	2.052	2.3	7.072	3.177	2.994	1.121	5
5 ロスアンゼルス	1.416	2.4	2.967	5.084	3.343	0.699	4
6 サンフランシスコ	2.100	2.5	3.000	3.622	2.315	0.332	4
7 シ カ ゴ	2.830	3.7	3.005	7.316	4.403	0.615	6
8 ト ロ ン ト	1.800	2.9	0.700	2.383	1.387	0.190	3
9 ヒースロー	1.127	2.4	6.695	2.743	2.677	0.465	3
10 フランクフルト	1.203	1.2	0.625	2.121	1.830	0.686	2
11 ド ゴ ー ル	3.021	2.4	2.176	1.365	1.363	0.506	2
12 スキポール	1.750	1.5	0.707	1.897	1.055	0.438	6

表 9.5 主成分分析結果

		第1主成分	第2主成分	第3主成分	第4主成分	第5主成分	第6主成分	第7主成分
固有ベクトル	空 港 面 積	0.40907	0.04599	0.58186	0.43195	0.02092	0.52903	0.15839
	都心からの距離	−0.36610	0.47805	0.35100	−0.11633	−0.22596	−0.22926	0.63015
	都 市 人 口	−0.48206	0.35683	0.11151	0.29951	−0.35107	0.17409	−0.62015
	離 発 着 回 数	0.38801	0.31477	−0.48951	−0.17290	−0.59175	0.33459	0.13690
	乗 降 旅 客 数	−0.35442	−0.23726	−0.45874	0.64866	0.00882	0.14763	0.40623
	取 扱 貨 物 量	0.43422	0.33622	−0.08899	0.50654	−0.00171	−0.65148	−0.09734
	滑 走 路 本 数	−0.03925	0.61123	−0.26043	−0.05418	0.68921	0.28122	−0.00200
固　有　　値		2.59185	2.05714	1.09238	0.75867	0.28869	0.17704	0.03424
寄　与　　率		0.37026	0.29388	0.15605	0.10838	0.04124	0.02529	0.00489
累 積 寄 与 率		0.37026	0.66414	0.82020	0.92858	0.96982	0.99511	1.00000

表 9.6　各空港の主成分得点

空 港 名	第1主成分	第2主成分	第3主成分	第4主成分	第5主成分	第6主成分	第7主成分
1　成　　　田	-3.426	2.604	0.933	-0.652	-0.109	0.109	-0.145
2　香　　　港	-2.939	-1.563	-1.592	1.544	0.008	0.088	0.044
3　チャンギ	0.168	-1.630	-0.703	-1.239	0.083	-0.042	-0.345
4　J.F.ケネディ	1.174	1.937	-1.710	-0.481	0.227	0.290	0.175
5　ロスアンゼルス	1.495	0.584	0.343	0.865	0.489	0.154	-0.099
6　サンフランシスコ	0.748	-0.201	0.533	0.189	-0.426	0.015	0.138
7　シ　カ　ゴ	1.031	1.360	0.364	1.180	-0.138	-0.901	-0.105
8　ト　ロ　ン　ト	0.484	-1.016	1.837	0.560	-0.140	0.764	0.019
9　ヒースロー	1.500	0.323	-0.941	-0.149	-0.946	0.291	-0.124
10　フランクフルト	0.406	-0.517	0.185	-0.282	1.278	-0.039	-0.021
11　ド　ゴ　ー　ル	-0.423	-0.048	0.170	-0.780	0.020	-0.177	0.375
12　スキポール	-0.218	-1.834	0.581	-0.755	-0.346	-0.552	0.087

　主成分分析の結果として得られる各属性変数の固有ベクトル，固有値，寄与率，累積寄与率をまとめて示したのが表 9.5 で，各空港の主成分得点を示したのが表 9.6 である．これをもとに主成分を求めてみよう．まず求めるべき主成分の数が問題となるが，ここでは累積寄与率 P が 80 ％程度を確保できること，固有値 λ が 1.0 以上であることという 2 点から判断して第 3 主成分までを採用することにする（式 (9.32) で求まる $P_3=80$）．

　次に第 1 主成分の意味づけを検討すると，取扱い貨物量，空港面積，離発着回数が正，都市人口，都心からの距離，旅客数が負であることから判断し，単なる旅客主体の都市型空港ではなく，バランスのとれた空港を表していると考えられる．

　第 2 主成分は旅客数を除いてすべての属性において正の値となっていること，ならびに表 9.6 の第 2 主成分得点が負となるのは香港，スキポール，チャンギなどの空港であり，これらは乗継ぎ空港としての性質が強いことを判断すれば，背後圏への影響度を表していると考えられる．

　また第 3 主成分では，空港面積，都心からの距離が正，離発着回数，旅客数，滑走路本数が負であることから判断し，空港の非効率性を表すと考えられる．すなわち第 3 主成分得点が大きい空港は，空港施設や利用実績に何らかの問題

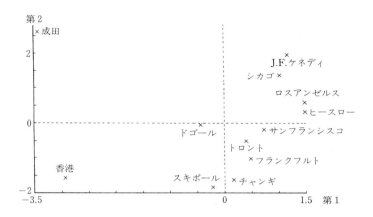

図9.2 第1，第2主成分得点の布置結果

があると判断できる．

　最後に表9.6に示した第1主成分と第2主成分の得点を2次元空間に布置した結果を図9.2に示す．これをみると，成田，香港空港が他の空港と性格を異にすることがわかる．

9.3 判 別 分 析

（1） 判別分析の考え方

　いま，ある程度重複する部分をもつ l 種類の母集団が与えられたとき，すなわち複数の母集団に同時に属するサンプルが存在するとき，新たなサンプルがいずれの母集団に属するかを誤って判別する確率をできるだけ小さくするような，ある関数を指定するのが判別分析である．この関数を判別関数と呼び，新たなサンプルに対する判別関数の値によって，いずれの母集団に属するかを判定することになる．母集団の数はいくつであってもよいが，ここでは説明をわかりやすくするため，各サンプル $k(k=1, 2, \cdots, n)$ の属性が2変数 x_1, x_2 で説明され，これらが二つの母集団 $G_l(l=1, 2)$ に判別される場合について考えてみよう．

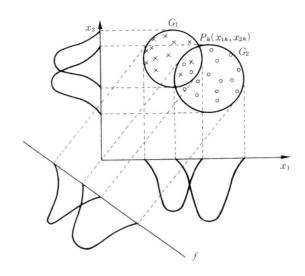

図 9.3 判別分析の概念図

　各サンプル k の変量 x_1, x_2 の値を $P_k(x_{1k}, x_{2k})$ で表現し，これを 2 次元座標で表したのが図9.3であるとする．この図より，各サンプルが G_1, G_2 のいずれのグループに属しているかを判別したいとき，変量 x_1 のみでも，また x_2 のみでも適切でないことがよくわかるであろう．そこで，変量 x_1, x_2 を同時に考慮し，

$$f = \omega_1 x_1 + \omega_2 x_2 \tag{9.35}$$

という合成変量を考えてみよう．そしてこの式が図 9.3 の直線 f を表すように ω_1, ω_2 の各値を決定することができれば，各サンプルごとの f の値によって比較的良好に二つのグループ G_1, G_2 へ判別できることがわかる．また新しいサンプルに対しても，式 (9.35) より得られる f 値の大小によって，G_1, G_2 のいずれの母集団に属するかを判定できることになる．

　このような合成変量 f を計算するための重み ω_1, ω_2 は，次式で与えられる相関比 η^2 を最大化するという条件から求められる．

$$\eta^2 = \frac{(\overline{f}_1 - \overline{f}_2)^2}{\sum\limits_{l=1}^{2} \sum\limits_{k=1}^{n_i} (f_{lk} - \overline{f}_l)^2} \tag{9.36}$$

ここに $\overline{f}_1$, $\overline{f}_2$ はそれぞれの母集団における f の平均値, f_{lk} は母集団 l に属する k 番目のサンプルに対する f の値で, n_l は母集団 l に属するサンプル数である. 式 (9.36) の分母はすべてのサンプルに対する合成変量の分散 (全分散) であり, 分子は級間分散である. この式より, 全分散が一定のとき η^2 の値を最大化することは, 二つの母集団の平均値 $\overline{f}_1$ と $\overline{f}_2$ をできるだけ離すこと, したがって, 判別の程度がよくなることを意味することが理解できるであろう. 相関比 η^2 の値を最大化するような重み係数 ω_1, ω_2 を求めるためには, 式 (9.36) を ω_1, ω_2 について偏微分した値を 0 とおけばよいことも容易に理解できるであろう.

　実際に, あるサンプルが二つの母集団のいずれに属するかを判別するためには, そのサンプルに対する f の値が一定の値 f_0 より大きいか, 小さいかで判別することになるため, f_0 の値 (これを判別分岐点という) を具体的に求めておく必要がある.

　しかし以上のような考え方からは, 図 9.3 に示す判別関数 f は求められても, 判別分岐点 f_0 を直接求めることができない.

　実際にはこのような判別分岐点 f_0 の定め方は必ずしも一通りではなく, たとえば二つの母集団に対する f の平均 $\overline{f}_1$, $\overline{f}_2$ の中点を f_0 とおいてもよい.

$$f_0 = \frac{\overline{f}_1 + \overline{f}_2}{2} \tag{9.37}$$

あるいは, 両母集団への適中率が等しくなるような点を f_0 とおくことも考えられる. すなわち, 両母集団の確率密度関数が $g_1(f)$, $g_2(f)$ と表されたとすれば,

$$\int_{-\infty}^{f_0} g_1(f) df = \int_{f_0}^{\infty} g_2(f) df \tag{9.38}$$

を満たすように f_0 の値を設定してもよい.

　しかしながら, f_0 をどのように設定したとしても, n 個のサンプルを完全に母集団 G_1, G_2 へ判別することは困難であり, 通常はどうしても誤って判別されてしまうサンプルが生じる. そこで誤って判別したサンプル数の比率を求め, この値を誤判別率と呼んでいる. これを用いることによって, 誤判別したとき

に生じる損失の期待値を最小にするように f_0 を決定する考え方もある.

（2）　2母集団への誤判別確率を等しくする場合の判別関数

ここでは，2個の変量 x_1, x_2 で説明されるサンプル群を二つの母集団 G_1, G_2 へ判別するための判別関数を，両母集団に対する誤判別率が等しくなるように設定する方法について説明する.

いま判別しようとする各サンプルの変量 x_1, x_2 の値が，母集団 G_1 に含まれるサンプル群の変量 x_1, x_2 の平均を $\mu_1^{(1)}$, $\mu_2^{(1)}$, 母集団 G_2 のそれらを $\mu_1^{(2)}$, $\mu_2^{(2)}$ としたとき，変量 x_1, x_2 に関する分散は両母集団とも等しくそれぞれ σ_1^2, σ_2^2 であり，両者の相関係数もともに ρ であるような2次元正規分布に従うと仮定する.

このような2次元正規分布の確率密度関数 $f(x_1,\ x_2)$ は，

$$f(x_1,\ x_2)=\frac{1}{2\pi\sigma_1\sigma_2\sqrt{1-\rho^2}}$$
$$\exp\left\{-\frac{1}{2(1-\rho^2)}\left[\frac{(x_1-\mu_1)^2}{\sigma_1^2}-2\rho\frac{(x_1-\mu_1)(x_2-\mu_2)}{\sigma_1\sigma_2}+\frac{(x_2-\mu_2)^2}{\sigma_2^2}\right]\right\}$$

$$(9.39)$$

で与えられる. ここで，

$$D^2=\frac{(x_1-\mu_1)^2}{\sigma_1^2}-2\rho\frac{(x_1-\mu_1)(x_2-\mu_2)}{\sigma_1\sigma_2}+\frac{(x_2-\mu_2)^2}{\sigma_2^2} \qquad (9.40)$$

とおくと，この D^2 の値が大きくなれば $f(x_1,\ x_2)$ の値は小さくなり，$(x_1,\ x_2)$ 付近の確率は小さいことがわかる. そこで，あるサンプルに対する2変量の値が $(x_1,\ x_2)$ であるとすれば，

$$D_1^2=\frac{(x_1-\mu_1^{(1)})^2}{\sigma_1^2}-2\rho\frac{(x_1-\mu_1^{(1)})(x_2-\mu_2^{(1)})}{\sigma_1\sigma_2}+\frac{(x_2-\mu_2^{(1)})^2}{\sigma_2^2} \qquad (9.41)$$

と

$$D_2^2=\frac{(x_1-\mu_1^{(2)})^2}{\sigma_1^2}-2\rho\frac{(x_1-\mu_1^{(2)})(x_2-\mu_2^{(2)})}{\sigma_1\sigma_2}+\frac{(x_2-\mu_2^{(2)})^2}{\sigma_2^2} \qquad (9.42)$$

の値を求め，$D_1^2<D_2^2$ ならば母集団 G_1 に，$D_1^2>D_2^2$ ならば母集団 G_2 に判別するのが妥当である.

そこで，D_2^2 と D_1^2 の差を求めると，

$$D_2{}^2 - D_1{}^2 = 2\{a_1(x_1 - \overline{\mu}_1) + a_2(x_2 - \overline{\mu}_2)\}$$

$$\text{ここに,}\quad \overline{\mu}_1 = \frac{\mu_1{}^{(1)} + \mu_2{}^{(1)}}{2}, \quad \overline{\mu}_2 = \frac{\mu_1{}^{(2)} + \mu_2{}^{(2)}}{2}$$

$$a_1 = \frac{1}{1 - \rho}\left(\frac{\mu_1{}^{(1)} - \mu_1{}^{(2)}}{\sigma_1{}^2} - \rho\frac{\mu_2{}^{(1)} - \mu_2{}^{(2)}}{\sigma_1\sigma_2}\right)$$

$$a_2 = \frac{1}{1 - \rho}\left(\frac{\mu_2{}^{(1)} - \mu_2{}^{(2)}}{\sigma_2{}^2} - \rho\frac{\mu_1{}^{(1)} - \mu_1{}^{(2)}}{\sigma_1\sigma_2}\right) \tag{9.43}$$

となることから,

$$f = \frac{1}{2}(D_2{}^2 - D_1{}^2)$$
$$= a_1(x_1 - \overline{\mu}_1) + a_2(x_2 - \overline{\mu}_2) \tag{9.44}$$

という線形判別関数が得られる.そしてあるサンプルの f の値が,$f > 0$ すなわち $D_2{}^2 > D_1{}^2$ ならば母集団 G_1 に,逆に $f < 0$,すなわち $D_1{}^2 > D_2{}^2$ ならば母集団 G_2 に属すると判別すればよいことになる.

しかしながら,一般には $\mu_1{}^{(1)}$, $\mu_2{}^{(1)}$, $\mu_1{}^{(2)}$, $\mu_2{}^{(2)}$, $\sigma_1{}^2$, $\sigma_2{}^2$, ρ の各値は不明であることから,それぞれ標本平均 $\overline{x}_1{}^{(1)}$, $\overline{x}_2{}^{(1)}$, $\overline{x}_1{}^{(2)}$, $\overline{x}_2{}^{(2)}$ および標本全体の変量 x_1, x_2 の分散 s_{11}, s_{22} と共分散 s_{12} を代用すればよい.またこのときの誤判別確率は等しくなり,

$$d^2 = a_1(\mu_1{}^{(1)} - \mu_1{}^{(2)}) + a_2(\mu_2{}^{(1)} - \mu_2{}^{(2)}) \qquad (d > 0) \tag{9.45}$$

としたとき,標準正規分布 $N(0, 1)$ で,$P(\mu > \frac{1}{2}d)$ で与えられる.

ところで,以上においては二つの母集団 G_1,G_2 における 2 変量 x_1,x_2 の分散がそれぞれ等しく $\sigma_1{}^2$,$\sigma_2{}^2$ であり,相関係数 ρ も等しい場合を想定して議論してきた.しかしこれらが等しくない場合は,式 (9.40) で定義した D^2 の値が大きくても (x_1, x_2) 近傍の確率は必ずしも小さくはならないため,ここで述べてきた判別法をそのまま適用することはできない.このような場合には,

$$x_1{}^* = \frac{x_1 - \mu_1}{\sigma_1}, \quad x_2{}^* = \frac{x_2 - \mu_2}{\sigma_2} \tag{9.46}$$

と標準化することにより,式 (9.39) で表された確率密度関数は,

$$f(x_1{}^*, \ x_2{}^*) = \frac{1}{2\pi\sqrt{1 - \rho^2}}\exp\left\{-\frac{1}{2(1 - \rho^2)}[x_1{}^{*2} - 2\rho x_1{}^* x_2{}^* + x_2{}^{*2}]\right\}$$

$$\tag{9.47}$$

と表すことができ，さらに，

$$z_1 = \frac{x_1{}^* + x_2{}^*}{\sqrt{2(1+\rho)}}, \quad z_2 = \frac{x_1{}^* - x_2{}^*}{\sqrt{2(1-\rho)}} \tag{9.48}$$

として，2次曲線の標準化を行うと，式 (9.47) の確率密度関数は，

$$f(z_1, \; z_2) = \frac{1}{2\pi} \exp\left\{-\frac{1}{2}(z_1{}^2 + z_2{}^2)\right\} \tag{9.49}$$

と変形され，双方の確率密度関数が同一化できたことになる．したがって，

$$P^2 = z_1{}^2 + z_2{}^2 = \frac{x_1{}^{*2} + x_2{}^{*2} - 2\rho x_1{}^* x_2{}^*}{1 - \rho^2}$$

$$= \frac{1}{1-\rho^2}\left\{\frac{(x_1-\mu_2)^2}{\sigma_1{}^2} - 2\rho\frac{(x_1-\mu_1)(x_2-\mu_2)}{\sigma_1\sigma_2} + \frac{(x_2-\mu_2)^2}{\sigma_2{}^2}\right\} \tag{9.50}$$

を判別の基準として用いればよいことになる．

　すなわち，あるサンプル k が母集団 G_1, G_2 のいずれに属するかを判定するためには，式 (9.40) のかわりに式 (9.50) を用い，式 (9.40) のときの式 (9.41)，(9.42) と同様に $D_1{}^2$, $D_2{}^2$ の値を計算すればよい．そして，$D_1{}^2 < D_2{}^2$ ならば母集団 G_1 に，$D_1{}^2 > D_2{}^2$ ならば母集団 G_2 に属すると判別する．ただし，このように二つの母集団 G_1 と G_2 の分散 $\sigma_1{}^2$, $\sigma_2{}^2$ と相関係数 ρ が等しくない場合には，式 (9.43) と同様に $D_2{}^2 - D_1{}^2$ を計算しても式 (9.44) のような線形の判別関数は得られないことがわかるであろう．なお二つの母集団における $\sigma_1{}^2$, $\sigma_2{}^2$，ρ が等しいと判別してよいかどうかは，統計的仮説検定（x^2 検定になる）を行う必要があるが，ここではその説明を省略する．

　最後にサンプルの特性を表す変量が $P(P \geq 2)$ となる場合は，P 変量正規分布の確率密度関数が，

$$f(x_1, \; x_2, \; \cdots, \; x_p)$$

$$= \frac{1}{(2\pi)^{\frac{p}{2}}|\varSigma|^{\frac{1}{2}}} \exp\left\{-\frac{1}{2}\sum_{i=1}^{p}\sum_{j=1}^{p}\sigma^{ij}(x_i-\mu_i)(x_j-\mu_j)\right\} \tag{9.51}$$

と表されるが，2変量の場合の考え方をそのまま準用することができる．ここに，μ_j は x_j の平均，$\varSigma = (\sigma_{ij})$ は変量 i と変量 j の分散共分散行列，$|\varSigma|$ はその行列式，σ^{ij} は $\varSigma$ の逆行列要素である．

　なお，判別すべき母集団が $m(m > 2)$ 個ある場合，通常は二つずつ母集団を取り出し，各ペア母集団間の判別式を順次求めていくことから，判別式の数は

$\frac{1}{2}m(m-1)$ 個となる．したがって，これらの判別式を有効に利用して，効率よく m グループへ判別することを検討すればよい．

（3）　判別分析の適用例

表 9.7 はある大都市から東京への移動に際して，新幹線を利用した 12 名と航空機を利用した 12 名の所得 x_1，運賃と時間価値の和 x_2 ならびに空港までの所要時間 x_3 をまとめたものである．これを用いて 2 群への判別分析を行ったところ，最終的に，

$$f = 3.66x_1 - 2.26x_2 + 1.36x_3 - 17.60$$

という線形判別関数が得られた．これより，所得の多い人および空港までのアクセスが不便な人は新幹線を利用するのに対し，運賃＋時間価値の高い人は航空機を利用することがわかる．ところでこの線形判別関数の妥当性を，その係数に関する F 検定によって判断すると，自由度 $(1,20)$ の F 値は $F_{20}^1(0.01)=8.10$，$F_{20}^1(0.05)=4.35$ であることから，変数 x_1 の係数については，

$$F_0 = 6.2365 > F_{20}^1(0.05)$$

表 9.7　判別分析のためのデータ行列

サンプル	新 幹 線 利 用 者			航 空 機 利 用 者		
	所　得 (千円/日)	運賃＋時間価値 (千円)	空港までの時間 (時間)	所　得 (千円/日)	運賃＋時間価値 (千円)	空港までの時間 (時間)
1	6.00	3.68	0.81	6.91	4.32	0.55
2	7.10	4.82	1.55	6.77	4.46	0.30
3	8.06	4.93	1.23	6.05	4.00	0.82
4	7.97	4.82	0.62	6.77	4.46	1.21
5	7.87	5.00	0.94	6.86	4.54	1.03
6	8.02	4.46	2.15	6.53	4.39	0.94
7	7.63	4.74	1.13	7.20	4.39	1.37
8	7.10	4.61	1.84	6.72	4.18	0.55
9	7.68	4.64	2.65	7.15	4.57	0.76
10	8.11	5.04	3.17	5.47	3.64	0.83
11	9.20	6.05	0.68	7.40	4.62	0.92
12	8.15	4.85	0.49	6.88	5.20	0.51

となり判別に寄与しているといえるが，変数 x_2, x_3 の F_0 値はそれぞれ 0.9161, 2.2693 となったため，これらは判別にあまり寄与していないことがわかる．

表 9.8　判別関数値

サンプル	新幹線利用者	航空機利用者
1	-2.863	-1.335
2	-0.409	-2.505
3	2.420	-3.391
4	1.509	-1.265
5	1.171	-1.362
6	4.591	-2.353
7	1.140	0.685
8	0.461	-1.713
9	3.620	-0.736
10	4.996	-4.685
11	3.308	0.284
12	1.923	-3.492

　次に新幹線利用者と航空機利用者の判別関数の値 f を求めると表 9.8 が得られる．この計算では判別分岐点 f_0 が 0.0 となるよう調整されているため，新幹線利用者 12 名のうち 2 名，航空機利用者についても 12 名のうち 2 名が誤って判断されてしまうことがわかる．したがって，このときの誤判別率は，

$$\frac{2+2}{12+12} \times 100 = 16.7\%$$

となる．また所得が 7.20，運賃＋時間価値が 5.50，空港までのアクセス時間が 1.5 時間と想定される人がいるとすれば，この人の判別得点は $f = -1.638$ となることから航空機を利用するであろうと判定される．

9.4　数量化理論 I 類

（1）　数量化の考え方
　多変量解析法のなかには，名義尺度や順序尺度のような質的変量を扱うモデルと，間隔尺度や比率尺度のような量的変数を扱うモデルがあることはすでに

述べたとおりであり，本章でとりあげた主成分分析や判別分析は，後者に属する
るモデルである．しかし主成分分析や判別分析，あるいは 6.2 節で取り上げた
重回帰分析を用いて分析しようとしたときに，変量のすべて，もしくは一部に
質的変量を含むことがある．たとえば，ある国際空港の国際航空旅客数の需要
予測を各方面別（北アメリカ方面，ヨーロッパ方面など）に行う場合，当該方面
への路線が開設されているかいないかは需要予測に大きく影響する．しかし，
これを説明変量の一つに加えようとすると，開設されている場合は 1，されて
いない場合は 0 という値を仮定するように，ダミー変数として扱わざるをえな
い．もちろん，重回帰分析や判別分析の説明変量の一部にダミー変数が含まれ
てもよいが，アンケート調査やヒヤリング調査によって関係者の意向を分析す
る場合のように，質問項目のほとんどが質的変量となるときは，別の種類の多
変量解析モデルを考えていくべきであろう．

　数量化理論はこのような目的に対して林　知己夫氏（文部省統計解析研究
所）によって提案されたモデルであり，分析目的に合うよう各質的変量が取り
うる状態に対して適当な数量を与え，合成変量の値を求めていく方法である．
すなわち，数量化理論は質的変量群の回帰関係，相関関係，類似関係などを扱
う多変量解析モデルで，質的変量を量的変量に変換するところに特徴がある．
したがって，量的変量を含む場合には，逆にそれを質的変量と同様に扱わざる
をえなくなるという問題が生じる．すなわち，変量の値そのままではなく，こ
れをいくつかの階層に分けて整理し，各階層を質的変量として扱わなければな
らないことに注意する必要がある．しかしながら，たとえこのような問題点が
あるにしても，数量化理論が提案された意義は大きく，多変量解析法の適用範
囲が大きく広がったといえよう．

　数量化理論も大別すると，外的基準のある場合と外的基準のない場合とに分
類される．そして外的基準がある場合のうち，外的基準が量的変量の場合が数
量化理論 I 類，質的変量の場合が数量化理論 II 類である．すなわち，数量化理
論 I 類は説明変量が質的変量となった重回帰分析，数量化理論 II 類は同様の場
合の判別分析に相当すると考えればよい．

　また外的基準がない数量化の手法は，データの多次元空間内での縮約された
表現と，それにもとづく分類を行うことを目的とするもので，サンプル i と j

の間の関係を表す尺度を e_{ij} としたとき，e_{ij} が頻度で与えられた場合は数量化理論III類，漠然とした類似性の場合が数量化理論IV類であり，これらは主成分分析や因子分析とほぼ同じ目的で利用される．なおこれら以外にも，e_{ij} が類似性および非類似性を表す場合のK-L型数量化，大小関係の場合の一対比較法，ランクオーダーのあるときの群分類を行う MDA-OR 法，ランクオーダーのない場合の群分類を行う MDA-UO 法などが提案されている．そして，これらは最小次元解析法，多次元尺度構成法などとも呼ばれている．

　以下では，数量化理論のなかでも特に利用されることが多い数量化理論Ⅰ類とⅡ類について説明する．

（2） 数量化理論Ⅰ類の概要

　すでに述べたように，数量化理論Ⅰ類とは，量的に計測された外的基準を定性的な要因にもとづいて説明あるいは予測するための分析モデルである．

　たとえば，ある地域に建設された横断歩道橋の利用率（横断歩道橋の前後ある一定の幅内で，その道路を横断した人のうち，歩道橋を利用した人の割合）が，① その道路の車線数，② 通過交通量，③ 地域特性（商業地，住宅地などの区別），④ 通学路指定の有無，⑤ 歩道橋の形状，などによって変化していると考えよう．この事例では利用率が外的基準となり，当然量的な変量である．そしてこの歩道橋利用率を説明する五つの変量のうち，①と②は量的変量であるが，③〜⑤は質的変量である．しかし量的変量も，それをクラスに区分する

表9.9　数量化理論Ⅰ類適用のためのデータ行列

サンプル番号	アイテム カテゴリー 外的基準値	1 $1, 2, \cdots C_1$	$\cdots$	j $1, 2, \cdots C_j$	$\cdots$	R $1, 2, \cdots C_R$
1	y_1	$\checkmark$	$\vdots$	$\checkmark$	$\vdots$	$\checkmark$
2	y_2	$\checkmark$	$\vdots$	$\checkmark$	$\vdots$	$\checkmark$
$\vdots$	$\vdots$	$\vdots$	$\vdots$	$\vdots$	$\vdots$	$\vdots$
i	y_i	$\checkmark$	$\vdots$	$\checkmark$	$\vdots$	$\checkmark$
$\vdots$	$\vdots$	$\vdots$	$\vdots$	$\vdots$	$\vdots$	$\vdots$
n	y_n	$\checkmark$	$\vdots$	$\checkmark$	$\vdots$	$\checkmark$

ことによって質的変量と同様に扱うことができることは容易に理解できよう.

ここで,①～⑤のような説明変量を要因(アイテム)と呼び,それぞれの要因が取りうる状態を属性(カテゴリー)と呼ぶことにすると,各サンプルに対する種々の要因のカテゴリー反応と外的基準の値は表 9.9 のように整理できる.そして,各サンプルがそれぞれのアイテムのどのカテゴリーに反応するかを表すために,次のようなダミー変数を導入する.

$$\delta_i(j,\ k)=\begin{cases} 1 \cdots \text{サンプル } i \text{ がアイテム } j \text{ のカテ} \\ \quad \text{ゴリー } k \text{ に反応するとき} \\ 0 \cdots \text{反応しないとき} \end{cases} \tag{9.52}$$

このとき,ダミー変数 $\delta_i(j,\ k)$ については以下のような制約式が成立しなければならない.ここに,C_j はアイテム j のカテゴリー数である.

$$\left. \begin{array}{l} \sum_{k=1}^{C_j} \delta_i(j,\ k)=1 \\ \sum_{i=1}^{n} \sum_{k=1}^{C_i} \delta_i(j,\ k)=n \end{array} \right\} \tag{9.53}$$

さて,それぞれのアイテムの各カテゴリー反応から外的基準の値を予測することを考えてみよう.そのために,各サンプル i に対して,ダミー変数 $\delta_i(j,\ k)$ を用いて,以下のような線形合成式を考える.

$$Y_i=\sum_{j=1}^{R} \sum_{k=1}^{C_i} a_{jk} \cdot \delta_i(j,\ k) \tag{9.54}$$

ここに a_{jk} はダミー変数 $\delta_i(j,\ k)$ にかかる係数で,カテゴリーウエイト(または偏回帰係数)という.すなわち,サンプル i があるアイテム j の k 番目のカテゴリーに反応したとき,式 (9.52) より $\delta_i(j,\ k)$ は 1 となるから,結局サンプル i に対して a_{jk} という得点を与えることになる.このことから,すべてのアイテムに対するカテゴリー反応によって得られる得点の合計が Y_i の値となる.この場合,外的基準 y_i の値を予測することが目的であるから,カテゴリーウエイト a_{jk} は Y_i によって y_i が最もうまく予測できるように定めればよいことになる.そこで重回帰分析の場合と同様に,最小二乗法の考え方を導入して,

$$Q=\sum_{i=1}^{n}(y_i-Y_i)^2 \to \min \tag{9.55}$$

を満たすように a_{jk} の値を決めればよい.そして式 (9.54) の構造が明らかに

なると，すなわち係数 a_{jk} の値が算出されておれば，新しいサンプルに対しても
その合成変量 Y の値，すなわち外的基準の値を求めることが可能となる．さら
に a_{jk} の大小関係を比較分析することによって，どのようなアイテム，カテゴリ
ーが外的基準に強く影響するかを判断することができる．なおサンプル数 n と
してはダミー変数の数（カテゴリー数の総和）の2倍程度は必要と考えられて
いる．

（3） カテゴリーウエイトの推定

いま式 (9.54) を式 (9.55) へ代入すると，

$$Q = \sum_{i=1}^{n} \{y_i - \sum_{j=1}^{R} \sum_{k=1}^{C_i} a_{jk} \cdot \delta_i(j, k)\}^2 \rightarrow \min \tag{9.56}$$

となる．そこで，回帰分析の場合と同様に Q を a_{uv} で偏微分してその値を 0 と
おき，正規方程式を求めると，

$$\sum_{j=1}^{R} \sum_{k=1}^{C_j} f(uv, jk) \cdot a_{jk} = \sum_{i=1}^{n} y_i \cdot \delta_i(u, v) \tag{9.57}$$

ここに，$u = 1, 2, \cdots, R ; v = 1, 2, \cdots, C_u$

が得られる．

上式において，

$$f(uv, jk) = \sum_{i=1}^{n} \delta_i(u, v) \cdot \delta_i(j, k) \tag{9.58}$$

はアイテム j のカテゴリー k と，アイテム u のカテゴリー v の両方に反応した
サンプル数を表す．

ここで式 (9.53) の第1番目の条件式を考えると，

$$\left. \begin{array}{l} \sum_{v=1}^{C_u} f(uv, jk) = \sum_{i=1}^{n} \delta_i(j, k) \sum_{v=1}^{C_u} \delta_i(u, v) = n_{jk} \\ \sum_{v=1}^{C_u} \sum_{i=1}^{n} y_i \cdot \delta_i(u, v) = \sum_{i=1}^{n} y_i \sum_{v=1}^{C_u} \delta_i(u, v) = \sum_{i=1}^{n} y_i \end{array} \right\} \tag{9.59}$$

が成立する．すなわち，式 (9.57) として得られた正規方程式の係数および右辺
を，各アイテム中のカテゴリーに対応する式について加え合わせると一定にな
ることがわかる．したがって，正規方程式の $\sum_{i=1}^{R} C_i$ 個の方程式の間に，各アイテ
ム内のカテゴリーに対応する式の合計がすべてのアイテムについて等しいとい

う $(R-1)$ 個の独立な線形制約式が成立することになり，正規方程式の解は一意的には定まらない．実際，各アイテム内でのカテゴリーウエイトの原点の取り方は任意であり，アイテム内での相対的な差が一意的に定まるだけである．

そこで，通常は $2 \sim R$ 番目のアイテムについて，任意のカテゴリーに対するカテゴリーウエイトを 0 とおいて，式 (9.53) の第 1 条件式からそれらのカテゴリーに対する $(R-1)$ 個の式を除き，$\{\sum_j C_j - (R-1)\}$ 元連立 1 次方程式として式 (9.59) を解けばよい．そして，解釈の便宜上，各アイテム内のカテゴリーウエイトに定数を加減して平均値が 0 となるように調整をしておく．

このようにして得られたカテゴリーウエイトを $a_{jk}{}^*$ と表せば，式 (9.54) は，

$$Y_i = \overline{y} + \sum_{j=1}^{R} \sum_{k=1}^{C_j} a_{jk}{}^* \cdot \delta_i(j, \ k) \tag{9.60}$$

となる．ここで，$\overline{y}$ は全サンプルの外的基準 y_i の平均値であり，$a_{jk}{}^*$ はアイテム内の一つのカテゴリーウエイトを 0 とおいて求めた a_{jk} を用いて，

$$a_{jk}{}^* = a_{jk} - \frac{1}{n} \sum_{i=1}^{C_j} n_{ji} a_{ji} \tag{9.61}$$

のように計算された値である．なお，すべてのアイテムについてこのように標準化したカテゴリーウエイト $a_{jk}{}^*$ を用いると，式 (9.54) の原点が移動してしまうため，そのままでは，式 (9.55) の最適化基準が満たされなくなり，予測式は

$$Y_i = \frac{1}{n} \sum_{j=1}^{R} \sum_{k=1}^{C_j} a_{jk} n_{ik} + \sum_{j=1}^{R} \sum_{k=1}^{C_j} a_{jk}{}^* \cdot \delta_i(j, \ k) \tag{9.62}$$

と定数項をもった形となる．

（4） 重相関係数と偏相関係数

このようにして式 (9.55) を最小化するカテゴリーウエイト a_{jk}(もしくは $a_{jk}{}^*$) が求められたが，問題は式 (9.60) あるいは式 (9.61) によって外的基準の値 y_i がどの程度説明できたかということになる．これに関しては，回帰分析の場合と同様に観測値 y_i と予測値 Y_i との間の相関係数，いいかえれば外的基準の値 y_i とダミー変数 $\delta_i(j, \ k)$ との間の重相関係数 R によって評価すること

ができる．また外的基準 y_i に対する各アイテムの影響の大きさは，アイテム内の各カテゴリーに与えられた数量，すなわちカテゴリーウエイト a_{jk} の範囲（これをレンジという）の大きさによって判断することができる．ここに，アイテム j のレンジ d_j は，

$$d_j = \max_k(a_{jk}) - \min_k(a_{jk}) \tag{9.63}$$

で計算される値である．レンジ d_j の値が大きいアイテム j ほど，そのうちのいずれのカテゴリー k に反応するかによって外的基準の値 y_i，したがって予測値 Y_i が大きく変わることになる．このことは，それだけ外的基準に与える影響が大きいことを意味する．

また，アイテム j のカテゴリー k に反応したときに a_{jk} という量的変量が測定されたと考えると，各アイテム j と外的基準 y_i との間に偏相関係数 ρ_{yj} を定義することができる．この値も外的基準に対する各アイテムの影響の大きさを示す一つの指標とみなすことができる．なおレンジ d_j の大小関係と偏相関係数 ρ_{yj} の大小関係はおおむね一致するが，場合によっては順序が多少入れかわることもある．

ここでは以下において，重相関係数 R と偏相関係数 ρ_{yj} を求めてみよう．いまサンプル i に対するアイテム j の得点 $x_i(j)$ は，先に求めたカテゴリーウエイト a_{jk} を用いると，

$$x_i(j) = \sum_{k=1}^{C_j} a_{jk} \cdot \delta_i(j,\ k) \tag{9.64}$$

と表される．ここで，外的基準 y とアイテム j との間の相関係数を r_{yj}，アイテム j_1 とアイテム j_2 との間の相関係数を $r_{j_1 j_2}$ とし，外的基準とアイテム（$1 \sim R$）の相関行列を R，その逆行列を R^{-1} で表すと，それぞれ，

$$R = \begin{array}{c} \\ \\ \\ \\ \\ \end{array} \overset{\begin{array}{ccccc} y & 1 & 2 & \cdots & R \end{array}}{\left[\begin{array}{ccccc} 1 & r_{y1} & r_{y2} & \cdots & r_{yR} \\ r_{1y} & 1 & r_{12} & \cdots & r_{1R} \\ r_{2y} & r_{21} & 1 & \cdots & r_{2R} \\ \vdots & \vdots & \vdots & & \vdots \\ r_{Ry} & r_{R1} & r_{R2} & \cdots & 1 \end{array} \right]} \begin{array}{c} y \\ 1 \\ 2 \\ \vdots \\ R \end{array} \tag{9.65}$$

$$R^{-1}=\begin{pmatrix} r^{yy} & r^{y1} & r^{y2} & \cdots & r^{yR} \\ r^{1y} & r^{11} & r^{12} & \cdots & r^{1R} \\ r^{2y} & r^{21} & r^{22} & \cdots & r^{2R} \\ \vdots & \vdots & \vdots & & \vdots \\ r^{Ry} & r^{R1} & r^{R2} & \cdots & r^{RR} \end{pmatrix} \tag{9.66}$$

と表現できる．そして重相関係数R，外的基準とアイテムjとの間の偏相関係数ρ_{yj}は回帰分析の場合と同様にして，それぞれ，

$$R=\sqrt{1-\frac{1}{r^{yy}}} \tag{9.67}$$

$$\rho_{yj}=\frac{-r^{jy}}{\sqrt{r^{jj}}\sqrt{r^{yy}}} \tag{9.68}$$

によって求めることができる．ここに，

$$r_{j_1j_2}=\frac{S_{x(j_1),x(j_2)}}{S_{x(j_1)}\cdot S_{x(j_2)}} \tag{9.69}$$

$$r_{yj}=\frac{S_{y,x(j)}}{S_y\cdot S_{x(j)}} \tag{9.70}$$

であり，アイテムと外的基準の分散，共分散は以下の式によって与えられる．

$$s^2{}_{x(j)}=\frac{1}{n}\left\{\sum_{k=1}^{C_j}n_{jk}\cdot a_{jk}{}^2-\frac{1}{n}(\sum_{k=1}^{C_j}n_{jk}\cdot a_{jk})^2\right\} \tag{9.71}$$

$$s^2{}_y=\frac{1}{n}\{\sum_{i=1}^n y_i{}^2-n\overline{y}^2\} \tag{9.72}$$

$$S_{x(j_1),x(j_2)}=\frac{1}{n}\left\{\sum_{k_1=1}^{C_{j1}}\sum_{k_2=1}^{C_{j2}}a_{j_1k_1}\cdot a_{j_2k_2}\cdot f(j_1k_1,\ j_2k_2)\right.$$
$$\left.-\frac{1}{n}(\sum_{k_1=1}^{C_{j1}}n_{j_1k_1}\cdot a_{j_1k_1})(\sum_{k_2=1}^{C_{j2}}n_{j_2k_2}\cdot a_{j_2k_2})\right\} \tag{9.73}$$

$$S_{y,x(j)}=\frac{1}{n}\{\sum_{k=1}^{C_j}a_{jk}\sum_{i=1}^n y_i\cdot\delta_i(jk)-\overline{y}\sum_{k=1}^{C_j}n_{jk}\cdot a_{jk}\} \tag{9.74}$$

なお，あるアイテムjが外的基準の説明に有意に寄与しているか否かの判定は，重回帰分析の場合と同様にF検定によって行うことができるが，ここではそのことについてのみ触れておく．

（5）　数量化理論 I 類の適用例

　ある大都市は今後とも横断歩道橋を整備し続けていくために，横断歩道橋の利用率（横断歩道橋が設置されている地点で道路を横断した人のうち，正しく横断歩道橋を利用した人の割合）と利用率に影響を及ぼしそうな属性とを調査し，表9.10としてまとめた．そこで，利用率を外的基準として数量化理論 I 類を適用することにした．分析結果のうち，表9.10に示した四つのアイテムのカテゴリーウエイト，レンジ，偏相関係数 ρ ならびに重相関係数 R と決定係数 R^2 をまとめて表したのが表9.11である．

　これより，重相関係数（$R=0.8613$）がかなり高いこと，利用率の約75%（R^2

表9.10　数量化理論 I 類のためのデータ行列

サンプル番号	横断歩道橋利用率(%)	沿道用途地域			階段の構造		車線数		付近の横断歩道	
		住宅地	商業地	工業地	斜路つき階段	階の段み	2車線	4車線以上	なし	あり
1	66.250	✓			✓		✓			✓
2	65.000	✓			✓		✓		✓	
3	63.750	✓			✓			✓		✓
4	40.750	✓				✓	✓			✓
5	70.250	✓			✓			✓	✓	
6	60.000	✓				✓		✓		✓
7	53.250	✓				✓	✓			✓
8	62.500	✓				✓	✓		✓	
9	56.250	✓				✓		✓		✓
10	80.300		✓		✓		✓		✓	
11	72.500		✓			✓		✓	✓	
12	54.300		✓			✓		✓		✓
13	45.300	✓			✓			✓		✓
14	90.250		✓			✓	✓		✓	
15	80.300		✓			✓	✓		✓	
16	40.200			✓		✓	✓			✓
17	35.300			✓		✓	✓			✓
18	66.200			✓		✓		✓		✓
19	98.500		✓		✓		✓		✓	
20	43.500			✓		✓		✓		✓
21	75.300		✓		✓			✓		✓
22	78.400		✓		✓		✓		✓	
23	60.500	✓				✓	✓			✓
24	80.400		✓		✓			✓	✓	

表 9.11 数量化理論 I 類の分析結果

アイテム	カテゴリー	頻度	カテゴリースコア	レンジ	偏相関係数
沿道用途 地 域	住 宅 地	11	−2.655	28.826	0.761
	商 業 地	9	11.116		
	工 業 地	4	−17.710		
階 段 の 構 造	斜路つき階段	11	1.074	1.984	0.115
	階 段 の み	13	−0.909		
車 線 数	2 車 線	14	−1.440	3.455	0.200
	4 車 線 以 上	10	2.015		
付 近 の 横断歩道	な し	12	6.769	13.538	0.611
	あ り	12	−6.769		
定 数 項			64.135		
重 相 関 係 数			0.8613		
決 定 係 数			0.7419		

＝0.7419）はこれら四つのアイテムで説明できていることがわかる．次にレンジならびに偏相関係数から判断すると，用途地域ならびに横断歩道の有無がよくきいていることがわかる．すなわち，商業地域で利用率が高く，工業地域では低いこと，そしてその差は利用率にして 30 ％の差を生じることを示している．また横断歩道橋が整備されていても，その付近に横断歩道があれば歩道橋利用率は低くなってしまうことも読みとれる．

最後に表 9.12 は観測値と数量化理論 I 類による予測値とを対比したものである．いずれにしてもこの分析結果を用いれば，これから整備しようとする横断歩道橋の利用率をかなりの精度で予測できることになる．

9.5 数量化理論II類

（1） 数量化理論II類の概要

　数量化理論 I 類が定量的な外的基準を定性的な要因にもとづいて予測するためのモデルであったのに対し，数量化理論II類は定性的な状態を示す外的基準を定性的な要因にもとづいて判別するためのモデルである．すなわち数量化理論II論は，すでに述べた判別分析を定性的データの場合へ拡張したものと考え

表9.12　数量化理論Ⅰ類による予測結果

サンプル	観測値	予測値	偏　差
1	66.250	54.347	11.904
2	65.000	67.885	−2.885
3	63.750	57.802	5.949
4	40.750	52.363	−11.613
5	70.250	71.340	−1.090
6	60.000	55.818	4.182
7	53.250	52.363	0.887
8	62.500	65.901	−3.401
9	56.250	55.818	0.432
10	80.300	81.655	−1.355
11	72.500	83.127	−10.627
12	54.300	66.133	−11.833
13	45.300	57.802	−12.502
14	90.250	79.672	10.579
15	80.300	79.672	0.628
16	40.200	52.829	−12.629
17	35.300	37.308	−2.008
18	66.200	54.301	11.899
19	98.500	81.655	16.845
20	43.500	40.763	2.737
21	75.300	71.572	3.728
22	78.400	81.655	−3.255
23	60.500	52.363	8.137
24	80.400	85.110	−4.710

ることができる．

　たとえば，ある地域から東京へ旅行する場合，利用可能な公共交通機関として，航空機，新幹線，長距離バスがあるとする．そして旅行者がこれらのうち，どの交通機関を利用するかについては，① 性別，② 職業，③ 年収，④ 年齢によってほぼ決まってくると仮定しよう．ここに，旅行者が利用可能な公共交通手段は量的変量ではなく質的変量であり，これを説明するための四つの変量のうち，前2者も質的変量である．また量的変量である後2者についても，それぞれクラスに分割することによって質的変量と同様に扱うことができる．そして①〜④のような説明変量をアイテムといい，それぞれのアイテムが取りう

る状態をカテゴリーと呼ぶことにすると，各サンプルに対する種々の要因のカテゴリー反応と外的基準の状態（いずれの群に属するかということ）は，数量化理論I類の場合とほぼ同様に表9.13のように整理することができる．そして各サンプルがそれぞれのアイテムのいずれのカテゴリーに反応するかを表すために，次のようなダミー変数を導入する．

$$\delta_{ia}(j, k) = \begin{cases} 1 \cdots \text{第 } i \text{ 群の第 } \alpha \text{ 番目のサンプルがアイテ} \\ \text{ム } j \text{ のカテゴリー } k \text{ に反応するとき} \\ 0 \cdots \text{反応しないとき} \end{cases} \quad (9.75)$$

表9.13 数量化理論II類適用のためのデータ行列

サンプル番号	外的基準	アイテム1 カテゴリー 1，2，$\cdots C_1$	$\cdots$	アイテムj カテゴリー 1，2，$\cdots C_j$	$\cdots$	アイテムR カテゴリー 1，2，$\cdots C_R$
1 2 $\vdots$ n_1	第1群	✓ ✓ ✓	$\vdots$	✓ ✓ ✓	$\vdots$	✓ ✓ ✓
$\vdots$	$\vdots$	$\vdots$	$\vdots$	$\vdots$	$\vdots$	$\vdots$
1 2 $\vdots$ n_i	第i群	✓ ✓ ✓	$\vdots$	✓ ✓ ✓	$\vdots$	✓ ✓ ✓
$\vdots$	$\vdots$	$\vdots$	$\vdots$	$\vdots$	$\vdots$	$\vdots$
1 2 $\vdots$ n_L	第L群	✓ ✓ ✓	$\vdots$	✓ ✓ ✓	$\vdots$	✓ ✓ ✓

このとき，ダミー変数 $\delta_{ia}(j, k)$ は数量化理論I類の場合の式(9.53)とまったく同様に，以下のような制約条件を満足する必要がある．ここに，L は外的基準として取りうる状態の数，すなわち群の数である．

$$\sum_{k=1}^{C_j} \delta_{i\alpha}(j, \ k)=1$$

$$\sum_{\alpha=1}^{n_i}\sum_{k=1}^{C_j} \delta_{i\alpha}(j, \ k)=n_i$$

$$\sum_{i=1}^{L} n_i = n$$

(9.76)

　ここで，それぞれのアイテムの各カテゴリー反応から外的基準の状態を予測することを考えてみよう．そのために，各サンプル α に対して，式 (9.75) で定義したダミー変数 $\delta_{i\alpha}(j, \ k)$ を用いて，以下のような線形合成式を考える．

$$Y_{i\alpha}=\sum_{j=1}^{R}\sum_{k=1}^{C_j} a_{jk} \cdot \delta_{i\alpha}(j, \ k)$$

(9.77)

ここに a_{jk} はダミー変数 $\delta_{i\alpha}(j, k)$ にかかる係数で，数量化理論 I 類の場合と同様に，カテゴリーウエイトと呼ぶことにする．これによって，あるサンプルがあるアイテム j の k 番目のカテゴリーに反応したとき，式 (9.75) より $\delta_{i\alpha}(j, k)$ は 1 となるから，結局 a_{jk} という得点を与えることになる．これによって，すべてのアイテムに対するカテゴリー反応の結果として得られる得点の合計が $Y_{i\alpha}$ の値となる．この場合，外的基準の状態が最もうまく説明できる $Y_{i\alpha}$ の値が得られるように a_{jk} の値を決定すればよいことになる．もう少しわかりやすく記述すれば，L 個の群の群間変動を全変動に対して相対的に最大化するように，a_{jk} を定めればよいことになる．ところで $Y_{i\alpha}$ の全変動 s_T は次式に示すように群間変動 s_B と群内変動 s_W の和で表されるため，

$$\sum_{i=1}^{L}\sum_{\alpha=1}^{n_i}(Y_{i\alpha}-\overline{Y}_{..})^2=\sum_{i=1}^{L}n_i(\overline{Y}_{i.}-\overline{Y}_{..})^2+\sum_{i=1}^{L}\sum_{\alpha=1}^{n_i}(Y_{i\alpha}-\overline{Y}_{i.})^2$$

(9.78)

全変動 s_T 　　　　　群間変動 s_B 　　　　群内変動 s_W

群間変動と全変動の比を相関比 η^2 と定義し，

$$\eta^2=\frac{s_B}{s_T} \to \max$$

(9.79)

とするような a_{jk} を求めればよい．なぜならば，η^2 の値が大きいということは，全変動 s_T に占める群間変動 s_B の割合が群内変動 s_W のそれに比較して大きいということ，いいかえれば，各群の中での変動に比べると群と群の間の変動の方が相対的に大きいことを意味するからである．なお式 (9.78) と式 (9.79)

から，$0 \leqq \eta^2 \leqq 1$ であることがわかる．

　いま式 (9.77) の構造が明らかになると，すなわち a_{jk} の値が算定されると，新しいサンプルに対しても合成変量 Y の値が求められるため，その値を各群の合成変量 Y の代表値 $Y_i(i=1, 2, \cdots, L)$ と比較することによって，そのサンプルがいずれの群 i に属するかを判定することができる．さらに a_{jk} の大小関係を比較分析することによって，どのようなアイテム，カテゴリーが各群への判別に強く影響するかを判断することができる．

（2）　カテゴリーウエイトの推定

　さて，式 (9.76) を式 (9.77) の各項へ代入し，整理すると，s_T, s_B はそれぞれ，

$$s_T = \sum_{i=1}^{L} \sum_{a=1}^{n_i} (Y_{ia} - \overline{Y}_{..})^2$$

$$= \sum_{i=1}^{L} \sum_{a=1}^{n_i} \left\{ \sum_{j=1}^{R} a_{jk} \cdot \delta_{ia}(j, k) - \sum_{j=1}^{R} \sum_{k=1}^{C_j} \frac{n_{jk}}{n} a_{jk} \right\}^2$$

$$= \sum_{j=1}^{R} \sum_{k=1}^{C_j} \sum_{u=1}^{R} \sum_{v=1}^{C_u} \left\{ f(jk, uv) - \frac{n_{jk} n_{uv}}{n} \right\} a_{jk} \cdot a_{uv}$$

$$= \sum_{j=1}^{R} \sum_{k=1}^{C_j} \sum_{u=1}^{R} \sum_{v=1}^{C_u} t(jk, uv) \cdot a_{jk} \cdot a_{uv} \tag{9.80}$$

$$s_B = \sum_{i=1}^{L} n_i (\overline{Y}_{i.} - \overline{Y}_{..})^2$$

$$= \sum_{i=1}^{L} n_i \left\{ \sum_{j=1}^{R} \sum_{k=1}^{C_j} \frac{g^i(j, k)}{n_i} a_{jk} - \sum_{j=1}^{R} \sum_{k=1}^{C_j} \frac{n_{jk}}{n} a_{jk} \right\}^2$$

$$= \sum_{j=1}^{R} \sum_{k=1}^{C_j} \sum_{u=1}^{R} \sum_{v=1}^{C_u} \left\{ \sum_{i=1}^{L} \frac{g^i(j, k) \cdot g^i(u, v)}{n_i} - \frac{n_{jk} \cdot n_{uv}}{n} \right\} a_{jk} \cdot a_{uv}$$

$$= \sum_{j=1}^{R} \sum_{k=1}^{C_j} \sum_{u=1}^{R} \sum_{v=1}^{C_u} b(jk, uv) \cdot a_{jk} \cdot a_{uv} \tag{9.81}$$

と考えることができる．ここに，

$$t(jk, uv) = f(jk, uv) - \frac{n_{jk} n_{uv}}{n} \tag{9.82}$$

$$b(jk, uv) = \sum_{i=1}^{L} \frac{g^i(j, k) \cdot g^i(u, v)}{n_i} - \frac{n_{jk} n_{uv}}{n} \tag{9.83}$$

であり，$f(jk, uv)$，$g^i(j, k)$，n_{jk} はそれぞれ，

　$f(jk, uv)$：アイテム j の k 番目のカテゴリーと，アイテム u の v 番目のカテゴリーの双方に反応したサンプル数

$g^i(j, k)$ ：第 i 群に含まれるサンプルのうち，アイテム j の k 番目のカテ
　　　　　　ゴリーに反応したサンプル数

n_{jk}　　　　：アイテム j の k 番目のカテゴリーに反応したサンプル数

を意味する変数と定義している．

次に式 (9.80)，式 (9.81) を式 (9.79) へ代入すると，相関比 η^2 は，

$$\eta^2 = \frac{\sum\limits_{j=1}^{R}\sum\limits_{k=1}^{C_j}\sum\limits_{u=1}^{R}\sum\limits_{v=1}^{C_u} b(jk, uv) \cdot a_{jk} \cdot a_{uv}}{\sum\limits_{j=1}^{R}\sum\limits_{k=1}^{C_j}\sum\limits_{u=1}^{R}\sum\limits_{v=1}^{C_u} t(jk, uv) \cdot a_{jk} \cdot a_{uv}} \tag{9.84}$$

と表すことができる．これは $\{a_{jk}\}$ の2次形式の形となっているが，このままでは η^2 を最大化する a_{jk} の値は一意的には定まらない．すなわち，各アイテム内で原点の取り方の任意性が存在する．なぜならば，数量化理論Ⅰ類の場合と同様に，式 (9.76) の第1式が任意の j，i，a に対して成立するためである．すなわち，各アイテム内でカテゴリーの数だけ導入したダミー変数のうち，各アイテムごとに一つずつは1次従属になり，残りのカテゴリーに対するダミー変数から決まってしまうためである．

このような問題を解決するためには，まず，

$$a_{j1} = 0 \qquad (j = 1, 2, \cdots\cdots, R) \tag{9.85}$$

とおいて他のカテゴリーウエイトを求め，そのあとアイテム内のカテゴリー得点の平均が0となるよう，すなわち，

$$\sum_{k=1}^{C_j} n_{jk} \cdot a_{jk} = 0 \qquad (j = 1, 2, \cdots\cdots, R) \tag{9.86}$$

を満足するように標準化を行えばよい．

このとき相関比 η^2 は，

$$\eta^2 = \frac{\sum\limits_{j=1}^{R}\sum\limits_{k=2}^{C_j}\sum\limits_{u=1}^{R}\sum\limits_{v=2}^{C_u} b(jk, uv) \cdot a_{jk} \cdot a_{uv}}{\sum\limits_{j=1}^{R}\sum\limits_{k=2}^{C_j}\sum\limits_{u=1}^{R}\sum\limits_{v=2}^{C_u} t(jk, uv) \cdot a_{jk} \cdot a_{uv}} \tag{9.87}$$

と表されることになる．そこで，この η^2 を最大化するような $\{a_{jk}\}$ を求めるためには，式 (9.87) を a_{uv} で偏微分して0とおけばよい．すなわち，

$$\sum_{j=1}^{R}\sum_{k=2}^{C_j} \{b(jk, uv) - n^2 \cdot t(jk, uv)\} a_{jk} = 0 \tag{9.88}$$

$$(j = 1, 2, \cdots\cdots, R \quad k = 2, 3, \cdots\cdots, c_j)$$

が得られる. ここで $b(jk, uv)$, $t(jk, uv)$, a_{jk} を,

$$\boldsymbol{B} = [b(jk, uv)] : \sum_{j=1}^{R}(c_j - 1) \ 行 \times \sum_{j=1}^{R}(c_j - 1) \ 列$$

$$\boldsymbol{T} = [t(jk, uv)] : \sum_{j=1}^{R}(c_j - 1) \ 行 \times \sum_{j=1}^{R}(c_j - 1) \ 列 \tag{9.89}$$

$$\boldsymbol{a} = [a_{jk}] \qquad : \sum_{j=1}^{R}(c_j - 1) \ 行 \times 1 \ 列$$

と行列表示すると, 式 (9.88) は,

$$(\boldsymbol{B} - n^2 \boldsymbol{T})\boldsymbol{a} = 0 \tag{9.90}$$

と表される. ここに $\boldsymbol{B}$, $\boldsymbol{T}$ はダミー変数 $\delta_{i\alpha}(j, k)$ のベクトルの群間および全体の偏差平方和積和行列である. 式 (9.40) は一般固有値問題で, 求めるカテゴリーウエイト a_{jk} は, 式 (9.90) から得られる最大固有値 $\eta^2_{(1)}$ に対応する固有ベクトル $a_{(1)}$ として求められる.

また各アイテム内で, 平均が 0 となるような調整は,

$$a_{jk}{}^* = a_{jk} - \frac{1}{n}\sum_{i=1}^{c_j} n_{ji}a_{ji} \tag{9.91}$$

と行っておけばよい. そして外的基準の各属性 (これは外的基準のカテゴリーと考えてよい) に与える数量は, 式 (9.91) で得られる $a_{jk}{}^*$ を採用したときの各群の平均値を利用すればよい. この値は, 新しいサンプルがいずれの群に属すると判別すればよいかの判断情報となる.

ところで, このように求められた 1 次元のカテゴリーウエイト $a_{(1)}{}^*$ だけでは群間の判別が十分でない場合も起こりうる. このような場合には, 判別分析と同様の考え方を導入し, すでに得られているカテゴリーウエイト $a_{(1)}$ にもとづくサンプル数量と無相関という条件のもとに, 再び式 (9.84) の η^2 を最大化する. その結果として, 1 次元の数量化の場合と同じ式 (9.90) の一般固有値問題が得られる. しかし, 最大固有値 $\eta^2_{(1)}$ に対応する固有ベクトルはすでに使われているため, 2 番目に大きい固有値 $\eta^2_{(2)}$ に対する固有ベクトル $a_{(2)}$ を用いることになる.

同様に, p 次元の数量化を行う場合には, 式 (9.90) から求められる 1〜p 番目の固有値 $\eta^2_{(1)} \geq \eta^2_{(2)} \geq \cdots \geq \eta^2_{(p)}$ をとり, それぞれに対応する固有ベクトル $a_{(1)}$, $a_{(2)}$, $\cdots$, $a_{(p)}$ を用いればよい. なお, アイテム内のカテゴリー得点が 0 に

なるような調整は，各次元について式 (9.91) を適用していけばよい．

（3） 相関比と偏相関係数

各サンプルが外的基準としての L 個の群へどの程度よく判別されているかを判断する尺度としては，すでに式 (9.79) で提案した相関比 η^2 が用いられる．相関比は $0 \leqq \eta^2 \leqq 1$ の範囲の値をとり，その定義から明らかなように，1 に近いほど判別の程度がよいことを意味する．

次に各アイテムの寄与の程度は，数量化理論 I 類の場合と同様に，アイテム内のカテゴリーウエイト a_{jk} の範囲（レンジ）の大きさによって判断することができる．ここにアイテム j のレンジ d_j とは，式 (9.63) で定義される値である．

さらにあるサンプルがアイテム j のカテゴリー k に反応したときに a_{jk} という量的変量が測定されたと考えると，各アイテム j と数量化された外的基準 Y との間の偏相関係数 ρ_{Yj} を定義できることも数量化理論 I 類の場合と同様である．ただし数量化された外的基準の分散 $s_Y{}^2$ および数量化された外的基準 Y とアイテム $x_{(j)}$ との共分散 $s_{Y, x(j)}$ はそれぞれ次式で求められる．

$$s_Y{}^2 = \frac{1}{n} \left\{ \sum_{i=1}^{L} n_i b_i{}^2 - \frac{1}{n} \left(\sum_{i=1}^{L} n_i b_i \right)^2 \right\} \tag{9.92}$$

$$s_{Y, x(j)} = \frac{1}{n} \left\{ \sum_{k=1}^{C_j} \sum_{i=1}^{L} a_{jk} \cdot b_i \cdot g^i(j, \ k) - \frac{1}{n} \left(\sum_{k=1}^{C_j} n_{jk} \cdot a_{jk} \right) \left(\sum_{i=1}^{L} n_i \cdot b_i \right) \right\} \tag{9.93}$$

ここに，b_i は外的基準の第 i 群（カテゴリー）に付与される数量である．

（4） 数量化理論 II 類の適用例

最近新幹線を利用して通勤通学する人が増えてきた．そこで，ある大都市へ新幹線で通勤する人と在来線を利用している人の中からいくつかのサンプルを抽出し，どのような属性をもつ人が新幹線通勤者と判別できるかを分析することにした．表 9.14 は 22 名の職種，在来線利用時の通勤時間，通勤費の負担方法，年齢階層を示したものである．これを用いて新幹線通勤か在来線通勤かを外的基準とする数量化理論 II 類による分析を行いその結果をまとめたものが表

表9.14 数量化理論II類のためのデータ行列

サンプル番号	通勤形態 新幹線	在来線	職種 管理職	一般職	在来線での通勤時間 90分未満	90分以上	通勤費の負担 全額会社	一部個人	年令階層 30才以下	31～40才	41才以上
1	✓		✓			✓	✓				✓
2	✓		✓		✓		✓				✓
3	✓		✓			✓	✓				✓
4	✓		✓		✓			✓		✓	
5	✓		✓			✓	✓			✓	
6	✓		✓			✓	✓		✓		
7	✓			✓		✓	✓		✓		
8	✓		✓		✓			✓		✓	
9	✓			✓	✓		✓				✓
10	✓		✓		✓		✓				✓
11	✓		✓		✓			✓			✓
12	✓		✓			✓		✓		✓	
13	✓		✓			✓		✓			✓
14		✓	✓			✓		✓		✓	
15		✓	✓		✓			✓		✓	
16		✓		✓	✓			✓		✓	
17		✓		✓		✓	✓		✓		
18		✓		✓		✓	✓		✓		
19		✓		✓	✓			✓	✓		
20		✓		✓	✓			✓			✓
21		✓		✓	✓			✓	✓		
22		✓		✓		✓		✓	✓		

表9.15 数量化理論II類の分析結果

アイテム	カテゴリー	頻度	カテゴリースコア	レンジ	偏相関係数
職種	管理職	13	−0.53823	1.31566	0.49049
	一般職	9	0.77744		
在来線での通勤時間	90分未満	11	0.18099	0.36197	0.18975
	90分以上	11	−0.18099		
通勤費の負担形態	全額会社負担	10	−0.54165	0.99302	0.48455
	一部個人負担	12	0.45137		
年令階層	30才以下	7	0.42923	0.69948	0.24303
	31～40才	7	−0.12038		
	41才以上	8	−0.27025		
通勤形態	新幹線	13	−0.62598	—	—
	在来線	9	0.90419		
相関比			0.5660		

表 9.16 数量化理論II類による判別結果

サンプル	合成変量値	サンプル	合成変量値
1	-1.5311	12	-0.3882
2	-1.1691	13	-0.1761
3	-1.5311	14	0.9274
4	-0.0262	15	1.2894
5	-1.3812	16	-0.0262
6	-0.8316	17	1.4771
7	0.4840	18	0.8460
8	-0.0262	19	1.4771
9	0.1465	20	-0.1761
10	-1.5311	21	0.8460
11	-0.1761	22	1.4771

9.15 である。同表より，判別比（判別の程度を表す相関比）$(\eta^2 = 0.566)$ はまずまずであること，職種，通勤費の負担方法，年齢階層の順に影響が大きいことがわかる。具体的には，まず職種については一般より管理職の人が，通勤費は全額会社から支給される人が，年齢階層では年配者の方がそれぞれ新幹線通勤を志向していることがわかる。また表 9.16 に示した判別結果をみると，新幹線通勤者 13 名のうちの 2 名が，在来線通勤者 9 名のうちの 2 名がそれぞれ誤って判別されていることがわかる。したがって誤判別率は，

$$\frac{2+2}{13+9} \times 100 = 18.2\%$$

となる。以上のことから，この標本調査結果が普遍的なものと判断できれば，表 9.15 に示した分析結果を用いて今後の新幹線利用者数を予測することが可能となる。

9.6 クラスター分析

（1） クラスター分析の考え方

多変量解析法の目的の一つとして，多数のサンプルをいくつかのグループに分割したり，各サンプルの属性を説明する変数群をグルーピングしたいことがある。たとえばわが国の地方都市をその都市活動の程度によっていくつかのグ

ループに分けることを考えればよい．このような場合に，なんらかの基準によって各サンプル間の類似度を定義し，それを用いて似た者同士を統合していき，最終的にいくつかのグループに分類しようとする方法がクラスター分析である．クラスター分析ではこのグループのことをクラスター（集落）と呼ぶことにしている．

ところで，すでに主成分分析の説明で触れたように，主成分分析においても，たとえば各サンプルごとの第1主成分得点，第2主成分得点をそれぞれ横軸，縦軸にとって2次元空間に布置すれば，サンプル間の相対的な関連関係が把握できる．したがって，その結果を利用すれば，第1主成分，第2主成分の意義づけとともに，恣意的なグルーピングが可能である．このような方法は主成分分析だけでなく，本書ではとりあげていない因子分析，数量化理論III類，IV類でも可能である．しかし，2次元空間上のグループ構成が不明瞭な場合や，3次元以上の多次元空間上でグルーピングしたいとき（たとえば主成分分析において，第1〜第3主成分得点を用いてサンプル群をグルーピングする場合）は，このような試行錯誤的な方法では対応がつかない．すなわち，なんらかの客観的なアルゴリズムが必要となってくる．

クラスター分析は，分析対象の測定データから客観的・計量的に分析対象を分類する手法で，広くは「数値分類法」の一つとも考えられている．いずれにしてもクラスター分析を用いる場合には，分析対象であるサンプル間の類似度を定義し，それを用いてサンプルもしくはクラスター間の距離を計算し，距離の近いサンプルもしくはクラスターを順次統合していくという手順をふむ．しかし一言に類似度といっても，その定義はサンプルの属性が定量的か定性的かによっても異なり，距離に関しても数多くの定義が提案されている．さらに，クラスターへの統合手順に関してもいつかのアルゴリズムが存在し，これらの組合わせを考えると約150通りの方法があるといわれている．いうまでもなく，類似度や距離の定義，クラスターへの統合手順が異なれば最終的なクラスター構成結果も異なってしまう．したがって，クラスター分析は客観的・定量的なアルゴリズムをもつものの，1回の計算では1通りのクラスター構成が得られるだけであり，それが最良のものであるかどうかの判定は分析者にゆだねられてしまう．このような問題点はシミュレーション手法に似ているといえる．

（2） 階層的方法と非階層的方法

　クラスター分析はその分析目的によって階層的方法と非階層的方法に分かれる．階層的方法とは分析対象を段階的に分類していく方法である．したがって，分析対象となる各サンプルがどのクラスターに属するかが明らかになるだけでなく，クラスター相互の階層構造や包含関係も明白となる．そして分析結果は図9.4に例示するようなデンドログラムで表現されることが多い．なおこの分析方法はサンプル数を n とすると，$n-1$ 回の反復計算が必要となることは容易に想像がつくであろう．

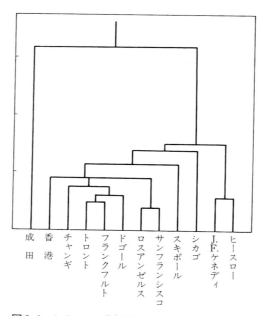

図9.4 クラスター分析結果（最短距離法の場合）

　一方，非階層的方法は各サンプルを並列的ないくつかのクラスターに分類づけるもので，クラスター間の階層構造や包含関係を問題にするのではなく，なるべく明瞭なクラスター分類を得ることを目的としている．

　階層的方法と非階層的方法をもう少し具体的に比較すれば，前者では一度一つのクラスターに統合されたサンプル同士が，その後のクラスター形成過程において別々のクラスターに分割されることはありえないのに対し，後者ではそ

のような事態が生じることも起こりうる．さらに，前者はたとえ図9.4のような
デンドログラムが得られたとしても，これをもとにしてサンプル群をいくつ
のクラスターに分割すべきかという情報は出てこない．すなわち分析者の判断
によることとなり，もし二つのグループ G_1，G_2 に分けたいときは，

$$G_1 = \{1, \ 2, \ 3, \ 4\}$$
$$G_2 = \{5, \ 6, \ 7, \ 8, \ 9\}$$

となるであろうし，三つのグループに分けたいときは，$\{5, \ 6\}$ と $\{7, \ 8, \ 9\}$ が
さらに分割される．一方，後者の方法を用いる場合は，分割したいクラスター
数が事前に明らかになっており，各クラスターの核となるサンプルをシード点
として指定することが多い．したがって，階層的手法と非階層的手法の選択に
ついてはそのいずれが理論的に望ましいかという問題ではなく，分析目的が異
なるということになる．

たとえば，ある郊外の団地からのマイカー通勤者がカープール制を導入する
（マイカーに相乗りして勤務先へ向かう）場合を想定する．誰がどの車に相乗り
するかを決定するためには，勤務地，勤務開始時間，喫煙の習慣の有無などの
属性が似た者同士を一つのクラスターに統合していくべきであるが，運転手と
して参加する人が含まれないようなクラスターを作っても意味がない．すなわ
ち，マイカーを提供して運転者としてカープールに参加できる人をシード点と
して設定し，非階層的手法を用いなければならないことがわかるであろう．

（3） 類似度と距離

いま分析対象とする n 個のサンプル i が，それぞれ p 個の属性 x_i ですでに示
した表9.1のように整理されたとする．属性 x_i は量的変数でも質的変数でもさ
しつかえないが，いずれにしてもそれぞれの属性変数 x_i に対して各サンプル間
の類似度（または距離）を定義しなければならない．いまサンプル r とサンプ
ル s の属性変数 x_j の値を x_{rj}，x_{sj} とおくと，x_j が量的変数の場合にはサンプル
r と s の間の距離 d_{rs} として，次式に示すユークリッド距離を用いるのが最も
一般的である．

$$d_{rs}{}^2 = \sum_{j=1}^{p} (x_{rj} - x_{sj})^2 \tag{9.94}$$

しかし，類似度に対する各変数の影響の大きさが異なると判断される場合には，

$$d_{rs}{}^2 = \sum_{j=1}^{p} w_j (x_{rj} - x_{sj})^2 \tag{9.95}$$

で表される重みつきユークリッド距離が用いられる．ここに w_j は属性 j に与えられる重みである．しかし，この w_j の値の決め方には理論的な根拠は存在せず，試行錯誤的に決定することになる．

　また各属性の測定単位が異なる場合には，対応する変数ごとに標準化した量に対して重みをつけた方がよい．このような考え方にもとづいて，各属性，変数の分散を考慮に入れたマハラノビス距離という定義がある．さらにはサンプル r と s を表現する p 次元ベクトルを想定し，その内積を利用する定義もある．

　次に属性 x_j がカテゴリー的変数（1または0という値をとる）の場合には，

　　a：サンプル r と s がともに1をとる属性変数の数

　　b：サンプル r が1，サンプル s が0をとる属性変数の数

　　c：サンプル r が0，サンプル s が1をとる属性変数の数

　　d：サンプル r と s がともに0をとる属性変数の数

を定義することにより，いくつかの方法で類似度を表すことができる．たとえば式（9.96）で表される類似比，式（9.97）で表される一致係数などである．

$$s_{rs} = a/(a+b+c) \tag{9.96}$$

$$s_{rs} = (a+d)/(a+b+c+d) \tag{9.97}$$

　さらに属性 x_j が，各サンプルごとに与えた1から p までの値をとる順序変数である場合には，Spearman や Kendall の順位相関係数が提案されている．

（4）　クラスター形成方法

　サンプル r とサンプル s の距離 d_{rs} が定義できると，次の問題はその情報を用いてどのようなアルゴリズムでクラスターを形成していくべきかということになる．特に，まだいずれのクラスターにも含まれずに残っているサンプルとクラスターとの統合やクラスター間の統合を行うときには，相互間の距離を定義しなければならない．このようなクラスター間の距離を求める方法としては，最短距離法と最長距離法が一般的である．

　最短距離法とは，いま統合を検討しようとする二つのクラスター C_h と C_l に

おいて，C_h に含まれるサンプル r と C_l に含まれるサンプル s との最短距離を C_h と C_l の距離 S_{hl} として採用する方法である．したがって，クラスターの各ペアごとに S_{hl} を求め，それが最小となるクラスターペアを一つのクラスターに統合する方法である．

　次に最長距離法とは，クラスター C_h と C_l に含まれるすべてのサンプル間の距離を求め，その最大値をクラスター C_h と C_l の距離 S_{hl} とするもので，それが最小となるクラスターペアを新しいクラスターとして統合する方法である．

　しかし，最短距離法はクラスターが相互に接近している場合の分類能力が多少落ちるといわれており，最長距離法はクラスターの分類能力はあるものの各クラスター間の距離の解釈が困難であると指摘されている．クラスター間の距離の定義方法としては，これら以外にも重心法，群平均法，ウォード法などが提案されているが，詳細は専門書にゆずることにする．なお重要なことは，いずれの手法が最も妥当であるかの判断はデータに依存するため，得られた結果を十分に評価検討し，類似度の定義も含めていくつかの方法を適用してみることであろう．

（5）　クラスター分析の適用例

　ここではすでに主成分分析の適用例で用いた表 9.4 に対して，12 空港をクラスター分析によっていくつかのグループに分割することを検討してみよう．

　すでに述べたように，クラスター分析においては類似度（距離）の定義とクラスター形成方法に対して数多くのバリエーションがあるが，ここでは前者についてはユークリッド距離を，また後者については最短距離法を採用した．各空港間のユークリッド距離を示したのが表 9.17 であり，これをもとに最短距離法を適用したときのクラスター形成過程をデンドログラムで示したのが図 9.4 である．この図より，成田が非常に特異な空港であり，もし二つのグループに分割するとしても成田とその他の 11 空港というクラスター分割になることがわかる．同じサンプルデータに対して主成分分析を行ったときの図 9.2 とこの図を比較してみると，成田が特異な空港であるという結論は変わらないものの，その他の空港の類似度は多少異なっていることが明らかとなる．なお，距離の定義としては表 9.17 のユークリッド距離をそのまま用い，クラスター形成方法

表 **9.17** クラスター分析のための距離行列

	香港	チャンギ	J.F.ケネディ	ロスアンゼルス	サンフランシスコ	シカゴ	トロント	ヒースロー	フランクフルト	ドゴール	スキポール
成田	36.324	66.536	47.739	81.090	66.442	121.166	80.606	31.790	93.274	61.742	111.964
香港		8.990	34.241	42.099	29.471	98.173	32.858	14.935	27.048	20.210	50.031
チャンギ			45.708	32.701	20.130	85.869	12.937	28.389	7.550	10.046	23.053
J.F.ケネディ				22.202	18.904	39.479	49.106	5.725	55.153	40.240	48.105
ロスアンゼルス					3.806	13.804	17.918	20.967	22.039	24.990	25.486
サンフランシスコ						24.056	8.958	16.538	14.750	11.569	14.955
シカゴ							49.627	51.128	64.176	63.082	51.889
トロント								38.525	4.764	6.057	11.370
ヒースロー									40.456	28.644	49.411
フランクフルト										7.973	17.107
ドゴール											20.966
スキポール											

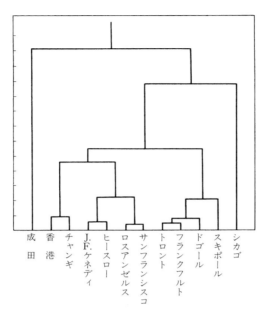

図 9.5　クラスター分析結果（最長距離法の場合）

として最長距離法を採用したときのデンドログラムを図9.5に示した．これを図9.4と比較すると成田の特異性は変わらないものの，クラスター形成過程は大きく変わってしまうことがわかる．

参 考 文 献

1)　河口至商：多変量解析入門 I，森北出版，1973．
2)　河口至商：多変量解析入門 II，森北出版，1978．
3)　脇本和昌・田中　豊：多変量統計解析法，BASIC 数学，3 月号別冊，現代数学社，1982．
4)　藤沢偉作：楽しく学べる多変量解析法，現代数学社，1983．
5)　本多正久・島田一明：経営者のための多変量解析法，産業能率大学出版部，1977．

━━10章━━

確 率 モ デ ル

10.1　待ち行列モデル

（1）　基本モデルとケンドール記号

　高速道路の料金所では，車が次々と到着し，停車し，料金を支払って立ち去って行くが，ときには，料金所の前に長い車の行列が見られる．それは，一つには，車がランダムに到着すること，一つには，料金の支払に時間がかかる車があること，そして，いま一つには，到着する車の台数に対して，開かれている料金所のゲート数が少ないことに原因がある．このような待ち現象は，空港滑走路での航空機の離着陸にも，港湾バースでの船舶の荷役作業にも見られる．また，各種建設現場での施工機械の稼働においても見られる．これらいずれのシステムにとっても，待ち行列の発生は，時間的，費用的損失につながるものであり，その解析は土木計画の重要な課題の一つである．

　この現象は，図 10.1 のようにモデル化できる．すなわち，車や航空機や船舶

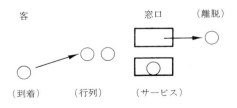

図 10.1　待ち行列系の基本構造

を「客」とし，料金所や滑走路やバースを「サービス窓口」と考え，「客」は，窓口に到着し，そこで料金の支払，離着陸，荷役作業といったサービスを受け，立ち去るとして一般化できる．建設現場での施工機械系の待ち現象についても，例えば，スクレーパを「客」，ブルドーザを「サービス窓口」するといった若干のモデフィケーションによって，同様のアナロジーが成立する．

待ち行列理論は，図 10.1 の構造の確率過程を端的に表現するものとして，

$$到着分布/サービス時間分布/窓口数 \qquad (10.1)$$

という 3 項組に着目し，数学モデルの開発を行っている．ちなみに，これらの各項は，ケンドール記号と呼ばれる表 10.1 のような略記号で表示され，待ち行列理論の使用に際しての重要なインデックスとなっている．

表 10.1 ケンドール記号の略記表

略記	内　容
M	指数分布 (Markov)
D	一定分布 (Deterministic)
E_k	k 次のアーラン分布 (Erlang)
G	一般分布 (General)
S	窓口数 (Server)

たとえば，到着がポアソン分布，サービス時間が指数分布で，窓口数が S 個の場合の待ち現象は，ケンドール記号では，$M/M/S$ として表示される．到着分布とサービス時間分布が判明すれば，この記号をインデックスとして，利用可能な数学モデルを容易に参照することが可能となる．

なお，ケンドール記号表記で M は，慣用的には到着ではポアソン分布，サービスでは指数分布と呼ばれる．これは，理論的には，単位時間当りの到着個数に着目すればポアソン分布，到着時間間隔に着目すれば指数分布となるという背景をもっている．図 10.1 は，窓口が並列に配置された待ち行列系の基本形を示したものであるが，この他に，窓口が直列に配置されたもの，また，これらの基本形が複合したネットワーク型のものも研究されている．

（2）　*M/M/S* 系の理論モデルによる定式化

（a）　定式化のための諸仮定

　高速道路の料金所での車の待ち行列の解析のためのモデル化について検討する．図 10.1 の構造との関連で，まず，到着分布とサービス時間分布を知る必要がある．車や航空機などランダム性の高いもの到着について，単位時間当りの到着台数の度数を調べると，多くは図 10.2 のような形の分布を示す．この分布形は，ポアソン分布と呼ばれる理論分布によく合致する．式（10.2）は，その理論式で，単位時間当り平均 λ 台が到着するポアソン分布で，t（単位）時間の間に k 台到着する確率である．

$$p(k,\ \lambda t)=(\lambda t)^k \exp(-\lambda t)/k\,! \tag{10.2}$$

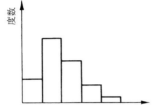

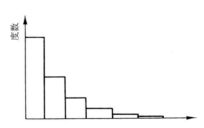

図 10.2　ポアソン到着分布の例　　　図 10.3　指数サービス分布の例

　まず，高速道路の料金所での車の到着分布を調査して，その分布が平均 λ（台／単位時間）のポアソン分布に従うと仮定できることがわかったとしよう．次に，料金所での払いに要する時間，すなわち，1 台当りのサービス時間を調査したところ，図 10.3 に示すような形の分布となったとする．これは，平均値を $1/\mu$ とする．

$$s(t)=\mu \exp(-\mu t) \tag{10.3}$$

という指数分布でよく近似される．この分布は，一般に比較的単純な作業に要する時間の分布に合致するとされる．料金所でのサービス時間分布もこの指数分布に従うと仮定する．

　また，解析を容易にするために，到着した車は 1 列に並び空いた窓口に先着順に入り，サービスを受けるものとする．このような仮定の下で，*M/M/S* 系の理論モデルを適用し，料金所での車の待ち行列の解析を試みる．

（b） 状態方程式の作成

まず，到着がポアソン分布に従うとき，微小時間 Δt に 1 台到着する確率は，式 (10.2) で，$k=1$，$t=\Delta t$ とおき，Δt の高次の項を無視すれば，

$$p(1,\ \lambda\Delta t)=\lambda\Delta t\exp(-\lambda\Delta t)$$
$$\fallingdotseq\lambda\Delta t(1-\lambda\Delta t)$$
$$\fallingdotseq\lambda\Delta t \tag{10.4}$$

となる．また，サービス時間が指数分布に従うとき，サービス時間 s が t まで継続し，次の Δt の間に終了する確率は，ベーズの定理により，

$$\Pr(t\leqq s\leqq t+\Delta t\ \ |t\leqq s)=\Pr(t\leqq s\leqq t+\Delta t)/\Pr(t\leqq s) \tag{10.5}$$

となる．ここで，式 (10.3) より

$$\Pr(t\leqq s\leqq t+\Delta t)=\int_t^{t+\Delta t}\mu\exp(-\mu s)ds$$
$$=-\exp(-\mu t)[\exp(-\mu\Delta t)-1]$$
$$\fallingdotseq\mu\Delta t\exp(-\mu t)$$
$$\Pr(t\leqq s)=\int_t^\infty\mu\exp(-\mu s)ds=\exp(-\mu t)$$

となるから，

$$\Pr(t\leqq s\leqq t+\Delta t\ \ |t\leqq s)\fallingdotseq\mu\Delta t \tag{10.6}$$

となる．

次に，

　　λ：到着率（台/単位時間）

　　μ：サービス率（台/単位時間）

　$P_n(t)$：時刻 t にサービス中を含め料金所に n 台の車がある確率

と定義し，系の状態方程式を考える．それには，時刻 t にサービス中を含め料金所に n 台の車がいるとし，この状態が微小時間 Δt 後にどのように推移するかを考えればよい．微小時間 Δt の間に料金所にいる車の台数に変化を及ぼす事象は，表 10.2 に示すように，車の到着の有無と，サービス終了の有無の組合わせである四つが考えられる．

（注）　マクローリン展開：$f(h)=f(0)hf'(0)+h^2f''(0)+\cdots$ より，$\exp(-\lambda\Delta t)=1-\lambda\Delta t$ となる．

表10.2　生起事象と生起確率

サービス終了＼到着	有	無	確率
有	$0(\Delta t^2)$	$\mu\Delta t$	$\mu\Delta t$
無	$\lambda\Delta t$	$1-(\lambda+\mu)\Delta t$	$1-\mu\Delta t$
確　率	$\lambda\Delta t$	$1-\lambda\Delta t$	

　まず，微小時間 Δt の間に車の到着有の確率は，式（10.4）より $\lambda\Delta t$ である．したがって，到着無の確率は，$(1-\lambda\Delta t)$ ということになる．また，ある窓口でサービス中の車が微小時間 Δt の間にサービス終了する確率は，式（10.5）により $\mu\Delta t$ であり，$n<S$ ならば，n 台がサービス中であり，どれか1台がサービス終了する確率は，$n\mu\Delta t$ となる．$n\geqq S$ ならば，S 台だけがサービス中であり，$S\mu\Delta t$ となる．サービスが終了しない確率は，これらを1から引けばよい．いま，車の到着とサービスとが独立事象であるとすれば，表10.2の四つの事象が生起する確率は，上で求めた確率の積となる．

　Δt を微小時間としているので，Δt 後の状態変化も小さく，± 1 の範囲での状態推移を考えればよい．以下時刻 $t+\Delta t$ での状態を基準として，それへの推移を調べる．

（ⅰ）　$n=0$ の場合：時刻 t で0台（$P_0(t)$）で，Δt の間に車の到着がないか，時刻 t で1台（$P_1(t)$）で，Δt の間に車の到着がなく，かつサービスが終了すれば，時刻 $t+\Delta t$ では0台（$P_0(t+\Delta t)$）となる．すなわち，

$$P_0(t+\Delta t)=(1-\lambda\Delta t)P_0(t)+(1-\lambda\Delta t)\mu\Delta tP_1(t)$$
$$=(1-\lambda\Delta t)P_0(t)+\mu\Delta tP_1(t)$$

（ⅱ）　$n<S$ の場合：時刻 t で n 台（$P_n(t)$）で，Δt の間に車の到着もサービスの終了もなしか，時刻 t で $n+1$ 台（$P_{n+1}(t)$）で，Δt の間に車の到着がなく，かつサービスが終了するか，時刻 t で $n-1$ 台（$P_{n-1}(t)$）で，Δt の間に車の到着がありで，かつサービス終了がなしであれば，時刻 $t+\Delta t$ には n 台（$P_n(t+\Delta t)$）となる．すなわち，

$$P_n(t+\Delta t)=(1-\lambda\Delta t)(1-n\mu\Delta t)P_n(t)+(1-\lambda\Delta t)n\mu\Delta tP_{n+1}(t)$$
$$+\lambda\Delta t(1-n\mu\Delta t)P_{n-1}(t)$$
$$=(1-(\lambda+n\mu)\Delta t)P_n(t)+n\mu\Delta tP_{n+1}(t)+\lambda\Delta tP_{n-1}(t)$$

（iii） $n \geqq S$ の場合：この場合も，（ii）と同じ推移である．違いは，サービスの終了の有無の確率が，$S\mu\Delta t$，$(1-S\mu\Delta t)$ となるだけである．すなわち，

$$P_n(t+\Delta t)=(1-\lambda\Delta t)(1-S\mu\Delta t)P_n(t)$$
$$+(1-\lambda\Delta t)S\mu\Delta tP_{n+1}(t)+\lambda\Delta t(1-S\mu\Delta t)P_{n-1}(t)$$
$$=(1-(\lambda+S\mu)\Delta t)P_n(t)+S\mu\Delta tP_{n+1}(t)+\lambda\Delta tP_{n-1}(t)$$

以上を整理したのが，表 10.3 である．

表 10.3　Δt 間での状態推移

t の状態	Δt 間での生起事象	$t+\Delta t$ の状態
0	到着なし　　　　　　　：$1-\lambda\Delta t$ —　　　　　　　　　：　—	
1	到着なし　　　　　　　：$1-\lambda\Delta t$ サービス終了あり：　$\mu\Delta t$	0
$n-1$	到着あり　　　　　　：　$\lambda\Delta t$ サービス終了なし：$1-\mu\Delta t$	
n	到着なし　　　　　　　：$1-\lambda\Delta t$ サービス終了なし：$1-n\mu\Delta t$	$n<S$
$n+1$	到着なし　　　　　　　：$1-\lambda\Delta t$ サービス終了あり：$n\mu\Delta t$	
$n-1$	到着あり　　　　　　：　$\lambda\Delta t$ サービス終了なし：$1-S\mu\Delta t$	
n	到着なし　　　　　　　：$1-\lambda\Delta t$ サービス終了なし：$1-S\mu\Delta t$	$n\geqq S$
$n+1$	到着なし　　　　　　　：$1-\lambda\Delta t$ サービス終了あり：$S\mu\Delta t$	

最後に，これらの式を整理し，両辺を Δt で割り，$\Delta t\to 0$ とすれば，

$$\left.\begin{aligned} dP_0(t)/dt&=-\lambda P_0(t)+\mu P_1(t)\\ dP_n(t)/dt&=-(\lambda+n\mu)P_n(t)+n\mu P_{n+1}(t)+\lambda P_{n-1}(t)\\ &\quad(n<S)\\ dP_n(t)/dt&=-(\lambda+S\mu)P_n(t)+S\mu P_{n+1}(t)+\lambda P_{n-1}(t)\\ &\quad(n\geqq S) \end{aligned}\right\} \quad (10.7)$$

を得る．これが，$M/M/S$ 系の待ち行列の状態の基本となる式である．

（c） $M/M/S$ の理論解

（ⅰ） $S=1$ の場合：窓口数が1個の場合について，まず解析する．式 (10.7) で $S=1$ とすれば，状態方程式は

$$\left.\begin{array}{l} dP_0(t)/dt=-\lambda P_0(t)+\mu P_1(t) \\ dP_n(t)/dt=-(\lambda+\mu)P_n(t)+\mu P_{n+1}(t)+\lambda P_{n-1}(t) \end{array}\right\} \tag{10.8}$$

となる．定常状態を考える場合には，

$$P_n(t)=p_n \qquad (dP_n(t)/dt=0) \tag{10.9}$$

とすればよい．そうすれば，定常状態での状態方程式は，

$$-\lambda p_0+\mu p_1=0 \tag{10.10}$$

$$-(\lambda+\mu)p_n+\mu p_{n+1}+\lambda p_{n-1}=0 \qquad (n\geqq 1) \tag{10.11}$$

となる．式 (10.10) より，

$$p_1=(\lambda/\mu)p_0$$

となる．式 (10.11) で $n=1$ とおけば，

$$p_2=(\lambda/\mu)p_1=(\lambda/\mu)^2 p_0$$

となる．以下同様にして，

$$p_n=(\lambda/\mu)^n p_0=\rho^n p_0 \tag{10.12}$$

と求まる．ここで，

$$\rho=\lambda/\mu \tag{10.13}$$

である．この ρ は，利用率またはトラフィック密度と呼ばれる．

$\rho<1$ のとき，$\sum_{n=0}^{\infty}\rho^n=1/(1-\rho)$ となることに注意して，式 (10.12) を確率の条件式，$\sum_{n=0}^{\infty}p_n=1$ に代入すれば，p_0 は次式のように求まる．

$$p_0=1-\rho \tag{10.14}$$

したがって，n 台の車が料金所にいる確率 p_n は，

$$p_n=(1-\rho)\rho^n \tag{10.15}$$

となる．p_0 は，料金所に車がまったくいない確率である．

式 (10.15) を用いれば，料金所にいる車の平均台数 L，待ち行列に並んでいる平均台数 L_q は，以下のように求まる．

$$L = \sum_{n=0}^{\infty} n p_n = \rho/(1-\rho) \left.\vphantom{\sum}\right\}$$
$$L_q = \sum_{n=1}^{\infty} (n-1) p_n = L - \rho = \rho^2/(1-\rho) \qquad (10.16)$$

（ii）$S \geqq 2$ の場合：窓口が複数ある場合について，次に検討する．先と同様に，定常状態を考えるとすれば，式 (10.7) で，$P_n(t) = p_n$，$dP_n(t)/dt = 0$ とおけば，

$$-\lambda p_0 + \mu p_1 = 0$$
$$-(\lambda + n\mu) p_n + n\mu p_{n+1} + \lambda p_{n-1} = 0 \qquad (n < S)$$
$$-(\lambda + S\mu) p_n + S\mu p_{n+1} + \lambda p_{n-1} = 0 \qquad (n \geqq S)$$

を得る．これを逐次解くと，

$$p_n = \begin{cases} S^n \rho^n p_0/n! & (0 < n < S) \\ S^s \rho^n p_0/S! & (S \leqq n) \end{cases} \qquad (10.17)$$

となる．これを確率の条件式に代入すれば，p_0 は，

$$p_0 = 1/\{\sum_{n=0}^{S-1} (S^n \rho^n/n!) + S^s \rho^s/S!(1-\rho)\} \qquad (10.18)$$

となる．ここで，利用率 ρ は，

$$\rho = \lambda/S\mu \qquad (10.19)$$

である．そして，

$$L = S^s \rho^{s+1} p_0/S!(1-\rho)^2 + \rho S \left.\vphantom{\sum}\right\}$$
$$L_q = S^s \rho^{s+1} p_0/S!(1-\rho)^2 \qquad (10.20)$$

となる．

（d） 平均待ち時間

待ち行列や系（料金所）内にいる車の台数については，上の定式化によって解析できる．待ち行列や系（料金所）内にいる時間についても，同様に数学モデルを作成することもなされているが，先に求めた平均系内台数 L や平均行列台数 L_q とそれらに対応する時間に関する「リトルの公式」を利用するのが簡便である．すなわち，

　　　W ：系（料金所）内にいる平均滞留時間

　　　W_q：平均待ち時間

とすれば，多くの待ち行列系において，

$$W = L/\lambda \left.\vphantom{\begin{array}{c}a\\b\end{array}}\right\}$$
$$W_q = L_q/\lambda$$

$$(10.21)$$

となる関係が成立することが知られている．これをリトルの公式という．

$M/M/1$ における平均滞留時間，平均待ち時間は，したがって，

$$W = L/\lambda = \rho/\lambda(1-\rho) = 1/\mu(1-\rho)$$
$$W_q = L_q/\lambda = \rho^2/\lambda(1-\rho) = \rho/\mu(1-\rho)$$

となる．$M/M/S$ についても同様にして求めることができる．

（3）　料金所での待ち現象の解析

まず，料金所が1個の場合について考察する．調査の結果，当料金所への車の平均到着台数は1分間に9台であった．また，料金所での支払いの平均時間は，1台当たり5秒と推定された．単位時間を1分とすれば，平均到着率，平均サービス率は，それぞれ $\lambda = 9$(台/分)，$\mu = 60/5 = 12$(台/分) となる．したがって，利用率は式（10.13）より

$$\rho = \lambda/\mu = 9/12 = 0.75$$

となる．これを式（10.14），（10.16）に代入すれば，待たなくてもよい確率（1台もいない確率)p_0，料金支払い中のものを含めて料金所にいる車の平均台数 L，待ち行列に並んでいる車の平均台数 L_q は，以下のように推定される．

$$p_0 = 1-\rho = 0.25$$
$$L = \rho/(1-\rho) = 3$$
$$L_q = L-\rho = 3-0.75 = 2.25$$

また，料金所にいる車の台数の分布は，式（10.15）を用いれば，簡単に計算できる．これらよりたとえば5台以上の車がいる確率は，

$$\Pr(n \geqq 5) = 1 - \sum_{n=0}^{\infty} p_n$$
$$= 1 - (0.25 + 0.1875 + 0.1406 + 0.1055 + 0.0791)$$
$$= 0.2373$$

と求まる．

平均滞留時間W，平均待ち時間 W_q は，リトルの公式を適用すれば，

$$W = 3/9(\text{分}) = 60/3(\text{秒}) = 20(\text{秒})$$

$$W_q = 2.25/9(分) = 15(秒)$$

と推定される.

　この料金所の利用台数は，今後2倍，約18台/分に増大することが予測されている．そこで料金所の窓口数を増やすことを検討する．窓口数を2個とした場合の解析は，式 (10.17)～(10.20) で $S=2$ として，$M/M/2$ のモデルを使用する．まず，p_0 は式 (10.18) より，

$$p_0 = (1-\rho)/(1+\rho)$$

となる．また，L，L_q は式 (10.20) より，

$$L = 2\rho/(1-\rho^2)$$
$$L_q = L - 2\rho$$
$$= 2\rho^3/(1-\rho^2)$$

となる.

　$\lambda = 18(台/分)$，$\mu = 12(台/分)$，$S=2$ であるから，式 (10.19) より利用率 ρ は，

$$\rho = 18/2 \cdot 12 = 0.75$$

となり，以前と変わらない．これを上の式に代入すれば，

$$p_0 = 0.1428$$
$$L = 3.4285$$
$$L_q = 3.4285 - 1.5 = 1.9285$$

となる．また，平均滞留時間W，平均待ち時間 W_q は，

$$W = 11.43(秒)$$
$$W_q = 6.43(秒)$$

と推定される.

　同じ利用率であったのに，先の結果と比較すると，待たなくてもよい確率は10％減少し，平均滞留時間は約50％，平均待ち時間は60％と大幅に減少するという結果になった．これを運用方式の違いとして考えると面白い.

　モデル化の仮定のところで述べたように，車は1列に並び，空いた窓口に先着順に入るとしている．需要が2倍 (2λ) になった場合，窓口を二つにし，それぞれが独立として，車を並ばせサービスする方式と，1列に並ばし空いた窓口に先着順に入れる一体運用方式が考えられるが，モデル的には，したがって，前者は $M(\lambda)/M/1$，後者は $M(2\lambda)/M/2$ として分析することに該当する．上の

結果より，明らかに，一体的運用が望ましいことがわかる．しかし，待ち行列の位置から窓口への移動時間，その安全性については考えられていないことに注意する必要がある．

10.2 マルコフモデル

（1）基本モデル

道路網の整備は，現代社会における重要課題の一つとして，計画的に行われてきた．しかし，これらの道路も，十分な維持・管理がなされて始めて社会に貢献するものとなる．すなわち，道路は，時間とともにひび割れや轍掘れが発生し，走行性が劣化してくる．それが進行すると，乗り心地が悪くなったり，走行時間損失が発生したりする．また，泥はねや騒音で通行人や周辺の住民に迷惑をかけることになり，オーバレイや打換えといった維持・修繕工事によって，走行性の回復がはかられることになる．

いま，道路をその走行性によって，

E_1：走行性良の状態

E_2：走行性中の状態

E_3：走行性下の状態

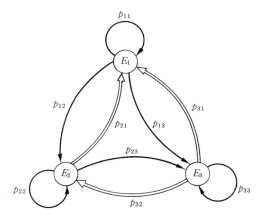

図10.4 道路の走行性状態の遷移図

の三つの状態に分類するとすれば，上述の状況は，図 10.4 に示すような状態遷移図によってモデル的に表現できる．ここで，

　　　　p_{ij}：状態 i から状態 j への遷移確率

であり，また，細い矢線は負荷による劣化を，太い矢線は維持・修繕工事による回復を示している．

　この p_{ij} が，前の状態 i のみに関係し，かつその値が時間にも無関係な場合には，マルコフ過程となる．もう少し厳密にいうと，ある時期の道路の状態を示す確率変数を X_n とすれば，次の二つの条件

$$\Pr(X_n=j\,|\,X_{n-1}=i)$$
$$=\Pr(X_n=j\,|\,\{X_{n-1}=i\}\cap\cdots\cap\{X_1=1\}) \tag{10.22}$$
$$\Pr(X_n=j\,|\,X_{n-1}=i)$$
$$=\Pr(X_m=j\,|\,X_{m-1}=i) \tag{10.23}$$

が成立する場合である．図 10.4 のように，可能な状態が離散的（有限）なとき，マルコフ連鎖といわれる．

　道路の劣化の度合いは，通過交通の量とその車種構成，また地盤の良否や維持・修繕計画などによって異なる．これらの条件が等しいとみなせる地域では，ある一定期間後の各道路の劣化の状況は，その前の期の状態のみに関係し，また，その遷移確率はどの期においても同じと考えることができる．すなわち，その範囲で，マルコフ過程の理論モデルを用いて解析することができる．

（2）　計画と遷移確率行列

　図 10.4 の p_{ij} を行列表示すれば，式（10.24）となる．この行列では，式（10.25）が成立している．このような行列を遷移確率行列という．

$$\boldsymbol{P}=\begin{bmatrix} p_{11} & p_{12} & p_{13} \\ p_{21} & p_{22} & p_{23} \\ p_{31} & p_{32} & p_{33} \end{bmatrix} \tag{10.24}$$

$$\sum_{j=1}^{3}p_{ij}=1,\quad p_{ij}\geqq0,\quad i,\ j=1,\ 2,\ 3 \tag{10.25}$$

たとえば，

$$\boldsymbol{P}=(p_{ij})= \begin{array}{c} 1 \\ 2 \\ 3 \end{array} \overset{\begin{array}{ccc} 1 & 2 & 3 \end{array}}{\left[\begin{array}{ccc} 0.7 & 0.3 & 0 \\ 0.1 & 0.5 & 0.4 \\ 0.7 & 0 & 0.3 \end{array}\right]} \qquad (10.26)$$

は，式（10.25）の条件を満たしており，道路の走行性状態に関する一つの遷移確率行列となっている．

この遷移確率行列は，図10.4と対応させれば，走行性が中（状態2）の道路に対しては，その10％を対象に，下（状態3）の道路に対しては，その70％を対象に，走行性が良（状態1）に改善する補修工事がなされるケースであるといえよう．このように，道路の維持・修繕計画との関係で，いくつもの遷移確率行列が想定できる．たとえば，

$$\boldsymbol{P}=(p_{ij})= \begin{array}{c} 1 \\ 2 \\ 3 \end{array} \overset{\begin{array}{ccc} 1 & 2 & 3 \end{array}}{\left[\begin{array}{ccc} 0.7 & 0.3 & 0 \\ 0 & 0.6 & 0.4 \\ 0 & 0 & 1 \end{array}\right]} \qquad (10.27)$$

$$\boldsymbol{P}=(p_{ij})= \begin{array}{c} 1 \\ 2 \\ 3 \end{array} \overset{\begin{array}{ccc} 1 & 2 & 3 \end{array}}{\left[\begin{array}{ccc} 0.7 & 0.3 & 0 \\ 0.1 & 0.5 & 0.4 \\ 1 & 0 & 0 \end{array}\right]} \qquad (10.28)$$

も，遷移確率行列である．すなわち，式（10.27）は，道路の維持・修繕計画がまったくなされないケースで，走行性は低下し続け，下（状態3）になればそこに留まり続けることになる．このような状態は吸収的であるといわれる．逆に，式（10.28）は，走行性が下（状態3）になった道路に対して，走行性良（状態1）に改善する補修工事が100％なされるケースである．このような状態は反射的といわれる．

さらに，式（10.29）のようなものも考えられる．

$$\boldsymbol{P}=(p_{ij})= \begin{array}{c} 1 \\ 2 \\ 3 \end{array} \overset{\begin{array}{ccc} 1 & 2 & 3 \end{array}}{\left[\begin{array}{ccc} 0.8 & 0.2 & 0 \\ 0 & 0.7 & 0.3 \\ 0 & 0.5 & 0.5 \end{array}\right]} \qquad (10.29)$$

これは，先の説明との関連でいえば，道路の維持・修繕計画は，走行性が下（状態3）になった道路に対してのみ，走行性中（状態2）に改善する工事がなされるケースである．ここで，行，列を入れ換えてみると，

$$P=(p_{ij})= \begin{array}{c} \\ 2 \\ 3 \\ 1 \end{array} \begin{array}{ccc} 2 & 3 & 1 \\ \begin{bmatrix} 0.7 & 0.3 & 0 \\ 0.5 & 0.5 & 0 \\ 0.2 & 0 & 0.8 \end{bmatrix} \end{array}$$

となる．いま，$C=\{2, 3\}$ と置けば，

$$\forall i \in C, \ \forall j \notin C: \quad p_{ij}=0 \tag{10.30}$$

となっている．これを遷移図で書けば，図10.5のようになる．すなわち，このマルコフ連鎖では，Cに属する状態から，Cに属さない状態には到達できないことがわかる．

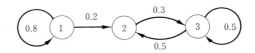

図 **10.5** 式 (10.29) の状態遷移図

このような集合のことを，閉集合という．そして，すべての状態からなる集合以外に閉集合がないとき，そのマルコフ連鎖は，既約的であるという．逆にいえば，既約なマルコフ連鎖とは，すべての状態が，他のすべての状態から到達可能なものである．式 (10.26), (10.28) で与えられるマルコフ連鎖は既約的である．しかし，式 (10.29) で与えられるマルコフ連鎖は，既約的でない．また，式 (10.27) で与えられるマルコフ連鎖も，{3} が閉集合であり，既約的でないことがわかる．以後は，主に既約なマルコフ連鎖について考える．

（3） チャップマン＝コルモゴロフの方程式

いま，道路の状態遷移が，式 (10.26) で与えられるような地域を考える．この地域において，たとえば，走行性が良であった道路が，3期後にどのような状態に遷移しているかは，図10.6に示すような樹状図を用いて計算できる．す

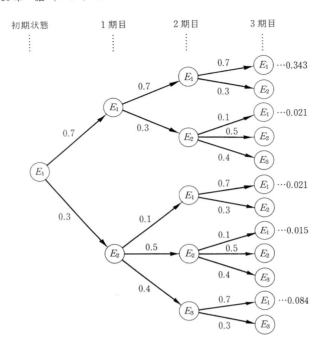

図 10.6 状態遷移の樹状図展開形

なわち，1期後には，式（10.26）の遷移確率より，走行性が良（E_1）のままが
70％，中（E_2）に遷移するものが30％となる．図10.6の最初の枝は，このこ
とを示している．同様に，2期後には，良（E_1）のものについては同じパターン
で遷移し，中（E_2）に遷移したものは，良（E_1）に10％，下（E_3）に40％遷移
し，50％が中（E_2）にとどまる．以下同様にして，図10.6のような樹状図が作
成できる．3期後に良となる確率は，右端が E_1 となっている状態に対応する確
率の和をとればよい．いまの例では，

$$0.343 + 0.021 + 0.021 + 0.015 + 0.083 = 0.484$$

となる．中，下となる確率は，右端が E_2，E_3 となっている状態に対応する確率
の和をとれば，0.336，0.180 と求まる．同様に，E_2，E_3 を初期状態とする樹状
図を作成すれば，それらの状態から3期後に遷移している状態確率が計算でき
る．これらは演習とするが，結果は，それぞれ (0.532, 0.260, 0.208)，(0.574,

0.315, 0.111) となるだろう.

　この予測は，また，次のように，遷移確率行列 $\boldsymbol{P}$ の掛け算によっても，算定できる.

$$\boldsymbol{P}^2=\boldsymbol{P}\cdot\boldsymbol{P}=\begin{bmatrix}0.7 & 0.3 & 0\\0.1 & 0.5 & 0.4\\0.7 & 0 & 0.3\end{bmatrix}\begin{bmatrix}0.7 & 0.3 & 0\\0.1 & 0.5 & 0.4\\0.7 & 0 & 0.3\end{bmatrix}$$

$$=\begin{bmatrix}0.52 & 0.36 & 0.12\\0.40 & 0.28 & 0.32\\0.70 & 0.21 & 0.09\end{bmatrix} \tag{10.31}$$

$$\boldsymbol{P}^3=\boldsymbol{P}^2\cdot\boldsymbol{P}=\begin{bmatrix}0.484 & 0.336 & 0.180\\0.532 & 0.260 & 0.208\\0.574 & 0.315 & 0.111\end{bmatrix} \tag{10.32}$$

すなわち，上の結果と対比させてみれば，式 (10.32) の行列の 1 行目が，走行性が良であった道路が，3 期後に，それぞれ良，中，下に遷移している状態確率に合致している．ちなみに，2 行目は走行性が中からの，そして，3 行目は走行性が下からの遷移状態確率となる．

　一般に，

$$p_{ij}{}^{(n)}=\mathrm{Pr}(X_{m+n}=j\,|\,X_m=i) \tag{10.33}$$

とおけば，これは，状態 i からちょうど n 段階経過後に状態 j に遷移する確率

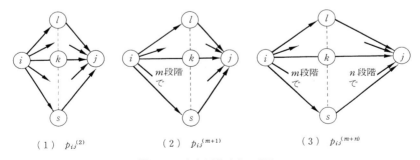

（1）　$p_{ij}{}^{(2)}$ 　　　　（2）　$p_{ij}{}^{(m+1)}$ 　　　　（3）　$p_{ij}{}^{(m+n)}$

図 **10.7**　高次遷移確率の計算

で，マルコフ連鎖の定義からもわかるように，mに無関係となる．これをn次の遷移確率という．$p_{ij}^{(2)}$についていえば，

$$p_{ij}^{(2)} = \mathrm{Pr}(X_2 = j \mid X_0 = i)$$
$$= \sum_k \mathrm{Pr}(X_2 = j, \ X_1 = k \mid X_0 = i)$$
$$= \sum_k \mathrm{Pr}(X_2 = j \mid X_1 = k)\mathrm{Pr}(X_1 = k \mid X_0 = i)$$
$$= \sum_k p_{ik} p_{kj} \tag{10.34}$$

となる．

これは，図10.7の（1）を参照すれば，容易にわかる．これより，

$$p_{ij}^{(m+1)} = \sum_k p_{ik}^{(m)} p_{kj} \tag{10.35}$$

が導かれる．さらに，

$$p_{ij}^{(m+n)} = \sum_k p_{ik}^{(m)} p_{kj}^{(n)} \tag{10.36}$$

も示せる．これらも，図10.7の（2），（3）で考えればわかりやすい．

ここで，式（10.37）とおき，これをn次の遷移確率行列という．このとき，式（10.34）の行列表現が式（10.31）で，式（10.32）は，式（10.35）で，$m=2$としたときの行列表現である．

$$P^{(n)} = \begin{bmatrix} p_{11}^{(n)} & p_{12}^{(n)} & \cdots & p_{1s}^{(n)} \\ p_{21}^{(n)} & p_{22}^{(n)} & \cdots & p_{2s}^{(n)} \\ \vdots & & & \\ p_{s1}^{(n)} & p_{s2}^{(n)} & \cdots & p_{ss}^{(n)} \end{bmatrix} \tag{10.37}$$

また，式（10.36）は，

$$P^{(m+n)} = P^{(m)} P^{(n)} \tag{10.38}$$

と書ける．式（10.36）または（10.38）を，マルコフ連鎖のチャップマン-コルモゴロフの方程式という．そして，

$$p_{ii}^{(0)} = 1, \ p_{ij}^{(0)} = 0 \quad (i \neq j)$$

と定義すれば，これはすべてのm，$n \geqq 0$に対して成立する．

この高次の遷移確率を用いれば，(2)で定義した閉集合については，n段階後も閉集合から外に出られないことが示せる．すなわち，Cを閉集合とすれば，式（10.30）より，

$$\forall i \in C, \ j \notin C : p_{ij} = 0$$

である。また、式 (10.34) より、

$$p_{ij}^{(2)} = \sum_{k \in c} p_{ik} p_{kj}$$

$$= \sum_{k \in c} p_{ik} p_{kj} + \sum_{k \notin c} p_{ik} p_{kj} = 0 \tag{10.39}$$

となる。なぜならば、第1項では、$k \in C$, $j \notin C$ であるから、$p_{kj} = 0$ となり、第2項では、$i \in C$, $k \notin C$ であるから、$p_{ik} = 0$ となるからである。式 (10.35) を次々に適用すれば、結局、$p_{ij}^{(n)} = 0$ が導かれる。

（4） 定常分布と予測

現時点での地域の道路状態の分布を、

$$q_0 = (q_{01}, \ q_{02}, \ q_{03}), \tag{10.40}$$

とする。これは、当然、和をとれば1となる確率ベクトルである。これを初期状態分布確率ベクトルと呼ぶ。この状態から次の期の道路状態の分布確率は、状態遷移確率を、

$$P = \begin{bmatrix} p_{11} & p_{12} & p_{13} \\ p_{21} & p_{22} & p_{23} \\ p_{31} & p_{32} & p_{33} \end{bmatrix}$$

とすれば、

$$q_1 = (q_{11}, \ q_{12}, \ q_{13})$$

$$= q_0 P = \left(\sum_{j=1}^{3} q_{0j} p_{1j}, \ \sum_{j=1}^{3} q_{0j} p_{2j}, \ \sum_{j=1}^{3} q_{0j} p_{3j} \right) \tag{10.41}$$

で求められる。同様に、2期目、3期目、…の分布は、

$$q_2 = q_1 \cdot P = q_0 \cdot P^2$$

$$q_3 = q_2 \cdot P = q_0 \cdot P^3$$

$$\cdots$$

で求まる。これを一般化すれば、

$$q_n = q_{n-1} \cdot P = q_0 \cdot P^n \tag{10.42}$$

と書ける。

いま、道路の走行性が下（E_3）となった道路のみを対象に、その70％に対し

て走行性を良（E_1）に改善する補修計画をもつ地域を想定しよう．この地域の道路の走行性状態の遷移確率行列は，上の議論からも推定されるように，

$$P = (p_{ij}) = \begin{matrix} 1 \\ 2 \\ 3 \end{matrix} \begin{bmatrix} 0.7 & 0.3 & 0 \\ 0 & 0.5 & 0.5 \\ 0.7 & 0 & 0.3 \end{bmatrix} \qquad (10.43)$$

のように書けるだろう．この地域の道路状態を調査したところ，現時点で，良，中，下の比率が，60，25，15％であったとしよう．この分布が今後どのように推移するかを，式（10.41）ないしは（10.42）で予測してみる．

まず，これを初期分布確率ベクトルは，

$$q_0 = (0.60, \ 0.25, \ 0.15)$$

である．次の期の道路状態の分布確率ベクトル q_1 は，式（10.41）を用いて，

$$q_1 = q_0 \cdot P = (0.60, \ 0.25, \ 0.15) \begin{bmatrix} 0.7 & 0.3 & 0 \\ 0 & 0.5 & 0.5 \\ 0.7 & 0 & 0.3 \end{bmatrix}$$

$$= (0.525, \ 0.305, \ 0.170) \qquad (10.44)$$

と求まる．同様に，2期目，3期目，…の分布も計算できる．表10.4に6期目までの計算結果を，高次遷移確率行列とともに示す．

この表を眺めると，まず，60％あった走行性良の道路が徐々に減少し，50％を割り込み，下の道路が20％以上に増大し，70％の道路を改良しても道路が悪化してくる状況がわかる．また，高次遷移確率行列を眺めると，その各行が同じような値に近づいてくることもわかる．つまり，n の増大化にともなって同一の行ベクトルをもつ行列に収束することが推測される．

いま，このようなことが成立するとし，

$$\lim_{n \to \infty} P^n \Rightarrow T$$

とおけば，チャップマン-コルモゴロフの方程式 $P^{n+1} = P^n \cdot P$ の両辺の高次遷移確率行列が T で置き換えられ，

$$\boldsymbol{T} = \boldsymbol{T} \cdot P$$

を得る．$\boldsymbol{T}$ の行ベクトルを $\boldsymbol{t}$ とおけば，これは，

$$t = tP \qquad (10.45)$$

とも書ける．これは，式 (10.42) で，$q_n \to t\,(n \to \infty)$，すなわち，状態分布確率ベクトルが定常値をもつことにほかならない．式 (10.45) を平衡方程式といい，これを満たす確率ベクトル t が存在するとき，マルコフ連鎖は定常分布をもつという．一方，P^n が T に収束するとき，極限分布をもつという．

表10.4 高次遷移確率行列と状態分布確率ベクトル

変量	状態	1	2	3
q_0		0.6	0.25	0.15
P	1	0.7	0.3	0.
	2	0.	0.5	0.5
	3	0.7	0.	0.3
q_1		0.525	0.305	0.170
P^2	1	0.49	0.36	0.15
	2	0.35	0.25	0.40
	3	0.7	0.21	0.09
q_2		0.483	0.301	0.216
P^3	1	0.448	0.327	0.225
	2	0.525	0.230	0.245
	3	0.553	0.315	0.132
q_3		0.483	0.301	0.216
P^4	1	0.471	0.298	0.231
	2	0.539	0.273	0.188
	3	0.480	0.323	0.197
q_4		0.489	0.296	0.215
P^5	1	0.492	0.290	0.218
	2	0.509	0.298	0.193
	3	0.474	0.305	0.221
q_5		0.494	0.294	0.212
P^6	1	0.497	0.293	0.210
	2	0.491	0.302	0.207
	3	0.486	0.295	0.219
q_6		0.494	0.295	0.211

上の例では,

$$\boldsymbol{t} = (t_1, \; t_2, \; t_3), \; \sum_{i=1}^{3} t_i = 1 \tag{10.46}$$

とおけば,平衡方程式は,

$$\begin{array}{rl}
0.7t_1 & + 0.7t_3 = t_1 \\
0.3t_1 + 0.5t_2 & = t_2 \\
0.5t_2 + 0.3t_3 & = t_3
\end{array} \tag{10.47}$$

となる.これは,第1,第3式より,簡単に

$$t_1 = (7/3)t_3$$
$$t_2 = (7/5)t_3$$

と解け,式(10.47)は,任意の t_3 に対して成立する.

これを式(10.46)の確率の条件式,

$$t_1 + t_2 + t_3 = 1$$

に代入すれば,

$$\boldsymbol{t} = (35/71, \; 21/71, \; 15/71)$$
$$= (0.493, \; 0.296, \; 0.211) \tag{10.48}$$

となり,このマルコフ連鎖の定常分布が求まる.

表10.4と対比させれば,

$$q_5 = (0.494, \; 0.294, \; 0.212)$$
$$q_6 = (0.494, \; 0.295, \; 0.211)$$

となっており,ほぼ6期目でこの値に収束していることがわかる.P^6 の各行も,式(10.48)のベクトルに近づいてきており,式(10.43)で与えられるマルコフ連鎖は,定常分布,極限分布をもつことがわかる.

式(10.43)で与えられるマルコフ連鎖は,既約であることが容易に確認できる.では,式(10.27)ないしは式(10.29)で与えられる既約ではないマルコフ連鎖について考えてみる.たとえば,式(10.29)の対する平衡方程式は,列の並びに注意すれば,

$$\begin{array}{rl}
0.7t_2 + 0.5t_3 + 0.2t_1 = t_2 \\
0.3t_2 + 0.5t_3 = t_3 \\
0.8t_1 = t_1
\end{array} \tag{10.49}$$

となる．これを解けば，

$$t_1 = 0$$
$$t_2 = 5/3 t_3$$

となり，確率の条件式に代入すれば，

$$t_1 = 0$$
$$t_2 = 5/8$$
$$t_3 = 3/8$$

となり，閉集合の部分だけ考えればよいことがわかる．

さて，平衡方程式（10.45）は，

$$t[I-P] = 0$$

という連立同次方程式である．$t=0$ は，明らかにこの解である．これが $t=0$ 以外の解をもつ条件は，この係数行列の行列式が零，すなわち，

$$|I-P| = 0 \tag{10.50}$$

となることである．P が既約な遷移確率行列であるとき，1 が固有値になることが簡単に確かめられる［たとえば，$P1=1\cdot1$ が成立する．なぜならば，$\sum_{j=1}^{m} p_{ij} = 1$，$(i=1, \cdots, m)$ であるから］．すなわち，式（10.45）は，P の固有方程式で $\lambda=1$ としたものとして成立し，$t=0$ 以外の解が存在することになる．既約でない場合は，式（10.29）で示したように，行，列を並べ換えることによって，遷移確率行列は，

$$P = \begin{bmatrix} P' & 0 \\ Q & R \end{bmatrix} \tag{10.51}$$

に分割できる．t をこれと合わせて，$t=(t_1, t_2)$ と分割すれば，

$$tP = (t_1, t_2) \begin{bmatrix} P' & 0 \\ Q & R \end{bmatrix} = (t_1, t_2)$$

より，

$$t_1 P' + t_2 Q = t_1 \tag{10.52}$$
$$t_2 R = t_2 \tag{10.53}$$

となる．

式（10.51）よりわかるように，$Q=0$ でない限り，R の部分だけでは Σp_{ij} は

1 にならない．したがって，式 (10.50) の条件は成立せず，式 (10.53) の解は，$t_2 = 0$ のみとなる．これを (10.52) に代入すれば，

$$t_1 P' = t_1$$

と，既約な部分のみの式になる．しかも，P' については，式 (10.51) よりその部分だけで Σp_{ij} は 1 となり，$t_1 = 0$ 以外の解が定まることになる．結局，定常分布に関する限り，既約なマルコフ連鎖のみを考えればよいことがわかる．

参 考 文 献

1) 本間鶴千代：待ち行列の理論，理工学社，1972.
2) 国沢清典，本間鶴千代（監修）：応用待ち行列事典，広川書店，1971.
3) 森村英典，大前義次：待ち行列の理論と実際，日科技連，1962.
4) 森村英典，高橋幸雄：マルコフ解析，日科技連，1979.
5) 西村俊夫：応用確率論，新統計学シリーズ 7，培風館，1973.
6) R.A. ハワード（関根他訳）：ダイナミックプログラミングとマルコフ過程，培風館，1971.

━━━**11**章━━━

シミュレーション・モデル

11.1　シミュレーション・モデルの特性

　計画案の評価には，計画代替案を組み入れたモデルを構成し，その操作によって各代替案の効果解析が必要となる．これに使用されるモデルとしては，数学モデル，スケール・モデル，コンピュータ・シミュレーション・モデルなどがある．先の 10.1 の議論では，料金所の窓口数の最適評価モデルとして，料金所での待ち現象を，窓口数（計画代替案）を含む形で定式化した数学モデルについて述べた．その際に，それらの数学モデルが採用できる前提として，車は料金所の前で 1 列に並び，先着順に空いた窓口に入るとか，到着分布はポアソン分布に，サービス時間分布は指数分布に従うといったことを仮定した．これらが成立するとき，料金所での車の待ち現象は，差分-微分方程式を用いた数学モデルによって記述でき，計画代替案の評価に必要となる平均待ち行列長や待ち時間は，利用率 ρ と窓口数 S をパラメータとする単純な数式の計算によって求められた．

　しかし，これらの条件が崩れると数学モデルの採用は困難になる．たとえば，サービス時間が正規分布であるとすれば，それだけで数式による定式化は困難になる．ましてや理論分布ではなく経験分布を用いる必要がある場合には，数学モデルの使用は不可能になる．つまり，数学モデルは，効率的なモデルではあるが，非常に強い制約をもっている．構想計画レベルでは，不確実性が多く，

条件の特定化，具体化は困難であり，数学モデルのもつ簡便性，明確性は長所になるが，現実により近い解析が必要な場合や，現象が複雑な場合には，記述性にすぐれたシミュレーション・モデルの採用が必要になる．

　上の例でいえば，シミュレーション・モデルでは，一様乱数をもとにして，複雑な経験的分布に従う確率変数も取り扱えるし，複雑な事象間の相互関連を考慮した状態の推移も，事象間の関連図を作成し，それらと時間の進行機構を解明することによって，システムとして記述することができる．また，仮定や条件も具体的に検討することもできる．しかし，数学モデルでは簡単に誘導できた定常状態を求めるのに，非常に長時間のシミュレーションが必要になるし，また，必要な精度をもつ情報を得るためには，数多くの繰返し計算が必要になる．すなわち，シミュレーション・モデルは，記述性，操作性には優れるが，情報獲得効率には難がある．これらの特性を理解した上で，目的に合致したモデルを採用することが肝要となる．ここでは，シミュレーション・モデルの構成に必要な基本概念と基本技法について説明する．

11.2　任意分布に従う乱数の生成法

　シミュレーション・モデルは，確率変数を含む確率論的モデルと，それを含まない決定論的モデルに大別できる．ある対象については，目的によってどちらのモデルを採用してもよい．実際，火災の延焼シミュレーションでは，両方のモデルが研究されている．しかし，多くの場合，なんらかの確率変数が含まれているのが一般的である．

　確率論的モデルを構成する場合には，まず，任意分布に従う確率変数の生成が必要になる．そこで，まずこれに関連する基本的事柄について説明する．

（1）　一様乱数の発生法

　一様乱数とは，（出現頻度が等しい）一様分布に従う互いに独立な確率変数の実現値とみなせる数列をいう．普通は，0から9までの10個の数の上の一様分布（離散型）に従う確率変数の実現値とみなせる数列をさすが，これをd個ずつ並べたものをd桁の一様乱数という．任意分布に従う乱数は，この一様乱数

をもとにして生成できる.

　一様乱数を発生させる方法としては，物理的な雑音を用いる方法と，計算機によって演算的に作成される擬似乱数を使用する方法がある．コンピュータ・シミュレーションでは，後者が一般的である．その代表が合同法である．これには，乗算型と混合型があるが，いずれにしても直前の乱数に定数を掛けたり，加えたりしたものを，あるパラメータで除し，その余りを次の乱数とするといった再帰的関係を利用して，次々と乱数を発生する方法である．プログラム言語には，これらの方法による一様乱数発生関数が用意されている．たとえば，BASIC 言語を使用する場合ならば，RND(x) とか RANDOMIZE(x) とかで簡単に発生することができる.

　擬似乱数を使用する場合，上の説明でわかるように，必ず周期がある．したがって，できるだけ長い周期の乱数を使用するように心掛けるとともに，使用した乱数について，頻度や独立性の検定を行う慎重さが必要である．この乱数は，演算によって生成される．したがって，初期値を同じにすれば，同じ乱数系列を生成させることができる．このことは，シミュレーション結果を再現させたり，条件だけを変えて比較・検討したい場合に有利な特性となる.

（2） 逆 関 数 法

　ある特定の分布に従う確率変量の生成は，上で述べた一様乱数を用いてなされる．いま考えている分布の累積密度関数を $F(X)$ とする.

$$F(X) = \int_0^x f(t)dt \tag{11.1}$$

　これを図示すれば，図 11.1 のようになる．デジタルコンピュータによるシミュレーションでは，原理的に数値は離散型である．そこで，横軸を等間隔で分割し，その代表値を X_i として，この X_i の生起を考える．この生起確率は，

$$P(X_i) = \int_{x_i-\Delta}^{x_i+\Delta} f(t)dt = F(X_i+\Delta) - F(X_i-\Delta) \tag{11.2}$$

と書ける．一方，縦軸の $[0, 1]$ 区間を，$[F(X_i+\Delta), F(X_i-\Delta)]$ の小区間に分割する．いま，$[0, 1]$ の一様乱数 r を発生させて，その乱数が落ちた区間を判定し，それに対応する X_i を変換・生成するとすれば，その生起確率は，一様

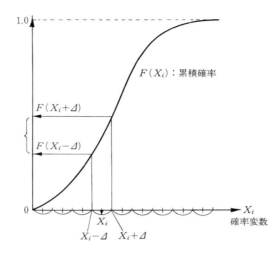

図11.1 一様乱数による確率変数の発生法

乱数の性格からそれに対応する縦軸の区間長，すなわち，式 (11.2) の右辺に比例する．したがって，一様乱数を用いて，式 (11.2) の生起確率を満たす確率変量が生成できる．

　分布の累積密度関数 $F(X)$ がすでに式で与えられている場合には，一様乱数 r を直接その逆関数を用いて，

$$X_i = F^{-1}(r) \tag{11.3}$$

と変換すればよい．経験分布の場合や，累積密度関数の逆関数が容易に求まらない場合には，図 11.1 あるいは式 (11.2) で小区間を求め，変換表を用意し，テーブルルックアップ法をとればよい．

11.3　時間の進行機構

　シミュレーション・モデルには，静的モデルと動的モデルという分け方もある．これは，主に時間要素に関連する分類である．静的モデルとは，時間の推移が表には出てこないもので，たとえば，ある空間に施設を配置する計画やトリー・モデルによる故障モード影響解析（FMEA）などの論理シミュレーショ

ンがそれである．動的モデルは，時間の推移を陽に含むもので，現象システムのシミュレーションはこの型である．この場合には，時間の進行機構をモデルに組み入れることが必要となる．

　われわれの時間は，通常連続的に流れていく．現象システムの状態もこの流れの中で遷移する．しかし，デジタルコンピュータでは，その名の通りすべてを離散的な数値として扱う．ここに，時間進行機構の組み入れ方が，シミュレーション・モデルを作成する上で重要なポイントとなる理由がある．

　時間の進行法としては，一定時間増分法と可変時間増分法という二つの方式がある．一定時間増分法とは，ある一定時間（Δt）間隔で時間を進行させる方式である．時間を Δt 進行させて，システムの状態を変化させる事象の生起の有無を調べ，あれば状態を遷移させ，なければそのままで時間を Δt 進行させて，また調べるという形でシミュレーションを構成する．このモデルでは，時間はシステムの状態の変化の有無にかかわらずに，Δt 時間ずつ進行することになる．システムの状態が連続的に変化する連続系の場合には，この一定時間増分法を使用する必要がある．たとえば，ダムの流量制御のシミュレーションでは，水位は連続的に変化するためにこの方式が採用される．また，地域開発効果の計量経済モデルによるシミュレーションでは，計量経済モデルが再帰的関係式で記述されているためにこの方式が採用される．

　一方，われわれが関心をもっているシステムの状態が，不連続に変化する場合には，必ずしも時間を一定時間間隔で進行させる必要はない．状態を変化させる事象が生起する時刻に合わせて，飛び飛びに進行させても不都合はない．このときには，時間の進行間隔は一定ではなく，ケースバイケースで変化することになる．そこで，この方式は，一定時間増分法との対比で可変時間増分法と呼ばれる．

　この二つの方式の相違を，待ち行列系のシミュレーションを例に，模式的に説明する．この系は，待ち行列長に着目すれば，10.1で述べたように，客の到着とサービスの終了という二つの事象の生起に伴って不連続に変化する離散系である（表10.2参照）．シミュレーション・モデルの開発に際しては，一定時間増分法でも可変時間増分法でもどちらでも採用できる．図11.2は，二つの方法による時間の進行と系の状態把握の相違を模式的に示したものである．

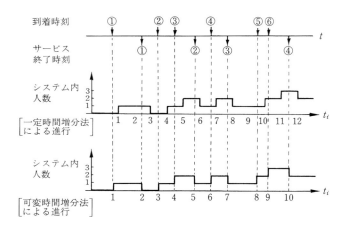

図11.2　時間の進行機構の比較（〇：客番号）

　この図では，簡単のために，窓口は1個とし，各客（〇中の番号で識別）に対して，まず，第1軸の上に到着時刻を，同下にサービス終了時刻を示す．この設定は，ランダムになされている．これらに対して，第2軸に一定時間増分法による時間進行とシステム状態（システム中人数）の変化を，第三軸に可変時間増分法による時間進行と同システム状態の変化を示してある．

　一定時間増分法では，われわれが定めた時間間隔，Δt ごとに時間は進行する．すなわち，図11.2の第2軸では，$t_{i+1} - t_i = \Delta t$(一定) となっている．この進行は，われわれの時間の流れに対する認識に近く，この方式によるモデルの構成は，比較的馴染みやすく，特別の技法を必要としない．しかし，図11.2から推定されるように，Δt が小さ過ぎると，無駄な状態チェックが多くなり，シミュレーション時間は長くなり，費用的にもロスを生じる．逆に，Δt を大きく取り過ぎると，状態が変化しているのに見過すことになる．すなわち，離散系を一定時間増分法でモデル化するときには，Δt をどのようにするかに十分注意する必要がある．

　一方，可変時間増分法では，時間の進行は事象の発生間隔によって異なり，第3軸上では，$t_{i+1} - t_i \neq$(一定) となっている．二つの方法を比較すると，システム中の人数の把握という目的に関しては，可変時間増分法では，必要な情報

は漏れなく把握されるが，一定時間増分法では，Δt の設定によるロスと，現象との間にタイムラグが生じることが図 11.2 の各軸を比較することによってわかる．すなわち，離散系のシミュレーションでは，一般的には可変時間増分法を採用するのが望ましい．

この方式によるシミュレーションの構成には，合目的的な事象表の決定と，それによる最早事象決定法に習熟しておく必要がある．11.4 では，待ち行列系のシミュレーション・モデルの開発を通して，まず，この手法を研究する．11.5 では，一定時間増分法によるシミュレーション・モデルの例を紹介する．

11.4　待ち行列系のシミュレーション・モデルの開発

（1）　現象のシステム化と基本方針の決定

10.1 で取り扱った待ち行列系を例に，シミュレーション・モデルの構成を試みる．まず，この系の構造化を行う．この系は，基本的には**10.1** で示したように，図 10.1 のような構造をもち，系内滞留数や待ち行列長の変化は，A：客の到着と，SF：サービス終了の二つの事象の生起に伴って起こる．すなわち，A が生起したときに系内滞留数や待ち行列は 1 増え，SF が生起したときに 1 減るという離散系である．時間の進行形式は，一定時間増分法でも可変時間増分法でも可能である．ここでは，11.3 で述べたような理由で，後者によるモデル化を考える．

次に，上の二つの事象は，一般には確率事象である．たとえば，客の到着は，高速道路の料金所の例のようにポアソン分布の場合や，コンテナ専用船のようにスケジュール日時を中心に乱れを伴うものまで，種々のものが考えられる．いずれにしても確率事象として取り扱う必要がある．サービスについても同様である．そこで，それらの累積分布と一様乱数を用いた確率変量の生成を組み入れた確率モデルを考えていく．

この二つの事象についてより詳しく見ると，到着とサービスとの独立性の有無（たとえば，到着が多いときにはサービスを特別早くするとか），サービスの方式（先着順にするか，優先権を認めるか，あるいは窓口単位で並ばせるかなどのルール）や，待ち行列のスペースの有無（物理的には有限，溢れたときにどう

するか）など，多くの要因を考慮する必要がある．理論モデルでは，これらの設定にも強い制約があったが，シミュレーション・モデルではかなり自由に設定できる．

　しかし，ここでは，前節の理論モデルと同様に，到着とサービスは独立性とし，サービスの方式は，1列に並ばせ，空いた窓口で先着順に行うとする．待ち行列のスペースについては，シミュレーションでは原理的には有限であるが，目的的には，スペースの解析を目的として，意識的に設定する場合と，かなり大きな値を設定し，理論的には無限の場合を想定する場合がある．しかし，いずれにしても溢れたときの処理を組み入れておくということが，シミュレーション・モデルの開発に際しての重要な注意事項である．以上のような方針でモデル化することを試みる．

（2）　可変時間増分法によるシミュレーション・モデルの構成

　可変時間増分法では，着目しているシステムの状態を遷移させる事象の生起によって時間を進行させる．（1）の構造化のところで述べたように，A：客の到着と，SF：サービス終了の二つの事象がそれである．いま，窓口数が2個あるとすれば，サービス終了は，これらの窓口の各々で考えられるので，結局，事象表は，表 11.1 のように，客の到着，窓口1でのサービス終了，窓口2でのサービス終了の三つの事象と，それらの時刻より構成されることになる．

表 11.1　事　象　表

事象番号（e）	事象時刻（ET(e)）	備　　　　考
1	ET(1)	次到着事象
2	ET(2)	窓口1のサービス終了
3	ET(3)	窓口2のサービス終了

　可変時間増分法によるシミュレーションは，このような事象表を用意し，それを基に最早事象を検索し，その生起時刻まで時間を進めるとともに，生起事象に応じてシステムの諸状態の遷移処理を行い，事象表を更新するという形で構成される．図 11.3 に，この基本形の流れ図，フローチャートを示す．そして，表 11.2 に，以下で使用する変数の一覧表を示す．

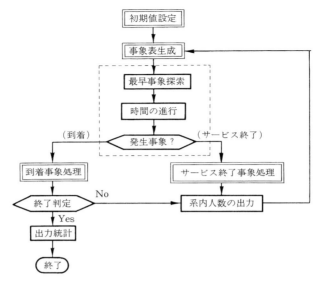

図11.3　可変時間増分法によるシミュレーションの基本フロー

表11.2　使用変数の一覧表

変　数	変数名	備　　　考
N	シミュレーション客数	
t	シミュレーション時刻	
x	到着間隔	乱数
y	サービス時間	乱数
$A(i)$	客 i の到着時刻	
$S(i)$	客 i のサービス時間	
$W(i)$	客 i の待ち時間	
$C(k)$	窓口 k の状態	1：閉，0：空
$SF(k)$	窓口 k のサービス終了時刻	
WL	待ち行列長	
$L(j)$	待ち行列中の客のリスト	
MAX	最大待ちスペース	
e	事象番号	1〜3
$ET(e)$	事象時刻	
EE	最早事象	
EET	最早事象時刻	

このフローチャートは，〈初期設定〉，〈事象表生成〉，〈最早事象探索と時間進行〉，〈到着事象処理〉，〈サービス終了事象処理〉，および〈出力処理〉の部分からなっている．出力処理を事象に加える方式もあるが，ここでは，図11.2の第3軸のような出力を想定し，事象発生ごとに出力している．以下，これらの各ブロックについて，具体的に説明する．

（a） 〈初期設定〉と〈事象表生成〉

ここでは，図11.4の最初のステップに示したように，まず，シミュレーションの終了条件や，諸変数の初期値の設定がなされる．ここで，SF(1)＝SF(2)＝10,000としてあるが，これは，システムに客がいない状態よりスタートするとすれば，サービス終了は，決して最初の「最早事象」とならないのは明らかで，このことを保証する工夫として，両窓口のサービス終了時刻を十分に大きな値に設定することを意味している．第2のステップでは，最初の到着客の到着時刻と，サービス時間を，それぞれ乱数，x，yを用いて設定している．ここで，x，yは，それぞれ取り扱っている現象に対応した到着分布，サービス時間分布に従う値を，一様乱数をもとに発生させたものである．その具体的な方法に

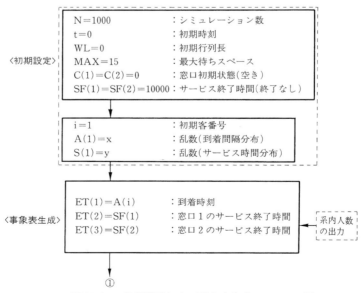

図11.4 〈初期設定〉と〈事象表生成〉のフロー図

ついては，11.2 の（2）ですでに述べてある．

〈事象表生成〉は，図 11.4 の第 3 のステップに示したように，前述した三つの事象の発生時刻を，それぞれ ET(e) に設定することによってなされる．$t=0$ の初期時刻には，〈初期設定〉の第 1，第 2 のブロックで設定した諸値が用いられ，ET(1)＝A(1)，ET(2)＝ET(3)＝10 000 となる．これらの値は，図 11.3 に示したように，各事象に対する処理がなされた後，系内人数の出力を経て更新されることになる．

（ b ）　〈最早事象探索と時間進行〉

ここでは，図 11.5 に示したように，まず，事象表の ET(e) を用い，その最小値が探索され，そのときの事象ナンバー e と，事象時刻 ET(e) が，最早事象 EE，最早事象時刻 EET に設定される．そして，時刻が $t=$EET に進められることになる．次に，最早事象 EE に応じて，EE＝1 なら〈到着事象処理〉に，EE≠1 ならば〈サービス終了事象処理〉に分岐するというフローになっている．

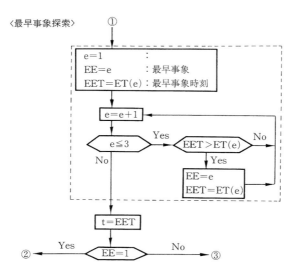

図 11.5　〈最早事象探索〉と〈時間の進行〉のフロー図

（c）〈到着事象処理〉

　ここでは，図11.6に示したように，空き窓口があれば，(C(1)あるいはC(2)が0)，その窓口でサービスを開始する．具体的には，その窓口を閉 (C(k)=1) とし，そのサービス終了時刻を，到着客のサービス時間を用いて，SF(k)=t+S(i) に設定し，その客の待ち時間を0(W(i)=0) とする．空き窓口がなければ，待ち行列長に1加え，リストにその客を登録する．そして，これらの処理の後に，次の客の到着時刻，サービス時間を，乱数を用いて発生させる．ただし，ここで，待ち行列長WLが，設定されたスペース制約MAXを越えれば，そのメッセージを出力し，シミュレーションを終了させる．また，客の数が予定シミュレーション数を越えれば，各種統計量を出力して終了となる．

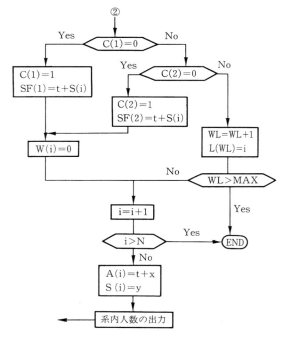

図11.6 〈到着事象処理〉のフロー図

（d）〈サービス終了事象処理〉

　ここでは，図11.7に示したように，待ち行列がなければ (WL=0)，終了窓口 (表11.1からわかるように (EE-1) が当該窓口番号になる) を「開」にし，

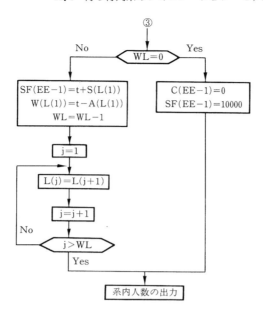

図11.7 〈サービス終了事象処理〉のフロー図

そのサービス終了時刻を 10 000 に再設定する．待ち行列があれば，待ち行列の先頭の客 L(1) をその窓口に入れ，その客の待ち時間を計算し，その窓口のサービス終了時刻をその客のサービス時間 S(L(1)) を用いて更新する．そして，待ち行列長を一つ減じ，さらに，待ち行列のリストを，客の待ち順番を繰り上げることによって更新する．

（e）　〈出力処理と事象表更新〉

図 11.3 に示したように，〈到着事象処理〉，〈サービス終了事象処理〉が終了すると，〈系内人数の出力〉を経て〈事象表生成〉に進む．ここで，各処理によって更新された時刻が，各事象の時刻に代入され，新しい事象表が生成されることになる．

以上のプロセスが繰り返され，終了判定となり，最後に，各種のデータを出力して終了となる．

コンピュータ・シミュレーション・モデルは，この図 11.3〜11.7 のフローチ

ャートに従って，適切な言語，たとえば，BASIC，FORTRAN，ALGOL，C
などでプログラムを作成し，エラーチェックを受けて完成する．複雑なモデル
については，その前にフローチャートの流れを細部にわたってチェックしてお
くことが大切である．このモデルでも乱数表を使用して，到着時刻，サービス
時間を発生させ，図11.3～11.7の流れに従って，各変数の変化をフォローして
見ることを，読者にすすめたい．

（3）　シミュレーション事例

（2）のモデル化を用いて，**10.1**の（2）で紹介した待ち行列系，$M/M/2$のシ
ミュレーションを試みる．まず，到着率を$\lambda=12$(台/分) とし，サービス率をμ
$=8$(台/分) とする．なお，本シミュレーションの使用一様乱数は，UNIX–Cの
組み込み関数 rand() である．そして，到着間隔，サービス時間は，この一様乱
数をλ, μをパラメータとする指数関数の逆関数を用いて，直接変換して求めて
いる．

　初期状態を系内に1台もいない状態としてシミュレーションを開始し，1万
台分のシミュレーションを実施した．図11.8はその出力の一部で，初期状態か
ら到着台数が約30台分までについて，系内の台数（サービス中＋待ち行列中台
数）の変動を示したものである．横軸は経過時間，縦軸は系内台数である．0台
から9台で変動している．また，可変時間増分法によるシミュレーションであ
り，変動時点（横軸の幅）はまちまちで，この図では表示していないが，表11.
1の三つの事象の発生時刻に対応している．

　この実験では，乱数初期値を一つ設定し，1万台分のシミュレーションを実
施したものである．この結果を用いて，単純に，すなわち，シミュレーション

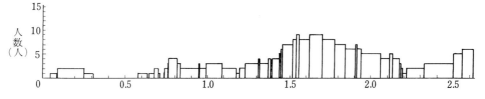

図11.8　$M/M/2$のシミュレーション結果（一部30台分）

開始時から終了時までのデータを用いて，系内平均台数L，平均待ち行列台数L_q，系内平均滞留時間W，平均待ち時間 W_q を求めると，

$$L=3.4305 \text{ 台}$$
$$L_q=1.9211 \text{ 台}$$
$$W=0.3792 \text{ 分} =22.7 \text{ 秒}$$
$$W_q=0.2848 \text{ 分} =17.1 \text{ 秒}$$

となった．

　一方，前節の $M/M/S$ 系の理論モデルより，$S=2$ とすれば，

$$\rho=\lambda/S\mu=0.75$$
$$L=2\rho/(1-\rho^2)=3.4286$$
$$L_q=L-2\rho=1.9286$$

となる．

　また，リトルの公式より，

$$W=L/\lambda=0.2857 \text{ 分} =17.2 \text{ 秒}$$
$$W_q=L_q/\lambda=0.1607 \text{ 分} =9.6 \text{ 秒}$$

となる．

　この結果を比較すると，系内台数と待ち行列台数の平均値に関しては，ほぼ理論値に等しい結果が得られている．一方，系内滞留時間，待ち時間に関しては，かなり隔たりのある結果となっている．もちろん，ここでは一様乱数の初期値を一つ設定した場合の結果であるし，平均値の算出も平衡状態に達した後の値を用いていないという問題もある．シミュレーションで平均値を求めるには，厳密には，初期値を変えて繰り返しシミュレーションを実施し，平均値の平均値を求めるなどの作業が必要になることに注意しなければならない．また，使用一様乱数の各種の統計的検定も必要となる．これについては，8章でも触れられているので，参照して欲しい．

（4）　一定時間増分法によるシミュレーション

　連続系のシミュレーション・モデルを開発するときには，一定時間増分法を採用する必要がある．ここでは，ダムの操作と貯水量の関係について，この方式によるシミュレーションを考える．

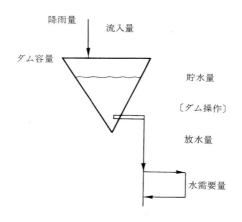

図11.9　ダムの概念図

　図11.9は，ダムの簡単なモデル図である．背後地に降った雨が河川よりダムに流入する．ダムでは，貯水量，流入量，水需要量をもとに，放水量を決定する．背後地の降雨量のパターン，降雨量と流入量の関係式，水需要量のパターンを調査し，それをもとにダムゲートでの放流量の決定を支援するシミュレーション・モデルを開発する．

　まず，背後地の降雨量は，月単位で見ると，その月の平均値のまわりで正規分布している．水需要量についても，同様であることがわかった．すなわち，

$$R_t = N(MR_t, \ \sigma_R) \tag{11.4}$$

$$D_t = N(MD_t, \ \sigma_D) \tag{11.5}$$

と書ける．また，降雨量と流入量との関係は，

$$I_t = \alpha R_t + \beta \tag{11.6}$$

で推定されることがわかった．

　これらをもとに一定時間増分法で作成したシミュレーション・フローを図11.10に示す．変数，パラメータは表11.3に示してある．

　初期状態として，$t=0$ とし，そのときのダム貯水量を v_0 とする．そして $t=t+1$ と時間を進めて，降雨量 R_t，水需要量 D_t を正規乱数を用いて決定する．次に，降雨量 R_t を式（11.6）を用いて，流入量 I_t に変換する．そして，放水可

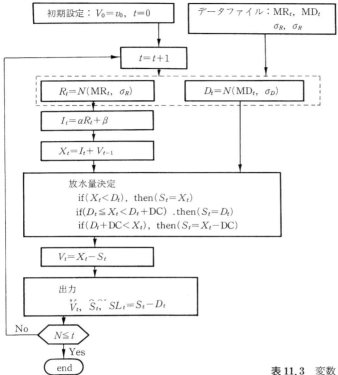

図 11.10　ダム貯水量のシミュレーション・モデル

表 11.3　変数とパラメーター一覧表

記　号	内　　　容
DC	ダムの容量
MR_t	時期 t の平均降雨量
σ_R	降雨量の分散
MD_t	時期 t の平均水需要量
σ_D	水需要量の分散
α, β	流出係数
v_0	初期貯水量
R_t	時期 t での降雨量
D_t	時期 t での水需要量
I_t	時期 t での流入量
V_t	時期 t での貯水量
X_t	時期 t での放水可能量
S_t	時期 t での放水量
SL_t	時期 t の需要満足量

能水量 X_t を求める．これは，前の期の貯水量とこの期の流入量の和として求まる．

これらが求まると，次に放水量 S_t の決定を行う．この部分に関しては，最適手法を用いた決定法が研究されているが，ここでは，単純に，水需要量と放水可能量とダム容量制約から，

① if($X_t < D_t$), then($S_t = X_t$)

② if($D_t \le X_t < D_t + \mathrm{DC}$), then($S_t = D_t$)

③ if($D_t + \mathrm{DC} < X_t$), then($S_t = X_t - \mathrm{DC}$)

としている．この期のダム貯水量は，

$$V_t = X_t - S_t$$

となる．この値と放水量および需要の満足量 SL_t を出力し，時間を進行する．そして，シミュレーション期間 N を越えれば終了となる．

このシステムでは，$SL_t \le 0$ のとき，渇水が発生していることになる．放水量決定については，先に述べたようにいくつかの方法が研究されている．渇水被害を考慮した決定もその一つである．ここでも，決定法をもっと複雑にすることも考えられる．たとえば，次の期の降雨量や需要量を考慮するなどである．これらについては演習とする．

この型の一般系は，SD（システムダイナミックス）と呼ばれているもので，概念化，専用プログラム言語化が進んでいる．基本的には，問題としている対象について，重要なサブシステムを抽出し，それらの間の関係を時間進行にそって構造化するとともに，各サブシステムについて，その状態を記述するモデルを，時間をパラメータとする式の形で表現し，システムの構造に従って統合化していく．上のダムのモデルでは，水需要は所与として，需要満足量の分析を行ったが，地域モデルの SD を考えるならば，この部分は供給部門の一つとなり，水需要を介して生産部門との相互関係を構造化し，全体システムに組み込まれることになる．

参 考 文 献

1) 中西俊男：シミュレーションの発想—新しい問題解決法，講談社ブルーバックス，

1983.

2)　J.R. エムショフ他(関根他訳)：シミュレーション，日本コンピュータ協会，1974.

3)　T.H. ネイラー他（水野他訳）：コンピュータシミュレーション，培風館，1971.

4)　中西俊男編著：システム・シミュレーション，産業図書，1971.

演 習 問 題

1. 3章の〔例題3.1〕における ISM 法の事例について，表3.1と表3.2にもとづき，図3.1の階層構造が求められることを各自確認せよ (ISM 法).

2. x，y 平面上の n 個の点からなる集合へ最小二乗法により曲線 $y = ax\exp(-bx^2)$ をあてはめよ．予測する変数として $\log y$ を選ぶとき，どのような予測式を使えばよいか検討せよ (最小二乗法).

3. 次のデータは，ある地方小都市の各地区ごとの人口と都心までの距離を示したものである．人口 p（千人）と都心までの時間距離 t(分) の関係が

$$p = \overline{P}\exp(-\beta t) \tag{1}$$

で与えられるとする．ただし，$\overline{P}$，β はそれぞれ定数である．最小二乗法により回帰式を求めよ (最小二乗法モデル).

表 E.1 データ

時間(分)	10	15	18	20	23	24	25	27	31	35
人口(千人)	1.84	1.12	0.83	0.68	0.50	0.45	0.41	0.34	0.23	0.15
時間(分)	38	40	44	45	47	49	51	52	55	59
人口(千人)	0.11	0.09	0.06	0.06	0.05	0.04	0.03	0.03	0.02	0.02

4. 次のデータは各都市の平均所得 X_1（百万円），自動車登録台数 X_2（万台），自動車電話の台数 Y を示したものである．自動車電話の普及台数を平均所得と自動車登録台数を用いて推計したい．以下の問に答えよ (重回帰モデル).

表 E.2 データ

所得(百万円)	4.0	4.3	4.8	5.2	5.5	6.0	6.4	6.7	7.0	7.2
自動車登録数(万台)	30	32	35	36	36	38	39	41	44	46
自動車電話の台数	20	31	39	43	48	45	55	58	78	81
所得(百万円)	7.5	7.9	8.1	8.3	8.8	9.0	9.2	9.6	9.8	10.0
自動車登録数(万台)	49	54	54	55	56	59	62	62	65	67
自動車電話の台数	83	90	94	100	113	103	137	165	210	315

1) 行列 $[X^t X]$, $[X^t X]^{-1}$ を求めよ. 2) 重回帰モデルを作成せよ. 3) 重相関係数を求めよ.

5. $f(x \mid \theta) = \dfrac{1}{\sqrt{2\pi\theta}} \exp(-x^2/2\theta)$ が与えられているとき, 統計量 $d(X) = \dfrac{\sum_{i=1}^{n} x_i^2}{n}$ は θ の不偏推定量であることを示せ. ただし, $X = (x_1, \cdots, x_n)$ である (最小二乗法モデル).

6. 大きさ n の無作為標本にもとづいて幾何分布 $f(x \mid p) = p(1-p)^x$ $(x = 0, 1, 2, \cdots)$ に対して p の最尤値を求めよ (最尤推定法モデル).

7. 次の確率過程の自己相関係数をユール・ウォーカー方程式を用いて求めよ.
$$y_t = 0.5 y_{t-1} + 0.1 y_{t-2} + \varepsilon_t$$
ただし, ε_t の分散は σ^2 である (時系列モデル).

8. モデル $y_t = -0.2 y_{t-1} + 0.48 y_{t-2} + \varepsilon_t - 0.4 \varepsilon_{t-1} - 0.12 \varepsilon_{t-2}$ について次の問に答えよ (時系列モデル).
1) この確率過程がそれと等価なより簡略化されたモデルとして表現できるか検討せよ.
2) この時系列モデルを自己回帰表現せよ.

9. 判別分析において適用例として取り上げた新幹線利用者と航空機利用者の判別問題を再び考えてみよう. この事例においては, "所得", "運賃と時間価値の和", ならびに "空港までの所要時間" を説明変数としてとりあげ, 1次判別関数を求めた. その結果, 誤判別率16.7％で, 24サンプルを新幹線利用と航空機利用に判別することができたが, 判別関数におけるこれら3変数の係数について F 検定を行ったところ, "所得" のみが5％有意となった. そこで F_0 値が最も小さかった "運賃＋時間価値" を説明変数から削除し, 新たに "職種"（管理職か一般職か）を追加した表E.3に対して改めて判別を試みよ. さらに "所得" が7.15（千円/日）, "空港までのアクセス時間" が0.45（時間）で, 管理職の人はどちらの交通手段を利用すると判断すればよいかを検討せよ (判別分析).

表 E.3 判別分析のためのデータ行列

サンプル	新 幹 線 利 用 者			航 空 機 利 用 者		
	所得 (千円/日)	職種	空港までの時間 (時間)	所得 (千円/日)	職種	空港までの時間 (時間)
1	6.00	1.0	0.81	6.91	0.0	0.55
2	7.10	0.0	1.55	6.77	0.0	0.30
3	8.06	1.0	1.23	6.05	1.0	0.82
4	7.97	0.0	0.62	6.77	0.0	1.21
5	7.87	1.0	0.94	6.86	0.0	1.03
6	8.02	1.0	2.15	6.53	0.0	0.94
7	7.63	1.0	1.13	7.20	1.0	1.37
8	7.10	1.0	1.84	6.72	1.0	0.55
9	7.68	0.0	2.65	7.15	0.0	0.76
10	8.11	1.0	3.17	5.47	0.0	0.83
11	9.20	1.0	0.68	7.40	1.0	0.92
12	8.15	1.0	0.49	6.88	1.0	0.51

10.　上記演習問題では質的データを説明変数の一部に用いた判別分析について考えたが，数量化理論II類を適用することはできないだろうか．ところが数量化理論II

表 E.4　数量化理論II類適用のためのデータ行列

サンプル	新 幹 線 利 用 者							航 空 機 利 用 者						
	所得		職種		空港までの時間			所得		職種		空港までの時間		
	7.2 千円/日 未満	7.2 千円/日 以上	管理職	一般職	1時間以内	1〜2時間	2時間以上	7.2 千円/日 未満	7.2 千円/日 以上	管理職	一般職	1時間未満	1〜2時間	2時間以上
1	✓		✓		✓			✓			✓	✓		
2	✓			✓		✓		✓			✓	✓		
3		✓	✓			✓		✓		✓		✓		
4		✓		✓	✓			✓			✓		✓	
5		✓	✓		✓			✓			✓		✓	
6		✓	✓				✓	✓			✓	✓		
7		✓	✓			✓			✓	✓			✓	
8	✓		✓			✓		✓		✓		✓		
9		✓		✓			✓	✓			✓	✓		
10		✓	✓				✓	✓			✓	✓		
11		✓	✓		✓				✓	✓		✓		
12		✓	✓		✓			✓			✓	✓		

類を適用しようとすれば，量的データである"所得"と"空港までのアクセス時間"までも強引にカテゴリー分割しなければならなくなる．そこで，ここでは表 E.3 に示された原データが表 E.4 のようにカテゴリー分割できたとして数量化理論 II 類による判別を試みよ．また例題に示した管理職者はどちらの交通手段を利用すると判断できるかを判定し，この判別問題について二つの多変量解析手法を比較せよ（数量化理論 II 類）．

11. 窓口数を 1 として，平均到着数を 9（台/分），平均サービス時間を 4（秒/台）として，以下の問に答えよ（確率モデル）．
ⅰ）系内にいる台数の分布を計算せよ．
ⅱ）平均系内台数，平均待ち台数を求めよ．
ⅲ）平均系内滞在時間，平均待ち時間を求めよ．

12. 平均待ち行列長 L_q は，利用率，窓口数の関数である．$S=1$，$S=2$，$S=3$ のときの $L_q - \rho$ 曲線を求めよ（確率モデル）．

13. 土木計画が対象とする分野で，待ち行列のモデルが適用できる事例をいくつかあげ，その特徴について考察せよ（確率モデル）．

14. 式（10.27）で与えられる遷移確率行列は，道路の維持・管理計画をもたない場合を想定している．高次遷移確率行列を計算し，当初 100 ％の道路が走行性良であったとして，3 期目の道路状態の分布確率を求めよ（確率モデル）．

15. 走行性が下の状態道路の 70 ％を走行性が良に改良するだけでは，走行性は地域全体としては悪化の方向に向かうことが，上の議論でわかった．そこで，維持・管理計画を強化し，走行性が下の状態道路の回復力を 0.9（走行性が下の状態道路がそのままの状態を保つ確率は，したがって 0.1）とするとして，遷移行列を作成し，同じ初期状態分布を仮定し，1 期目，2 期目，3 期目の道路の状態分布を算定せよ．さらに，平衡方程式を作成し，定常分布を求め，上述の結果との比較・考察を行え（確率モデル）．

16. 駅周辺地域の都市再開発計画の構想期に，2 月ごとに住民の意識を継続して調査した．その結果を整理すると，ほぼ図 E.1 に示すようなパターンで態度が推移することがわかった．この推移をマルコフ過程と仮定すれば，遷移行列は，

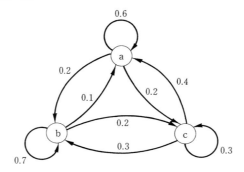

図 E.1 態度の遷移図（a：賛成，b：反対，c：中立）

$$P = \begin{array}{c} a \\ b \\ c \end{array} \begin{array}{c} a \quad b \quad c \\ \begin{bmatrix} 0.6 & 0.2 & 0.2 \\ 0.1 & 0.7 & 0.2 \\ 0.4 & 0.3 & 0.3 \end{bmatrix} \end{array} \tag{1}$$

と書ける．このデータによって，自然に放置された場合の意見分布を推定し，計画者としての対策を考察せよ（確率モデル）．

17. 窓口が 2 個の待ち行列系の可変時間増分法によるシミュレーション・モデルを 11 章の図 11.4〜11.8 に示した．いま，5 番目までの客について，到着時間間隔とサービス時間が表のようになったとして，各変数の変化を 11 章の図 11.4〜11.8 に従って手計算で検討せよ（シミュレーション・モデル）．

表 E.5 客のデータ

客の番号	1	2	3	4	5	…
到着時間間隔	15	5	8	17	7	…
サービス時間	14	18	25	12	20	…

18. 11 章の図 11.11 のシミュレーションでは，河川の最低限の水量の確保や，次の期の需給については考慮していない．これらを考慮するとすれば，どのような修正が考えられるかを議論せよ（シミュレーション・モデル）．

19. シミュレーション・モデルを開発し，現実に活用するためには，多くの作業が必要となる．そのフローチャートを作成し，それぞれの作業で注意すべきことを議論せよ（シミュレーション・モデル）．

演習問題解答

1. 省略

2. $\log y = a' + \log x - bx^2$ （ただし，$a' = \log a$）

3. 両辺の対数をとり $\log p = \log \overline{P} - \beta t$

最小二乗法により $\log \overline{P}$，β を求めると $\overline{P} = 5.19$，$\beta = 0.10$ を得る．したがって，
$p = 5.19 \exp(-0.1t)$

4.

1) $[\boldsymbol{X}^t\boldsymbol{X}] = \begin{bmatrix} 20 & 145.3 & 960 \\ 145.3 & 1\,121.95 & 7\,386.7 \\ 960 & 7\,386.7 & 48\,716 \end{bmatrix}$, $[\boldsymbol{X}^t\boldsymbol{X}]^{-1} = \begin{bmatrix} 0.956 & 0.131 & -0.039 \\ 0.131 & 0.538 & -0.084 \\ -0.039 & -0.084 & 0.014 \end{bmatrix}$

2) $\begin{bmatrix} \boldsymbol{X}^t\boldsymbol{Y} \end{bmatrix} = \begin{bmatrix} 1\,908 \\ 15\,926.6 \\ 105\,011 \end{bmatrix}$ より，

$\begin{bmatrix} \beta_1 \\ \beta_2 \\ \beta_3 \end{bmatrix} = \begin{bmatrix} 0.956 & 0.131 & -0.039 \\ 0.131 & 0.538 & -0.084 \\ -0.039 & -0.084 & 0.014 \end{bmatrix} \begin{bmatrix} 1\,908 \\ 15\,926.6 \\ 105\,011 \end{bmatrix} = \begin{bmatrix} -153.692 \\ -18.929 \\ 8.054 \end{bmatrix}$

3) $R^2 = \dfrac{\widehat{\boldsymbol{\beta}}^t X^t X \widehat{\boldsymbol{\beta}} - n\overline{Y}^2}{(Y - \overline{Y}e)^t(Y - \overline{Y}e)} = 0.746$

5. 定義より容易に示すことができる．

6. $\widehat{p} = \dfrac{n}{n - \sum_{i=1}^{n} x_i}$

7. ユール-ウォーカー方程式より
$$\rho(0) = \sigma^2/(1 - 0.5\rho(1) - 0.1\rho(2))$$

$$\rho(1)=0.5+0.1\rho(2)$$
$$\rho(2)=0.5\rho(1)+0.1$$

したがって，この方程式を解くことにより

$$\rho(0)=1$$
$$\rho(1)=0.5/(1-0.1)=0.5556$$
$$\rho(2)=0.1+0.5^2/(1-0.1)=0.3778$$

高次の階差の自己相関は

$$\rho(k)=0.5\rho(k-1)+0.1\rho(k-2) \qquad (k\geq2)$$

により得ることができる．

8.

1) $(1-0.6L)(1+0.8L)y_t=(1-0.6L)(1+0.2L)\varepsilon_t$

$\qquad (1+0.8L)y_t=(1+0.2L)\varepsilon_t$

したがって，等価なモデルとして $y_t=-0.8y_{t-1}+\varepsilon_t+0.2\varepsilon_{t-1}$ を得る．

2) $y_t=\dfrac{1+0.2L}{1+0.8L}\varepsilon_t$

9. すでに説明したように，判別分析では説明変数はすべて量的データでなければならないと考えてきた．しかし本事例において追加した"職種"は管理職か一般職かという質的データである．このため判別分析を適用して2群への判別を試みようとす

表 E.6 判別分析結果（判別関数値）

サンプル	新幹線利用者	航空機利用者
1	-2.789	-2.249
2	-0.261	-2.951
3	2.446	-2.662
4	0.216	-1.527
5	1.570	-1.608
6	3.797	-2.483
7	1.334	0.754
8	1.268	-1.596
9	2.750	-1.387
10	5.594	-5.010
11	4.118	0.494
12	1.487	-1.303

れば，この"職種"を 0 - 1 型のダミー変数（たとえば管理職を 1，一般職を 0）に置き換えて分析することになる．

このようにして 2 群への 1 次判別関数を求めたところ，

$$f=2.22194x_1+1.07467x_2+1.56564x_3-18.46350$$

が得られた．これより，所得の多い人，一般職よりは管理職の人，また空港までのアクセスが不便な人が新幹線を利用することがわかる．ところでこの線形判別関数の妥当性を，その係数に対する F 検定によって判断すると，自由度 (1,20) の F 値は $F_{20}{}^1(0.01)=8.10$，$F_{20}{}^1(0.05)=4.35$ であることから，変数 x_1 の係数については

$$F_0=8.1128>F_{20}{}^1(0.01)$$

となり，十分に判別に寄与しているといえるが，変数 x_2，x_3 については F_0 値がそれぞれ 0.7544，3.2403 となり，あまり寄与していないことがわかる．

次に，各サンプルに対する判別関数を求めた表 E.6 より，新幹線利用者 12 名のうちの 2 名，また航空機利用者 12 名のうち 2 名が誤判別され，誤判別率が 16.7 ％となることがわかる．また題意の管理職者に対する判別関数値 f は -0.7974 となるため，この人は航空機を利用すると予測できる．

このように判別分析において，質的データを説明変数の一部に取り込むことも不可能ではなく，事実，重回帰分析（この場合は外的基準が量的データ）においても質的データを説明変数の一部に用いることがある．

10. 数量化理論 II 類の計算結果を示したのが表 E.7 である．同表より，まず 3 説明変数のレンジから"所得"と"空港までの所要時間"は判別にある程度寄与している

表 E.7　数量化理論 II 類による分析結果

アイテム	カテゴリー	頻度	カテゴリースコア	レンジ	偏相関係数
所　得	7.2千円/日未満 7.2千円/日以上	13 11	0.63518 −0.75067	1.38584	0.42889
職　種	管　理　職 一　般　職	14 10	−0.17770 0.24878	0.42649	0.15257
空港までの 所要時間	1 時 間 未 満 1 〜 2 時 間 2 時 間 以 上	14 7 3	0.30417 −0.27107 −0.78699	1.09116	0.28617
利用手段	新　幹　線 航　空　機	12 12	−0.63565 0.63565	—	—
相　関　比			0.40405		

表 E.8　数量化理論 II 類による判別結果
（合成変量値）

サンプル	新幹線利用者	航空機利用者
1	0.7616	1.1881
2	0.6129	1.1881
3	−1.1994	0.7616
4	−0.1977	0.6129
5	−0.6242	0.6129
6	−1.7154	1.1881
7	−1.1994	−1.1994
8	0.1864	0.7616
9	−1.2889	1.1881
10	−1.7154	1.1881
11	−0.6242	−0.6242
12	−0.6242	0.7616

が，“職種”はそれほどでもないことがわかる．次に判別の程度を表す相関比 η^2 の値をみると，0.40405 となっており，それほどよい判別結果とはいえない．また判別結果を示した表 E.8 より，新幹線利用者のうちの 3 名と航空機利用者のうちの 2 名を誤判別していることがわかる．したがって，この場合の誤判別率は 20.8 ％となる．

また“所得”7.15（千円/日），“空港までの所要時間”0.45（時間）の管理職者は，各アイテムでそれぞれ第 1 カテゴリーに反応するため，合成変量値が 0.76165 となる．したがって，この人は航空機を利用するものと判別される．

さて，先の判別分析による結果とこの数量化理論 II 類による結果とをそれぞれの誤判別率によって比較すると，前者の方がよいことになる．しかし，表 E.4 のようなカテゴリー分割はかなり恣意的なものであり，各アイテムごとのカテゴリー分割法やカテゴリー数を変更すれば，当然異なった結果が得られることに留意する必要がある．カテゴリー数は多ければ多いほどよいというものではなく，どのサンプルも反応しないようなカテゴリーが含まれていると分析不能となる．またサンプル数に比べてカテゴリーの総数が多すぎても分析不能となる．

このことからも，多変量解析法は数学モデルとしては非常に論理的であるが，利用にあたっては説明変数の選択方法，カテゴリー分割方法について十分な配慮が必要であることがわかるであろう．また，できるだけよい結果を得るためには，ただ 1 回だけの分析ではなく，条件を変えていくつかのケースについて解析することが必要であることも理解できるであろう．

11.

ⅰ）平均サービス時間，$1/\mu=4$（秒/台）より，
$\mu=60/4=15$（分/台）である．したがって，$\rho=\lambda/\mu=0.6$ となる．これを式（10.14）と
式（10.15）に代入すれば，p_n は以下のように求まる．

$p_0=0.4$ 　　　　$p_1=0.24$ 　　　　$p_2=0.14$ 　　　　$p_3=0.08$ 　　　　$p_4=0.05$ 　　　　$p_5=0.03$

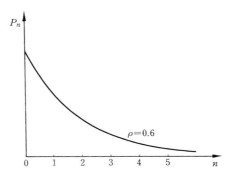

図 E.2　$M/M/1$ の P_n の分布（$\rho=0.6$）

これをグラフにすれば，図 E.2 のようになる．

ⅱ）　$L=\rho/(1-\rho)=1.5$
　　　$L_q=\rho_2/(1-\rho)=0.9$

ⅲ）　$W=L/\lambda=(1.5/9)\cdot60=10$（秒/台）
　　　$W_q=L_q/\lambda=(0.9/9)\cdot60=6$（秒/台）

12.　$M/M/1$，$M/M/2$ の L_q については，すでに求めてある．すなわち，
　　　　$L_q=\rho^2/(1-\rho)$
　　　　$L_q=2\rho^3/(1-\rho^2)$

$M/M/3$ についても，式（10.18），（10.20）によって，
　　　　$L_q=9\rho^4/\{(2+4\rho+3\rho^2)(1-\rho)\}$

と求まる．ρ を変えてプロットすれば，図 E.3 のようになり，同じような傾向がある．
ρ が 0.7 くらいまでは，それでも差があり，S が大きいほど同じ利用率でも平均待ち行
列は小さいが，0.8 を越えるとほとんど同じになることがわかる．

13.　空港計画においては，滑走路の容量の決定が重要な仕事となるが，ここでは，

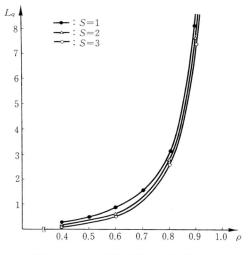

図 E.3 L_q-ρ 曲線（$S=1, 2, 3$）

滑走路を"窓口"，離着陸航空機を"客"と考えれば，待ち行列のモデルの考え方が適用できる．航空管制では，安全性を第一とし，着陸機に優先権が与えられている．先着順ではなく，この優先権を考慮したモデルを適用することが必要となる．また，サービス時間は，滑走路の専有時間であり，指数サービスと考えてよいが，"客"である航空機の到着は，ビジネス時間帯や運行時間帯の関係で，ピークがある時間依存型（time dependent）なものを想定する必要がある．

14.

$$P^2 = \begin{bmatrix} 0.49 & 0.36 & 0.15 \\ 0.0 & 0.25 & 0.75 \\ 0.0 & 0.0 & 1.0 \end{bmatrix}$$

$$P^3 = \begin{bmatrix} 0.343 & 0.327 & 0.330 \\ 0.0 & 0.125 & 0.875 \\ 0.0 & 0.0 & 1.0 \end{bmatrix}$$

$$q_3 = (1.0, \ 0.0, \ 0.0) \cdot P^3 = (0.343, \ 0.327, \ 0.330)$$

15. 省略

16. この遷移行列の各要素 p_{ij} の値は，すべて正となっている．この場合，この P に対して，次の平衡方程式を満たす確率ベクトル t を求めればよい．

$$tP = t$$

すなわち，

$$0.6t_1 + 0.1t_2 + 0.4t_3 = t_1$$
$$0.2t_1 + 0.7t_2 + 0.3t_3 = t_2$$
$$0.2t_1 + 0.2t_2 + 0.3t_3 = t_3$$
$$t_1 + t_2 + t_3 = 1$$

を解けば，

$$t = (0.3333,\ 0.4444,\ 0.2222)$$

となり，0 でない確率ベクトルが求まり，これが定常分布である．

17. まず，図 11.4 によって初期設定を行い，$t=0$ のときの事象表を作成し，図 11.5 に従って，最早事象 EE，最早事象時刻 EET を求め，時刻を進めるとともに最早事象に従って処理ルーチンに入るという作業を繰り返す．以下に事象表と，主要な変数の変化を示す．

$t=0$	ET(1)=15		EE=1 →図11.6	C(1)=1	A(2)=15+5
	ET(2)=10 000		EET=15	SF(1)=15+14	S(2)=18
	ET(3)=10 000		$t=15$	W(1)=0	

$t=15$	ET(1)=20		EE=1 →図11.6	C(2)=1	A(3)=20+8
	ET(2)=29		EET=20	SF(1)=20+18	S(3)=25
	ET(3)=10 000		$t=20$	W(2)=0	

$t=20$	ET(1)=28		EE=1 →図11.6	WL=1	A(4)=28+17
	ET(2)=29		EET=28	L(1)=3	S(4)=12
	ET(3)=38		$t=28$		

ここまでは，最早事象が 1 であり，到着事象処理ルーチンが適用される．

$t=28$	ET(1)=45		EE=2 →図11.7	SF(1)=29+25
	ET(2)=29		EET=29	W(3)=29−28
	ET(3)=38		$t=29$	WL=0

$t=29$

| ET(1)=45 |
| ET(2)=54 |
| ET(3)=38 |

| EE=3 →図 11.7 |
| EET=38 |
| $t=38$ |

| C(2)=0 |
| SF(2)=10 000 |

この間は，最早事象が 2 と 3 であり，サービス終了事象処理ルーチンが適用される．

$t=38$

| ET(1)=45 |
| ET(2)=54 |
| ET(3)=10 000 |

| EE=1 →図 11.6 |
| EET=45 |
| $t=45$ |

| C(2)=1 |
| SF(2)=45+12 |
| W(4)=0 |

| A(5)=45+7 |
| S(5)=20 |

18. 最低水量を CM として，$X_t = I_t + V_{t-1} - CM$ とし，別口で流すとともに，下流での取水量も X_t を守らせる．この CM の決定に際しては，河川での自然消失分についても考慮する．

次の期の需給バランスを考慮するには，基礎データの整備が不可欠であるまた，この期間をどの程度に取るのかも重要な問題である．その上で，期待渇水被害を最小にするとか，最低保証水量を確保するかといった目的を明確にするなどが必要である．

19. 仕事のフローチャートを示す．

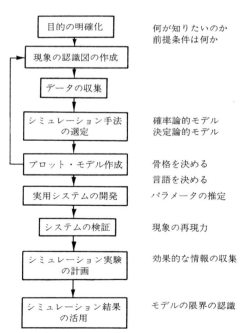

図 E.4　シミュレーション・システムの開発手順

索　　引

編著者略歴

飯田　恭敬（いいだ・やすのり）
　1966年　京都大学大学院修士課程修了
　1967年　京都大学助手
　1970年　金沢大学講師
　1972年　金沢大学助教授
　1980年　金沢大学教授
　1985年　京都大学教授
　2005年　京都大学名誉教授　工学博士
　現　在　社団法人システム科学研究所

岡田憲夫（おかだ・のりお）
　1972年　京都大学大学院修士課程修了
　1972年　京都大学助手
　1978年　鳥取大学助教授
　1986年　鳥取大学教授
　1991年　京都大学教授
　現　在　京都大学防災研究所教授　工学博士
　　　　　ウォータールー大学併任教授

著者略歴

木俣　昇（きまた・のぼる）
　1966年　京都大学工学部卒業
　1966年　京都大学助手
　1972年　金沢大学講師
　1981年　金沢大学助教授
　1990年　金沢大学教授
　現　在　金沢大学教授　工学博士

山本幸司（やまもと・こうし）
　1973年　京都大学大学院修士課程修了
　1973年　京都大学助手
　1981年　名古屋工業大学講師
　1983年　名古屋工業大学助教授
　1990年　名古屋工業大学教授
　現　在　名古屋工業大学教授　工学博士
　　　　　ブラジリア大学客員教授

小林潔司（こばやし・きよし）
　1978年　京都大学大学院修士課程修了
　1978年　京都大学助手
　1987年　鳥取大学助教授
　1991年　鳥取大学教授
　現　在　京都大学大学院教授　工学博士

基礎土木工学シリーズ23
土木計画システム分析―現象分析編―　　　　　©飯田恭敬・岡田憲夫　1992

1992年12月18日　第1版第1刷発行　　　　　【本書の無断転載を禁ず】
2013年3月5日　　第1版第8刷発行

編著者　飯田恭敬・岡田憲夫
発行者　森北博巳
発行所　森北出版株式会社

　　　　東京都千代田区富士見1-4-11（〒102-0071）
　　　　電話　03-3265-8341／FAX03-3264-8709
　　　　自然科学書協会・工学書協会　会員
　　　　JCOPY ＜（社）出版者著作権管理機構　委託出版物＞

落丁・乱丁本はお取替え致します　　　　　印刷/太洋社・製本/ブックアート

Printed in Japan／ISBN978-4-627-42730-3

土木計画システム分析

　　—現象分析編— POD 版　　　　　©飯田恭敬・岡田憲夫　*1992*

2019 年 3 月 20 日　　　　　発行

編 著 者　　飯田恭敬・岡田憲夫
発 行 者　　森北博巳
発 行 所　　**森北出版株式会社**
　　　　　　〒102-0071
　　　　　　東京都千代田区富士見 1 − 4 − 11
　　　　　　電話 03-3265-8341 ／ FAX 03-3264-8709
　　　　　　https://www.morikita.co.jp/

印刷・製本　　大日本印刷

ISBN978-4627-42739-6　Printed in Japan

JCOPY ＜(一社)出版者著作権管理機構　委託出版物＞